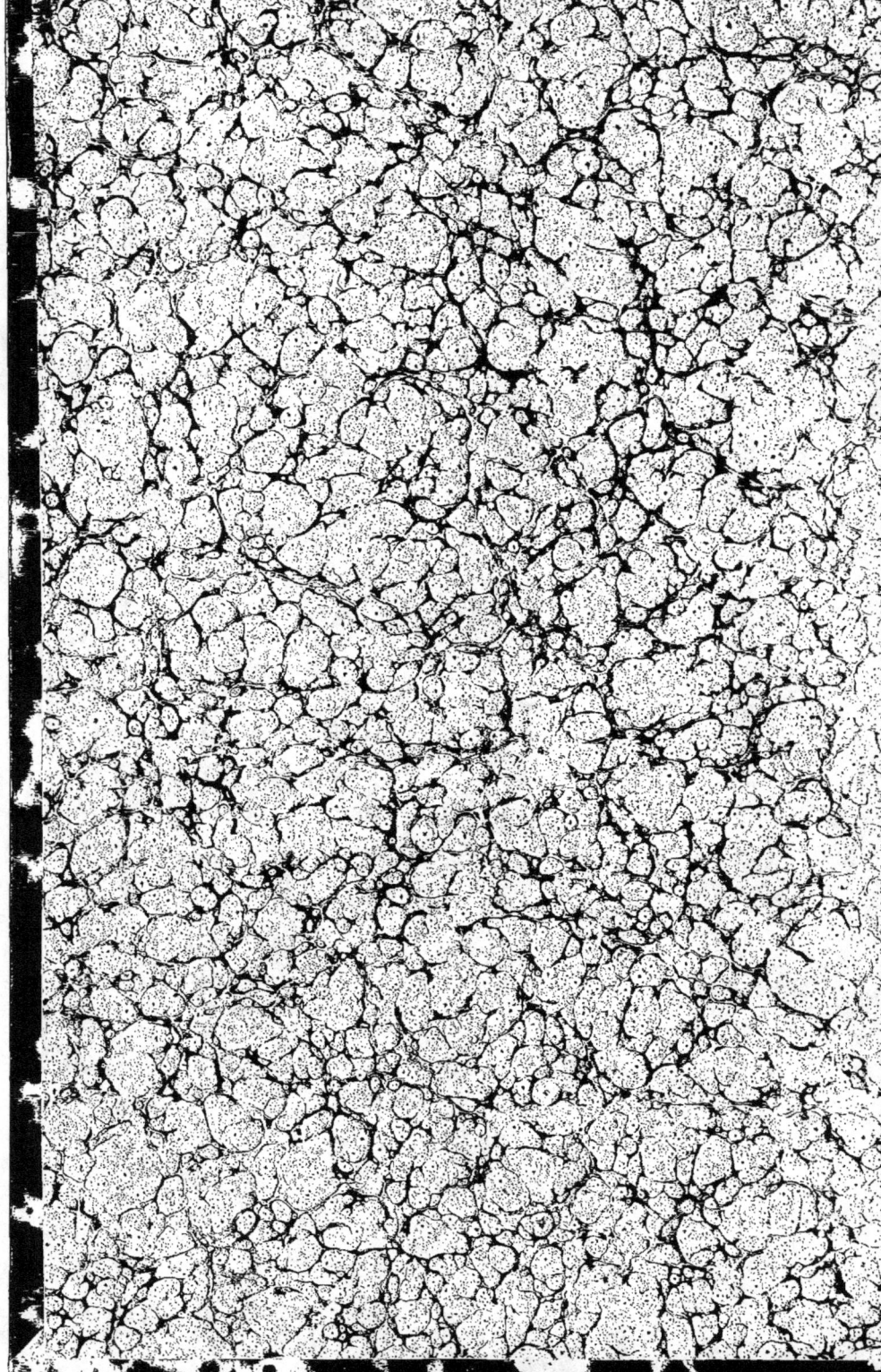

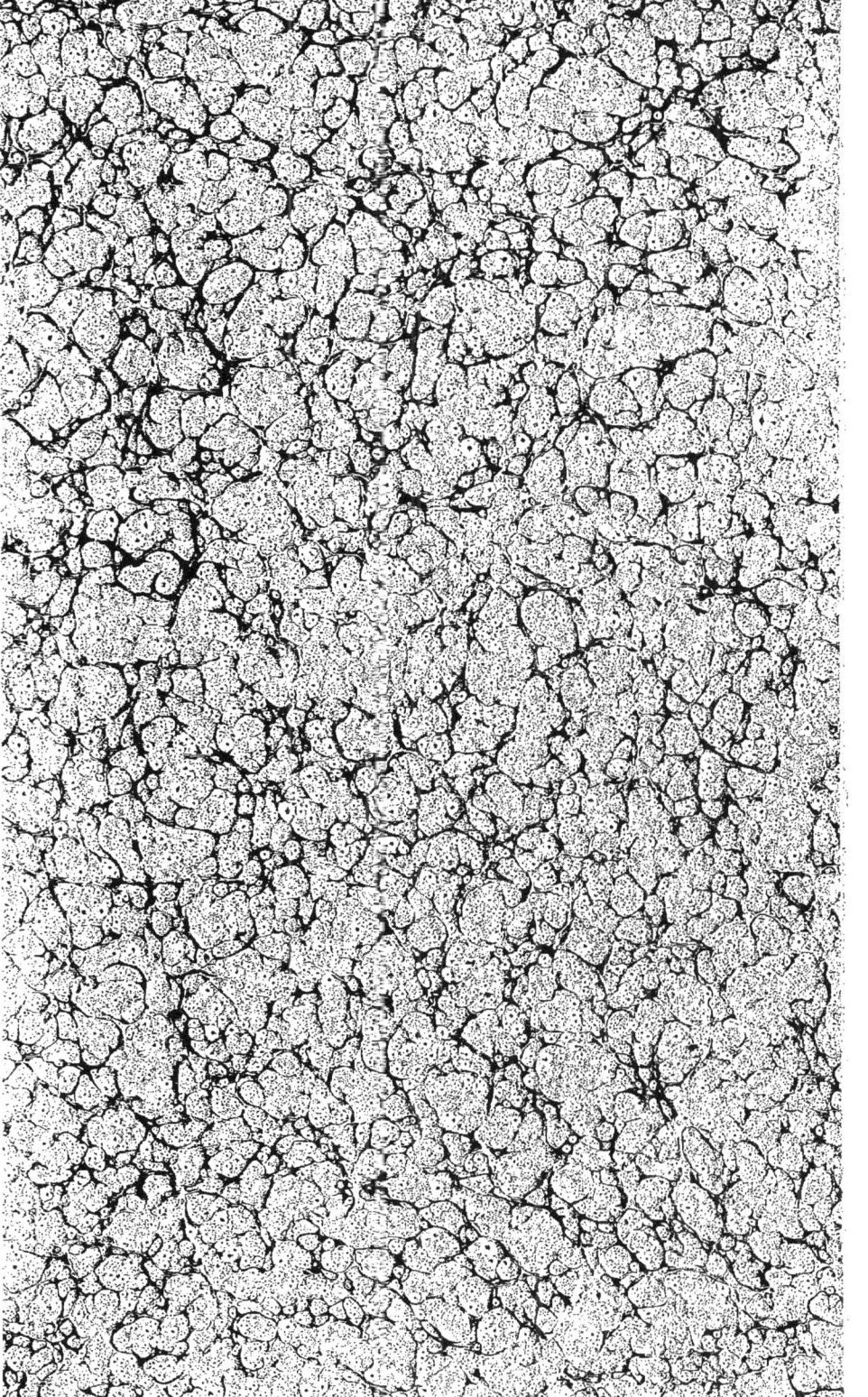

ÉLÉMENS
DE MÉCANIQUE.

DE L'IMPRIMERIE DE Mme Ve COURCIER.

ÉLÉMENS
DE MÉCANIQUE,

Par J.-L. BOUCHARLAT,

Docteur ès-Sciences, Professeur de Mathématiques transcendantes aux Écoles militaires, et Membre de la Société Royale académique des Sciences de Paris.

PARIS,

Chez Mme Ve COURCIER, Imprimeur-Libraire pour les Mathématiques, quai des Augustins, n° 57.

1815.

PRÉFACE

Cet Ouvrage qui fait suite à mes Élémens de Calcul différentiel et de Calcul intégral, est destiné à rassembler dans un cadre peu étendu, les principes sur lesquels repose la Mécanique. Les progrès que l'on peut faire dans cette science, dépendent tellement de ces principes, que les problèmes les plus compliqués n'en sont en quelque sorte que des applications.

La Mécanique, à différentes époques, a subi de grands changemens. Ce n'est que lorsqu'on a fait usage du Calcul différentiel, qu'on a pu résoudre avec quelque succès, les problèmes qui concernent le mouvement des corps, puisque les données primitives de ces sortes de problèmes, qui sont la vitesse et la force accélératrice, ont pour expressions des coefficiens différentiels. On s'est borné long-tems, dans les livres élémentaires, à n'employer les équations du mouvement que dans l'hypothèse où il s'effectue dans un même plan; mais pour envisager les choses sous un point de vue plus général, il était nécessaire de considérer les corps comme se mouvant d'une manière quelconque dans l'espace. Alors la

Géométrie analytique à trois dimensions est devenue indispensable dans la Mécanique; et c'est depuis qu'elle y a été introduite que les élémens de cette science sont parvenus à leur dernier période. Toutes ses parties se sont mieux coordonnées; et, par la généralité des méthodes, on a pu réunir beaucoup de choses dans un court espace : avantage d'autant plus précieux, qu'on ne saurait trop ménager le tems qu'exige la culture d'une science dont le domaine s'accroît tous les jours.

Cet usage où l'on est de beaucoup généraliser, fait que les Géomètres s'attachent peu maintenant à donner de longs développemens à leurs démonstrations. Malgré cela, je n'ai pas craint d'entrer dans de grands détails sur les opérations. Il est certain que ces transitions brusques qui déroutent le lecteur, nuisent rarement à l'auteur; car le lecteur attribue presque toujours l'embarras qu'il éprouve, à la difficulté inhérente à la matière qu'il étudie.

Quelqu'un a prétendu qu'en donnant trop d'explications, je ne laissais rien à faire à l'esprit, tandis qu'en lui dérobant certaines choses il eût trouvé des difficultés à vaincre, et se fût fortifié par cet exercice. Je repondrai à cela, que les jeunes gens qui se livrent à l'étude des Mathé-

PRÉFACE.

matiques ne sont pas tous doués de cette force d'esprit nécessaire pour l'invention, ni d'une patience assez forte pour persévérer dans des recherches pénibles : rebutés par ces essais, ils abandonnent une science qu'ils auraient pu cultiver avec avantage. Il en est d'autres qui avec plus de ténacité, se faussent l'esprit parce qu'ils manquent de principes. Ils croient suivre un raisonnement lorsque l'analogie seule les guide; ou, en marchant au hasard; ce n'est souvent qu'à force de retourner un calcul qu'ils parviennent au résultat desiré. Il en est bien autrement de celui qui s'accoutume de bonne heure à une marche méthodique : ses facultés s'accroissent à mesure qu'un ouvrage le fait penser davantage; et bientôt cette habitude qu'il a contractée de se rendre raison de tout, servira à le diriger lorsqu'il sera abandonné à ses propres forces.

La Statique exigeant moins de connaissances que les autres parties de la Mécanique, est celle qui est le plus cultivée; je me suis attaché particulièrement à en développer la théorie et à donner des méthodes simples pour déterminer les centres de gravité par le Calcul intégral. Quant aux machines, je les ai traitées avec beaucoup de brièveté, sans cependant rien omettre de ce qui concerne leurs propriétés principales.

La loi d'inertie fait l'objet des premières considérations par lesquelles j'entre en matière dans la Dynamique, et sert d'introduction à la théorie des divers mouvemens rectilignes. Je démontre les équations de ces mouvemens en partant de la définition même de la vitesse et de la force accélératrice; et je m'attache surtout à bien faire saisir le vrai sens que l'on doit attribuer à ces mots, ce qui est d'autant plus utile que la mise en équation de la plupart des problèmes de Dynamique, dépend de la connaissance parfaite que l'on peut avoir de ces premières notions.

Le mouvement qui s'effectue en ligne droite offre diverses circonstances qui donnent lieu à autant de problèmes. C'est là que l'on commence à voir comment les équations du mouvement en font connaître toutes les propriétés, lorsqu'on peut parvenir à les intégrer.

Je considère ensuite le mouvement d'une manière plus générale, en supposant qu'il s'effectue suivant une ligne courbe. Je cherche l'expression de la vitesse dans cette nouvelle hypothèse; et, m'appuyant sur le principe du parallélipipède des vitesses, je parviens aux équations qui servent à déterminer le mouvement d'un point matériel dans l'espace.

La combinaison de ces équations nous conduit à une propriété très-curieuse de la vitesse, et nous fait reconnaître plusieurs lois de la nature.

Lorsqu'on applique ces équations à des cas particuliers, les plus simples qui se présentent sont ceux dans lesquels la force accélératrice est nulle ou constante. Le premier de ces cas appartient au mouvement uniforme, et le second nous conduit à la recherche du mouvement d'un corps, qui, étant lancé dans l'espace, serait attiré vers un centre fixe. Ce problème n'est autre chose que celui des projectiles dans le vide; je l'examine dans toutes ses circonstances.

Je considère ensuite, les projectiles dans un milieu résistant. On n'a pu intégrer jusqu'ici, sous forme finie, les équations différentielles de la courbe qu'ils décrivent; mais à l'aide de ces équations on peut la construire par points. Cette construction était un objet assez peu éclairci dans les ouvrages qui ont précédé le mien, et je crois l'avoir expliquée d'une manière d'autant plus satisfaisante, que je ne me suis pas servi des infiniment petits.

Dans ce qui précède, le mouvement n'agissait que sur un seul corps. On peut demander main-

PRÉFACE.

tenant quels en sont les effets, lorsque plusieurs corps se rencontrent : ce qui amène à considérer le choc des corps, le principe de la conservation de leur centre de gravité et le principe de la conservation des forces vives. Il y eut autrefois une dispute célèbre sur les forces vives ; j'en parle, non pour rappeller une contestation sur laquelle on est d'accord, mais pour donner une idée précise de la notion des forces vives.

Jusqu'ici les corps ont été supposés agir librement. Il était utile de considérer encore leurs mouvemens lorsqu'ils sont assujétis par des forces qui les empêchent de s'écarter de certaines courbes. Cela me donne lieu de parler de la force centrifuge, des propriétés curieuses du pendule, et du tautochronisme de la cycloïde.

Enfin, les corps d'un système pouvant être altérés les uns par les autres dans leurs mouvemens, cette circonstance rendrait inapplicables les principes que nous avons expliqués, si nous ne surmontions cet obstacle à l'aide du fameux principe de d'Alembert. Ce principe était d'autant plus difficile à démontrer, que sa notion en est plus simple.

Après avoir donné diverses applications de ce

principe, je m'en sers pour expliquer successivement le mouvement de rotation d'un corps, les propriétés du pendule composé, et le double mouvement que prend un corps qui par l'action d'une force quelconque, est entraîné dans l'espace.

Ne voulant donner que des notions élémentaires sur les fluides, je me suis borné à en démontrer les équations générales, et à rendre cette démonstration aussi complète qu'il est possible; je montre par diverses applications l'usage que l'on peut faire de ces équations, lorsque les fluides sont incompressibles ou élastiques; je traite en particulier le cas le plus important qui est celui des fluides pesans; enfin je termine cette matière par la théorie de la mesure des hauteurs, à l'aide du baromètre, et je parviens d'une manière très-simple et tirée de nos principes, à la formule la plus usitée.

Tel est le plan que j'ai suivi : on voit que mon but a été de faire un choix des propositions les plus simples et les plus fondamentales de la Mécanique, et de les présenter dans un ensemble qui en fasse saisir la liaison mutuelle, ce qui deviendrait difficile dans un traité plus compliqué.

TABLE DES MATIÈRES.

PREMIÈRE PARTIE.

STATIQUE.

Notions préliminaires, pag. 1
CHAPITRE PREMIER. De la composition et de la décomposition des Forces qui sont appliquées à un point, 6
CHAP. II. Des Forces appliquées à un même point, et qui sont situées dans un plan, 16
CHAP. III. Des Forces appliquées à un même point, et qui sont situées dans l'espace, 20
CHAP. IV. Des Forces parallèles, 25
CHAP. V. Des Forces situées dans un plan, et appliquées à différens points liés entr'eux d'une manière invariable, 36
CHAP. VI. Des Forces qui agissent d'une manière quelconque dans l'espace, 52
CHAP. VII. Des Centres de gravité, 67
CHAP. VIII. De la Méthode centrobarique, ou Théorème de Guldin, 91
CHAP. IX. Des Machines, 94
    Des Cordes, Ib.
    Du Levier, 98
    De la Poulie, 100
    Du Tour ou Treuil, 105
    Du Plan incliné, 112
    De la Vis, 114
    Du Coin, 118
CHAP. X. De la mesure du Frottement, 120

SECONDE PARTIE.

DYNAMIQUE.

CHAPITRE PREMIER. De la loi d'Inertie, pag. 123
CHAP. II. Du Mouvement rectiligne uniforme, 124
CHAP. III. Du Mouvement varié, 127
CHAP. IV. Du Mouvement uniformément varié, 132
CHAP. V. Du Mouvement que suit un Corps lancé verticalement en sens contraire à celui de la pesanteur, 137
CHAP. VI. Du mouvement vertical d'un Corps, en ayant égard à la variation de la pesanteur, 139
CHAP. VII. Du Mouvement des Corps pesans assujétis à glisser le long des plans inclinés, 147
CHAP. VIII. Du Mouvement d'un Corps assujéti à parcourir une courbe; équations de la trajectoire qu'il décrit, et détermination de sa vitesse; du cas où le mobile est soumis à une force d'attraction dirigée vers un point fixe; du Principe des aires, et du cas où les forces étant dirigées vers des centres fixes, ces forces sont des fonctions des distances du centre d'attraction du mobile aux centres fixes, 151
CHAP. IX. Du Mouvement des Projectiles dans le vide, 166
CHAP. X. Des Projectiles dans un milieu résistant, 174
CHAP. XI. Des Forces et des différentes manières de les mesurer, 186
CHAP. XII. Du Choc direct des Corps, 192
 Du Choc des Corps durs, *Ib.*
 Du Choc des Corps élastiques, 194
CHAP. XIII. Principe de la conservation du Mouvement du centre de gravité dans le Choc des Corps, 197
CHAP. XIV. Principe de la conservation des Forces vives dans le Choc des Corps élastiques; égalité de leurs vitesses relatives, et détermination de la différence des Forces vives dans le Choc des Corps durs, 200
CHAP. XV. Du Mouvement d'un point matériel assujéti à se mouvoir sur une courbe donnée, 203
CHAP. XVI. De la Force centrifuge, 211
CHAP. XVII. Du Mouvement d'oscillation, 218
CHAP. XVIII. Du Pendule simple, 221
CHAP. XIX. Du Mouvement d'un point matériel sur la Cycloïde, 229

CHAP. XX. Principe de d'Alembert, pag. 233
CHAP. XXI. Du Mouvement d'un Corps assujéti à tourner uniformément autour d'un axe fixe, 241
CHAP. XXII. Du Moment d'Inertie, 245
CHAP. XXIII. Du Mouvement d'un Corps qui se meut d'une manière quelconque autour d'un axe fixe, 250
CHAP. XXIV. Du Pendule composé, 252
CHAP. XXV. Du Mouvement d'un Corps libre dans l'espace, 259

TROISIÈME PARTIE.

NOTIONS SUR LA THÉORIE DES FLUIDES.

CHAPITRE PREMIER. De la pression qu'exercent les Fluides, 265
CHAP. II. Des Equations générales de l'équilibre des Fluides, 268
CHAP. III. Application des Equations générales de l'équilibre des Fluides au cas des Fluides incompressibles, 272
CHAP. IV. Application des Equations générales des Fluides au cas des Fluides élastiques, 278
CHAP. V. De la pression des Fluides pesans, 280
CHAP. VI. De la Balance hydrostatique, de l'Aréomètre, de la pesanteur de l'air, du Siphon et de l'élasticité de l'Air, 287
CHAP. VII. Des Pompes, 291
CHAP. VIII ET DERNIER. Du Baromètre, 297

NOTES.

NOTE 1. Démonstration du parallélogramme des Forces par la considération des Fonctions, 303
NOTE 2. Seconde démonstration de l'Equation de la résultante de plusieurs Forces appliquées à un point, 313
NOTE 3. Conséquences que l'on peut tirer des Equations de l'équilibre des Forces appliquées à différens points dans un même plan, et d'où il résulte que lorsque l'équation des momens n'est pas satisfaite, les forces ne peuvent communiquer au système qu'un mouvement de rotation, 314
NOTE 4. Démonstration par laquelle on prouve que toutes les Forces d'un système en équilibre, peuvent toujours se réduire à deux résul-

TABLE DES MATIÈRES.

tantes égales, et dirigées en sens contraires, pag. 316
NOTE 5. Observation sur le Levier, 317
NOTE 6. Démonstration relative à la détermination des composantes de la vitesse, 318
NOTE 7. Intégration de l'équation $dp\sqrt{1+p^2} = -\dfrac{g e^{2ms} ds}{V^2 \cos^2 \alpha}$, 319
NOTE 8. Démonstration du rapport inverse qui existe entre les masses et les vitesses, dans le cas le plus général, 321
NOTE 9. Démonstration de l'Équation de condition qui a lieu lorsque deux droites qui se coupent dans l'espace sont à angles droits, 322
NOTE 10. Détermination du moment d'inertie d'un corps terminé par une surface dont l'équation est donnée, 324

FIN DE LA TABLE.

ERRATA.

Page 21, ligne 14, CA, *lisez* CD.
Idem, ligne 25, CA, *lisez* CD.
Page 201, ligne 21, $- MV^2 + M'V^2$, *lisez* $-(MV^2 + M'V'^2)$.

ÉLÉMENS DE MÉCANIQUE.

PREMIÈRE PARTIE.

STATIQUE.

NOTIONS PRÉLIMINAIRES.

1. La Mécanique est la science qui traite des lois de l'équilibre et de celles du mouvement. La Mécanique appliquée aux solides se divise en Statique et en Dynamique, suivant que l'on considère ces solides en équilibre ou en repos.

La Mécanique appliquée aux fluides, contient aussi deux parties, l'Hydrostatique qui est la statique des fluides, et l'Hydrodynamique qui nous fait connaître les propriétés qui résultent du mouvement de ces fluides.

2. La Statique ayant pour but de déterminer les lois de l'équilibre des corps, cet équilibre peut toujours être censé produit par la destruction mutuelle de plusieurs forces.

3. On appelle *force* ou *puissance* toute cause qui imprime à un corps ou à un point matériel le mouvement ou une tendance au mouvement.

4. Lorsqu'une force agit sur un point matériel, elle peut le faire de deux manières : ou en entraînant le point vers elle, ou en le poussant d'un côté opposé. Nous adopterons la première hypothèse toutes les fois que nous ne préviendrons pas du contraire.

5. Un point matériel étant sollicité par une force unique, doit naturellement se mouvoir en ligne droite; car il n'y a aucune raison pour qu'il aille plutôt à droite qu'à gauche : ainsi nous supposerons encore qu'une force unique appliquée à un point matériel, le fasse mouvoir en ligne droite.

6. Cette droite suivant laquelle une force agit, est la ligne de direction.

7. L'effet d'une force dépend, 1°. de son intensité; 2°. de son point d'application; 3°. de sa direction; 4°. du sens dans lequel elle agit suivant cette direction.

8. L'intensité d'une force est sa faculté plus ou moins grande à imprimer le mouvement.

9. Il est certain que si deux forces directement opposées tiennent un point matériel ou une droite inflexible en équilibre, l'intensité de l'une de ces forces peut être arbitraire, pourvu qu'on donne à l'autre la même intensité. Ce que nous disons de deux forces pouvant s'appliquer à plusieurs, on voit qu'il suffit de connaître les rapports des forces et non leurs valeurs absolues pour établir les conditions de l'équilibre.

10. Ayant pris une force pour unité, on dit qu'une autre force lui est égale, lorsque lui étant directement opposée, elle la tient en équilibre.

Deux forces égales appliquées à un même point matériel et agissant dans la même direction et dans le même sens, constituent une force double : cette force deviendra triple, si elle résulte de la réunion de trois forces égales, et ainsi de suite; de sorte que les forces croissent comme leurs intensités.

11. L'unité de force étant arbitraire, on peut la représenter par une partie quelconque de sa direction.

12. Il est à observer que lorsqu'une force est appliquée à un corps, tous les points de ce corps étant liés entr'eux, l'un ne peut se mouvoir sans entraîner les autres; par conséquent une force appliquée à un point A (fig. 1), aura le même effet que si elle était appliquée à tout autre point M pris sur la direction AB de cette force. Fig. 1.

Lors même que l'on ne considérerait pas un corps, on peut concevoir la ligne de direction comme composée de points mathématiques, et l'on sent que l'un de ces points ne peut se mouvoir sans entraîner les autres.

13. Il suit de l'article précédent que si sur la ligne de direction on place un obstacle invincible, la force n'aura aucun effet.

14. Le point d'application d'une force est connu lorsque les coordonnées de ce point le sont.

15. A l'égard de la direction de cette force, menons par son point d'application M (fig. 2), trois axes Mx, My et Mz parallèles aux axes coordonnés que nous supposerons rectangulaires; il est certain que la ligne de direction sera déterminée de position lorsque l'on connaîtra les angles α, β, γ qu'elle fait avec les axes Mx, My et Mz : or, il y a une relation nécessaire entre ces angles, et l'on sait qu'elle est donnée par l'équation Fig. 2.

$$\cos^2\alpha + \cos^2\beta + \cos^2\gamma = 1 \quad (*);$$

cette équation nous donne

$$\cos\gamma = \pm\sqrt{1 - \cos^2\alpha - \cos^2\beta}\ldots\ldots(1),$$

(*) Pour le démontrer, soient x, y, z (fig. 3) les coordonnées MP, Fig. 3.

ce qui nous apprend que l'un des trois angles que fait la ligne de direction avec les axes Mx, My et Mz, est déterminé lorsque les deux autres angles le sont. Le double signe qui affecte le radical nous indique que le cosinus du troisième angle peut être arbitrairement positif ou négatif. Par conséquent les conditions du problème doivent nous faire connaître si cet angle est aigu ou obtus : dans le premier cas, il faudra prendre le radical avec le signe positif, et dans le second, il faudra lui donner le signe négatif.

16. La détermination des signes de ces cosinus étant très-importante, nous allons traiter plus particulièrement cette

Fig. 4. question. Si la ligne de direction AB (fig. 4) était dans le plan des x, y, il est certain que pour déterminer sa position, il suffirait de faire croître l'angle α depuis 0 jusqu'à 400°; alors les sinus et cosinus de l'angle α feraient connaître la position de AB ; mais au lieu d'imaginer un

PQ, QD d'un point quelconque D pris sur la ligne de direction MD, nous avons dans le triangle MDQ qui est rectangle en Q,

$$MQ^2 + QD^2 = MD^2 ;$$

d'une autre part, le triangle MQP rectangle en P nous donne

$$MQ^2 = MP^2 + QP^2 ;$$

substituant cette valeur dans l'équation précédente, on obtient

$$MP^2 + QP^2 + QD^2 = MD^2,$$

ou $\quad x^2 + y^2 + z^2 = MD^2.$

Cela posé, le triangle MDP étant rectangle en P, on a

$$x = MD \cos \alpha ;$$

pareillement,

$$y = MD \cos \beta, \quad z = MD \cos \gamma ;$$

substituant ces valeurs on trouvera

$$MD^2 \cos^2 \alpha + MD^2 \cos^2 \beta + MD^2 \cos^2 \gamma = MD^2,$$

et, en supprimant le facteur commun MD^2, on obtiendra

$$\cos^2 \alpha + \cos^2 \beta + \cos^2 \gamma = 1.$$

NOTIONS PRÉLIMINAIRES. 5

seul axe Ax qui rencontre en A la ligne de direction AB, on peut la rapporter à deux axes fixes Ax et Ay, et en nommant α et β les angles qu'elle fait avec ces axes, il suffira de faire croître ces angles seulement depuis o jusqu'à 200° pour déterminer toutes les positions de AB. En effet, AB devant tomber dans l'un des quatre angles droits formés autour du point A, cette droite ne peut prendre à l'égard de ces angles, que l'une des quatre positions indiquées dans les figures 5, 6, 7 et 8.

Fig. 5, 6, 7 et 8.

Dans le premier cas, α et β étant aigus,

$\cos \alpha$ et $\cos \beta$ sont positifs;

Dans le second cas, α étant obtus et β aigu,

$\cos \alpha$ est négatif et $\cos \beta$ est positif;

Dans le troisième cas, α et β étant obtus,

$\cos \alpha$ et $\cos \beta$ sont négatifs;

Dans le quatrième cas, α étant aigu et β obtus,

$\cos \alpha$ est positif et $\cos \beta$ est négatif.

On voit que tous ces angles sont mesurés par des arcs qui ne surpassent pas 200°.

Il est à remarquer que les signes de ces cosinus sont ceux des coordonnées x et y du point B; par exemple, lorsque le point B est situé dans l'angle x'Ay (fig. 6), x est négatif et y positif; et l'on a aussi $\cos \alpha$ négatif et $\cos \beta$ positif.

Fig. 6.

17. Lorsque la ligne de direction n'est pas dans le plan des x, y, l'angle γ qu'elle forme avec l'axe des z sera aigu, si elle tombe au-dessus de ce plan, et obtus si elle tombe au-dessous; par conséquent $\cos \gamma$ sera positif dans le premier cas, et négatif dans le second. A l'égard des signes des cosinus des autres angles, comme il y a quatre régions au-dessus du plan des x, y, et quatre régions au-dessous, les

signes des cosinus des angles α et 6 seront les mêmes que ceux des coordonnées x et y du point d'application de la force. Cela est une suite de l'article précédent.

18. La variété des signes n'a lieu que pour les cosinus ; car les angles α, β et γ étant toujours compris dans l'intervalle de 0° à 200°, les signes des sinus des angles α, β et γ seront toujours positifs.

CHAPITRE PREMIER.

De la composition et de la décomposition des forces qui sont appliquées à un point.

Fig. 1. 19. Considérons d'abord deux forces AM et MB (fig. 1), qui agissent dans la même direction et tendent à entraîner le point M. L'équilibre aura lieu si ces forces sont égales ; mais si elles sont inégales, la force la plus grande entraînera le point matériel avec une intensité qui sera égale à la différence de ces forces.

Ce que nous disons de deux forces peut s'appliquer à un plus grand nombre.

20. Lorsque deux forces agissent sur un mobile, et qu'elles forment entr'elles un angle, l'équilibre ne peut subsister. Fig. 9. En effet, supposons que les forces P et Q (fig. 9) fussent en équilibre, on pourrait introduire dans le système une force P' égale et directement opposée à P. Cette force, en vertu de l'équilibre de P et de Q, aurait tout son effet et entraînerait le point M dans le sens de M en P'; mais P et P' devant se détruire, puisque ces forces sont égales et directement opposées, il en résulterait que la force Q agirait comme si elle était seule, et entraînerait le point M dans le sens de M vers Q ; et comme il est impossible que la

point M puisse suivre deux chemins différens, on ne peut sans absurdité admettre l'équilibre de P et de Q.

21. L'équilibre ne pouvant subsister entre les forces P et Q, le point M se mouvra suivant une certaine direction, comme s'il était sollicité par une force unique. Cette force est appelée *la résultante* des deux autres, et celles-ci en sont *les composantes*.

22. Le problème du parallélogramme des forces consiste à déterminer la direction et l'intensité de la résultante de deux forces données de grandeur et de position.

Parmi les solutions que l'on a de ce problème, une des plus remarquables est celle de M. Duchayla que nous allons exposer [1] (*).

23. Pour cet effet, nous supposerons d'abord les forces P et Q égales, et il sera facile de voir que leur résultante agira dans le plan de ces forces; car toutes les raisons qu'on pourrait donner pour prouver qu'elle doit suivre une direction située au-dessus de ce plan, pourraient s'appliquer pour prouver qu'elle doit suivre une direction située symétriquement au-dessous; donc la résultante ne suivra ni l'une ni l'autre de ces directions.

24. Si deux forces égales P et Q (fig. 10, 11 et 12) sont appliquées à un même point A, la résultante suivra la droite AD qui partage l'angle de ces forces en deux parties égales.

Fig. 10, 11 et 12.

En effet, la droite AD partageant l'angle PAQ en deux parties égales, si la droite A*m* était la résultante, il existerait une autre droite A*n* absolument située, à l'égard de AD, de AQ et de AP, comme A*m* l'est à l'égard de AD, de AP et de AQ; de sorte que toutes les raisons qu'on pourrait donner pour prouver que A*m* est la résultante, pourraient s'appliquer pour prouver que A*n* est aussi la

---

(*) Voyez à la fin de l'ouvrage, les notes indiquées par [1], [2], etc.

résultante; d'où l'on conclurait qu'il y aurait deux résultantes, ce qui est impossible : donc la résultante ne peut être dirigée que suivant AD.

Fig. 13. 25. Considérons maintenant deux forces égales appliquées à un point A (fig. 13), et dirigées l'une suivant AC et l'autre suivant AB. Si l'on représente les forces P et Q par les parties égales AC et AB, et que l'on construise le parallélogramme ACDB, la diagonale AD partagera l'angle CAB en deux parties égales; donc la résultante des forces P et Q sera dirigée (art. 24) suivant la diagonale de ce parallélogramme.

Fig. 14. 26. Si l'on augmente ensuite la force AB (fig. 14) d'une partie Bb qui lui soit égale, et qu'on forme le second parallélogramme DBbR, comme les droites BD et Bb sont égales, leur résultante sera encore dirigée suivant la diagonale BR. Cela posé, on va démontrer que la résultante des forces AC et Ab sera aussi dirigée suivant la diagonale AR. Pour cet effet, on remarquera que les points A et D étant sur une même direction, l'un ne peut se mouvoir sans entraîner l'autre (art. 12). Or le point A étant tiré par les forces AB et AC, c'est la même chose que si le point D qui lui est invariablement lié, était poussé par les forces CD et BD, suivant la direction DS. On peut donc, au système des trois forces AB, AC et Bb, substituer celui des forces CD, BD et Bb. La force BD qui pousse le point D, agit comme si elle entraînait B; par conséquent on a le droit (art. 25) de remplacer les forces BD et Bb qui sont appliquées en B, par BR; donc nos trois forces se réduisent à deux, l'une dirigée suivant CD, et l'autre suivant BR : or une force pouvant toujours être transportée en tout point pris sur sa direction, on peut transporter les deux forces qui agissent suivant CD et BR à leur point de concours R, et ce point R sera mu comme s'il était sollicité par l'action simultanée de ces deux forces; par conséquent il sera un point de leur résultante. D'une autre part, cette résultante, étant celle de tout le système, passe aussi par le point A. Ainsi voilà deux points A et R par lesquels elle passe, ce qui suffit pour en déterminer la direction et pour qu'on puisse affirmer qu'elle agit suivant AR.

27. Par cette démonstration on prouve donc que lorsqu'on a deux parallélogrammes CB et Db dans lesquels les résultantes suivent les directions des diagonales AD et BR, le parallélogramme Cb jouira de la même propriété d'indiquer par sa diagonale AR, la direction de la résultante des forces AC et Ab.

28. Construisons les deux parallélogrammes CB et Db' (fig. 15), dans lesquels on ait AB = CA et Bb' = 2DB : la résultante des forces égales AB et AC sera dirigée suivant la diagonale CB (art. 25), et la résultante Db' des forces DB et Bb' (art. 27) sera aussi dirigée suivant la diagonale du parallélogramme Db'. Voilà donc deux parallélogrammes CB et Db' qui jouissent de la même propriété ; donc il en sera de même (art. 27) du parallélogramme Cb' qui résulte de leur assemblage. En comparant ensuite le parallélogramme CB au parallélogramme Db'', on prouverait de la même manière que le parallélogramme Cb'', dont les côtés CA et Ab'' sont dans le rapport de 1 à 4, jouit encore de la même propriété, et ainsi de suite. De sorte qu'on peut dire en général que dans un parallélogramme formé par deux forces dont les intensités sont entr'elles dans le rapport de l'unité à un nombre entier n, la diagonale indique la direction de la résultante.

Fig. 15.

29. Si une droite CP (fig. 16) contient un nombre exact de parties égales à CA, et que l'on forme les parallélogrammes CK et AK', dans lesquels les côtés CA et CH, AA' et AK soient dans le rapport des nombres entiers 1 et n, les diagonales de ces parallélogrammes indiqueront (art. 28) les directions des résultantes ; par conséquent (art. 27) le pa-

Fig. 16.

rallélogramme CK′ jouira de la même propriété ; et comme elle existe aussi dans le parallélogramme A′K″, il en sera de même (art. 27) du parallélogramme CK″, composé de ces deux parallélogrammes, et ainsi de suite. De sorte que si CP est de m parties, on pourra affirmer que la diagonale suivra la direction de la résultante des deux forces dans un parallélogramme CN dont les côtés seraient dans le rapport des nombres entiers m et n, c'est-à-dire seraient commensurables.

30. Pour traiter le cas où les côtés du parallélogramme sont incommensurables, on va démontrer préliminairement que la résultante de deux forces inégales P et Q (fig. 17 et 18) qui concourent en un point A, est dans l'angle formé par les directions de ces forces : cela se réduit à prouver que cette résultante ne peut agir dans l'espace K (fig. 17), terminé par la droite indéfinie mm', ni dans l'espace L (fig. 18), terminé par la droite indéfinie nn'. En effet (fig. 17) la force Q ne peut faire mouvoir le point A dans l'espace K, puisque son action est dirigée dans le sens de A vers m ; la force P ne peut faire mouvoir ce point dans l'espace K, puisqu'elle agit dans un sens opposé : ainsi rien ne peut contribuer à faire mouvoir A dans l'espace K. Un même raisonnement s'appliquerait à la figure 18, pour prouver que A ne peut se mouvoir dans l'espace L.

Fig. 17 et 18.

Il résulte de ce qui précède, qu'un point A sollicité par deux forces quelconques, doit se mouvoir dans l'angle formé par les directions de ces forces.

Fig 19. Cela posé, soient deux forces représentées (fig. 19) par les parties AC et AB qui leur sont proportionnelles : on va prouver que si l'on augmente la composante AB d'une partie Bb, la résultante s'approchera de AB. En effet soit AR la résultante inconnue des forces AC et AB, la nouvelle force Bb pouvant être transportée à tout point pris sur sa direction, transportons-la au point A, en prenant $Ab' = Bb$: alors la nouvelle résultante sera la même que celle des forces AC, AB et Ab'. Ces trois forces pouvant être remplacées par ces deux-ci, AR et Ab', il suit de l'article 30 que la nouvelle résultante passera dans l'angle RAb' formé par la direction de ces forces, et par conséquent s'approchera plus de AB que AR ne s'en approchait.

31. Considérons maintenant deux forces incommensurables AC et AB (fig. 20). Si leur résultante n'était pas dirigée suivant la diagonale AD du parallélogramme formé par les directions de ces forces, cette résultante, selon qu'elle tomberait à gauche ou à droite, ne pourrait prendre à l'égard de AD, que l'une de ces positions AR′ et AR″ ; dans le premier cas, on partagerait CA en parties égales plus petites que DR′ ; et en portant un certain nombre de ces parties sur CD, l'un des points de division D′ tomberait nécessairement entre R′ et D ; alors le parallélogramme AD′ aurait ses côtés commensurables ; donc, d'après ce qui précède, sa diagonale serait dirigée suivant AD′ : or en augmentant de B′B le côté AB′ de ce parallélogramme, la diagonale devient, par hypothèse, AR′. Ainsi, au lieu de s'approcher de AB, elle s'en écarte, ce qui est absurde par l'article précédent.

Fig. 20.

Dans le second cas, si la résultante du parallélogramme AD était dirigée suivant AR″, on partagerait CA en parties égales plus petites que DR″ ; et en portant un nombre suffisant de ces parties sur la droite CD prolongée, l'un des points de division D″ tomberait entre D et R″ ; alors le parallélogramme AD″ ayant ses côtés commensurables, la résultante des forces AC et AB″ serait dirigée suivant AD″ ; mais la résultante du parallélogramme AD étant, par hypothèse, AR″, il en résulterait que si on augmentait AB de BB″, la résultante qui dans le premier cas est AR″, deviendrait dans le second AD″, et par conséquent s'éloignerait du côté

AB ; ce qui est encore absurde d'après ce qui précède ; donc la résultante ne peut être que AD (*).

32. Il nous reste à démontrer que les composantes P et Q étant représentées en intensité par les droites AC et AB (fig. 21), la résultante le sera aussi en intensité par la diagonale AD.

Fig. 21.

En effet si aux composantes P et Q on substitue la résultante R dont la longueur est inconnue, cette résultante R pourra être mise en équilibre par une force R' qui lui sera égale, directement opposée, et dont la grandeur sera aussi inconnue. R et R' étant donc en équilibre, si l'on remplace R par ses composantes P et Q, on conclura que les trois forces P, Q et R' sont aussi en équilibre ; or la force Q peut être considérée comme égale et directement opposée à la résultante des deux autres P et R'. Soit Q' cette résultante de P et de R' ; Q' qui est égale à Q, devra être la diagonale d'un parallélogramme dont les côtés seraient P et R'. On pourra donc construire ce parallélogramme CD', puisqu'un des côtés P et la diagonale Q' sont donnés de grandeur et de position : par là on déterminera le côté R' dont la longueur était inconnue. Cela posé,

$$R' = CB' \text{ et } CB' = AD; \text{ donc } AD = R' = R.$$

33. Un des premiers corollaires que l'on peut tirer de la proposition du parallélogramme des forces, est la relation trigonométrique qui existe entre deux forces P et Q qui concourent en un point A et leur résultante R. Pour l'obtenir, prenons sur les directions de ces forces (fig. 22) des parties AB et AC proportionnelles à ces forces, et

Fig. 22.

(*) Par la considération des infiniment petits, on pourrait suppléer aux articles 30 et 31, et conclure de suite que la proposition est vraie dans le cas des forces incommensurables.

construisons le parallélogramme ABDC, nous aurons

$$P : Q : R :: AB : AC : AD.$$

Le côté BD étant égal à AC, on peut ne considérer que les côtés du triangle ABD, et la proportion précédente devient

$$P : Q : R :: AB : BD : AD.$$

D'une autre part, les côtés d'un triangle étant proportionnels aux sinus des angles qui leur sont opposés, on a encore

$$AB : BD : AD :: \sin BDA : \sin BAD : \sin ABD.$$

On tire de ces proportions,

$$P : Q : R :: \sin BDA : \sin BAD : \sin ABD.$$

On peut remarquer que dans cette proportion, le terme trigonométrique correspondant à l'une des forces, est le sinus de l'angle formé par les directions des deux autres.

34. Il résulte de l'article précédent que trois des six choses qui constituent le triangle des forces ABD étant données, on connaîtra la quatrième, pourvu que dans les trois données il entre au moins un côté.

Par exemple, si l'on donnait les deux composantes AC et AB, et l'angle BAC qu'elles forment entr'elles, et qu'on voulût déterminer la résultante, comme l'angle BAC est supplément de l'angle ABD, on connaîtrait dans le triangle ABD l'angle B et les deux côtés compris; il serait donc facile de déterminer par la trigonométrie, le côté opposé $AD = R$. Au reste, on calculerait aisément R par la formule

$$R^2 = P^2 + Q^2 - 2PQ \cos B \ (*).$$

35. Lorsqu'on a plusieurs forces qui, quoique situées dans des plans différens, concourent en un point A, on

---

(*) Voici un moyen très-simple de démontrer cette formule. Abaissons du sommet de l'angle A (fig. 23) la perpendiculaire AD sur le côté Fig. 23.

14 STATIQUE.

en peut toujours déterminer la résultante ; car il suffit de composer ces forces deux à deux et de leur substituer leur résultante, pour diminuer successivement le nombre des forces du système et les réduire enfin à une seule.

36. Il existe, pour la composition de plusieurs forces qui concourent en un point, une construction graphique très-remarquable.

Fig. 24. La voici : soient (fig. 24) P, P', P'', P''', etc. plusieurs forces qui concourent en un point A, et que nous représenterons par les parties Ap, Ap', Ap'', Ap''', etc. de leurs directions : on mènera à Ap' la parallèle pr égale à Ap', et l'on formera le parallélogramme $Aprp'$; la diagonale $Ar = R$ sera la résultante de P et de P' : menant ensuite rr' parallèle et égale à Ap'', et formant le parallélogramme $Arr'p''$, la diagonale Ar' sera la résultante de R et de P'' ou des forces P, P', P''. On voit que par ce procédé on construira un polygone $Aprr'r''$, etc. dont les côtés seront parallèles aux directions des forces P'P''P''', etc., et dont les longueurs respectives représenteront les intensités des forces P, P', P'', etc. Les distances du sommet A aux angles de ce polygone

---

opposé, nous aurons
$$BD = AB \cos B, \quad AD = AB \sin B;$$
le triangle rectangle ACD nous donne
$$AC^2 = (BC - BD)^2 + AD^2;$$
développant et substituant dans cette équation les valeurs précédentes, nous obtiendrons
$$AC^2 = BC^2 - 2.BC.AB \cos B + AB^2 \cos^2 B + AB^2 \sin^2 B;$$
observant que $\cos^2 B + \sin^2 B = 1$, cette équation se réduit à
$$AC^2 = BC^2 - 2BC.AB \cos B + AB^2;$$
si l'angle B devient obtus, cos B change de signe.

seront

Ar résultante de P et de P′,
Ar' résultante de P, de P′ et de P″,
Ar'' résultante de P, de P′, de P″ et de P‴.

En continuant ainsi, l'on voit que la distance de A à l'extrémité $r^{(n)}$ du dernier côté du polygone, sera égale à la résultante de toutes les forces ; donc si cette distance est nulle, le polygone sera fermé et l'intensité de la résultante sera zéro ; par conséquent toutes les forces se détruiront mutuellement, et il y aura équilibre dans le système.

Si l'on efface toutes les lignes ponctuées qui sont inutiles, ce procédé se réduit à former un polygone en menant des parallèles pr, rr', etc. aux forces.

37. Cette construction peut être employée pour trouver (fig. 25) la résultante des trois forces AP, AP′, AP″ non situées dans un même plan et qui concourent en A. Pour cet effet on formera sur les deux premières forces, le parallélogramme AQ, et ayant mené une droite QR parallèle et égale à AP″, il suit de l'article précédent que AR sera la résultante des trois forces AP, AP′ et AP″ : or il est évident que AR n'est autre chose que la diagonale d'un parallélipipède dont les trois arêtes contiguës seraient les composantes AP, AP′, AP″. Fig. 25.

38. On peut démontrer directement cette proposition de la manière suivante. Soient (fig. 26) AB, AC, AD trois forces qui aboutissent au point A, la résultante de AC et de AB sera AE ; composant AE avec AD, la résultante de ces deux forces sera la diagonale AF du parallélogramme ADFE : or cette diagonale est évidemment celle du parallélipipède. Fig. 26.

CHAPITRE II.

Des forces appliquées à un même point et qui sont situées dans un plan.

Fig. 27. 39. Soient P, P′, P″, P‴, etc. (fig. 27) différentes forces situées dans un plan, et qui aboutissent à un point A : nous mènerons par ce point les axes rectangulaires Ax et Ay, et en représentant ces forces P, P′, P″, etc. par les parties AP, AP′, AP″, etc. de leurs directions, nous les décomposerons chacune en deux autres dirigées suivant les axes Ax et Ay. Pour cet effet, soient α, α', α'', etc. les angles que les forces P, P′, P″, etc. font avec l'axe des x, et ε, ε', ε'', etc. les angles qu'elles font avec l'axe des y. Comme

Fig. 28. on sait qu'en général, lorsque l'hypothénuse AB (fig. 28) d'un triangle rectangle, fait un angle A avec l'un des côtés, le côté adjacent a pour expression AB cos A, tandis que le côté opposé à l'angle A est égal à AB sin A (*), on pourra facilement calculer les composantes des forces P, P′, P″, P‴, etc. suivant les axes ; car la force P, représentée par AB, faisant un angle α suivant l'axe des x, et un angle ε avec celui des y, on aura pour ses composantes,

$$AC = P \cos \alpha, \quad BC = P \cos \varepsilon.$$

On trouverait de même que les forces P′, P″, P‴, etc. ont pour composantes dans le sens des x,

$$P' \cos \alpha', \quad P'' \cos \alpha'', \quad P''' \cos \alpha''', \text{ etc.},$$

(*) Pour le démontrer, il suffit de remarquer qu'on a les proportions

AB : AC :: 1 : cos A,   AB : BC :: 1 : sin A;

d'où l'on tire

AC = AB cos A,   BC = AB sin A.

et

DES FORCES APPLIQUÉES A UN POINT. 17

et dans le sens des y,

$\quad$ P′ cos $ε′$, P″ cos $ε″$, P‴ cos $ε‴$, etc.

Si l'on ajoute toutes les composantes dirigées suivant l'axe des x, et qu'on fasse la même chose à l'égard des composantes dirigées suivant l'axe des y, en représentant ces sommes par X et par Y, nous aurons

$$P \cos α + P' \cos α' + P'' \cos α'' + \text{etc.} = X,$$
$$P \cos ε + P' \cos ε' + P'' \cos ε'' + \text{etc.} = Y,$$

et alors toutes les forces seront réduites à deux, l'une X qui agira suivant l'axe des x, et l'autre Y qui agira suivant l'axe des y. Nommant R la résultante de ces deux forces, elle nous sera donnée par l'équation

$$X^2 + Y^2 = R^2.$$

40. Dans ce qui précède, nous avons supposé que toutes les forces étaient situées dans l'angle yAx (fig. 27) ; c'est pourquoi nous avons attribué le signe positif à tous les cosinus ; mais si quelques-unes de ces forces tombaient dans les autres angles formés autour du point A, nous déterminerions les cosinus par la règle de l'article 16.

Fig. 27.

41. Pour en donner un exemple, cherchons la résultante des forces P, P′, P″, P‴, etc. (fig. 28) disposées comme dans la figure 29, et qui toutes tendent à entraîner le point A. En attribuant le signe positif ou le signe négatif aux forces qui correspondent à des angles aigus ou obtus, les composantes

Fig. 28 et 29.

de P		$+ P \cos α,$	$+ P \cos ε$
de P′		$+ P' \cos α',$	$- P' \cos ε'$
de P″	seront	$+ P'' \cos α'',$	$- P'' \cos ε''$
de P‴		$- P''' \cos α''',$	$- P''' \cos ε'''$
de P^{iv}		$- P^{\text{iv}} \cos α^{\text{iv}},$	$+ P^{\text{iv}} \cos ε^{\text{iv}}$

On ajoutera les composantes qui agissent dans un sens, et

Fig. 29. l'on retranchera de cette somme celles qui agissent en sens contraire, et l'on obtiendra

$$P \cos \alpha + P' \cos \alpha' + P'' \cos \alpha'' - P''' \cos \alpha''' - P^{IV} \cos \alpha^{IV} = X,$$
$$P \cos \boldsymbol{\mathcal{C}} + P^{IV} \cos \boldsymbol{\mathcal{C}}^{IV} - P' \cos \boldsymbol{\mathcal{C}}' - P'' \cos \boldsymbol{\mathcal{C}}'' - P''' \cos \boldsymbol{\mathcal{C}}''' = Y.$$

42. Si l'on se réserve de déterminer les signes des cosinus lorsque l'on passera à la pratique, on peut donner à tous les cosinus le signe positif, et l'on aura en général

$$P \cos \alpha + P' \cos \alpha' + P'' \cos \alpha'' + \text{etc.} = X \ldots (2),$$
$$P \cos \boldsymbol{\mathcal{C}} + P' \cos \boldsymbol{\mathcal{C}}' + P'' \cos \boldsymbol{\mathcal{C}}'' + \text{etc.} = Y \ldots (3).$$

43. La résultante étant la diagonale d'un parallélogramme dont les côtés rectangulaires sont X et Y, sera donnée par l'équation

$$\sqrt{X^2 + Y^2} = R \ldots (4).$$

Il ne s'agit plus que d'en déterminer la position. Pour cet effet, si nous nommons a et b les angles que cette résultante fait avec les axes coordonnés, nous aurons

$$X = R \cos a, \quad Y = R \cos b,$$

d'où nous tirerons

$$\cos a = \frac{X}{R}, \quad \cos b = \frac{Y}{R} \ldots (5).$$

Les seules données du problème étant P, P', P'', etc.; cos α, cos α', cos α'', etc.; cos $\boldsymbol{\mathcal{C}}$, cos $\boldsymbol{\mathcal{C}}'$, cos $\boldsymbol{\mathcal{C}}''$, etc., ces données feront connaître X et Y, au moyen des équations (2) et (3). Ces valeurs étant substituées dans la formule (4), on aura R, et par conséquent les seconds membres des équations (5) nous seront connus, et l'on sera en état d'assigner les valeurs de cos a et de cos b, et de déterminer les angles que la résultante R fait avec les axes coordonnés.

44. La ligne de direction passant par le point A qu'on a

pris pour origine, l'équation de cette ligne sera

$$y = x \tang a, \quad \text{ou} \quad y = x \frac{\sin a}{\cos a},$$

observant que les angles a et b formés par la résultante R avec les axes Ax et Ay (fig. 30), sont supplémens l'un de l'autre, nous aurons

Fig. 30.

$$\sin a = \cos b;$$

substituant cette valeur dans l'équation précédente, il viendra

$$y = x \frac{\cos b}{\cos a},$$

et en mettant dans cette équation les valeurs de $\cos a$ et de $\cos b$ données par les équations (5), on aura

$$y = \frac{Y}{X} x.$$

45. Dans le cas de l'équilibre, l'intensité de la résultante R étant nulle, la formule (4) devient

$$\sqrt{X^2 + Y^2} = 0, \quad \text{ou plutôt} \quad X^2 + Y^2 = 0.$$

Comme tout carré est essentiellement positif, et qu'une somme de quantités positives ne peut être égale à zéro, à moins que chacune de ces quantités ne soit nulle séparément, on a

$$X = 0, \quad Y = 0.$$

Telles sont les équations de l'équilibre de plusieurs forces qui, étant situées dans un même plan, sont appliquées immédiatement à un point A.

46. Si X seul était nul, on aurait

$$R = Y, \quad \cos a = 0, \quad \cos b = 1:$$

ces équations font voir que la résultante serait dirigée suivant l'axe des y.

On prouverait de même que si Y seul était nul, la résultante serait dirigée suivant l'axe des x.

CHAPITRE III.

Des forces appliquées à un même point, et qui sont situées dans l'espace.

47. Soient P, P′, P″, etc. diverses forces qui sollicitent un point A; menons par ce point trois axes coordonnés Ax, Ay, Az, et nommons

α, β, γ les angles que P fait avec les axes coordonnés,
α', β', γ' les angles que P′ fait avec ces axes,
α'', β'', γ'' les angles que P″ fait avec ces axes.
 etc. etc.

En décomposant ces forces suivant les axes coordonnés, nous trouverons

$P \cos \alpha$, $P \cos \beta$, $P \cos \gamma$ pour les composantes de P,
$P' \cos \alpha'$, $P' \cos \beta'$, $P' \cos \gamma'$ pour celles de P′,
$P'' \cos \alpha''$, $P'' \cos \beta''$, $P'' \cos \gamma''$ pour celles de P″,
 etc. etc. etc. etc.

Si nous nous réservons, comme dans l'article (42), de déterminer les signes des cosinus lorsque nous passerons à la pratique, et que nous représentions par X, Y, Z les composantes de la résultante cherchée R suivant chacun des axes coordonnés, nous aurons

$$P \cos \alpha + P' \cos \alpha' + P'' \cos \alpha'' + \text{etc.} = X \ldots (6),$$
$$P \cos \beta + P' \cos \beta' + P'' \cos \beta'' + \text{etc.} = Y \ldots (7),$$
$$P \cos \gamma + P' \cos \gamma' + P'' \cos \gamma'' + \text{etc.} = Z \ldots (8).$$

48. X, Y, Z étant les trois projections AB, BC, CD de la droite AD (fig. 31) qui représente la résultante R, nous

Fig. 31.

aurons
$$AB^2 + BC^2 + CD^2 = AD^2,$$
et par conséquent
$$X^2 + Y^2 + Z^2 = R^2.$$
Ainsi l'on déterminera l'intensité de la résultante au moyen de l'équation
$$R = \sqrt{X^2 + Y^2 + Z^2} \ldots \ldots (9).$$
D'une autre part, si nous appelons a, b, c les angles que la résultante fait avec les axes coordonnés, les composantes de R suivant chacun des axes, seront
$$R \cos a, \quad R \cos b, \quad R \cos c\,;$$
et comme nous avons représenté par X, Y, Z ces composantes, nous aurons
$$X = R \cos a, \quad Y = R \cos b, \quad Z = R \cos c,$$
d'où nous tirerons
$$\cos a = \frac{X}{R}, \quad \cos b = \frac{Y}{R}, \quad \cos c = \frac{Z}{R} \ldots \ldots (10).$$
Lorsque les forces P, P′, P″, etc., et les angles α, β, γ, α', β', γ', etc. seront donnés, les formules (6), (7) et (8) nous mettront en état de calculer X, Y et Z. Ces valeurs étant substituées dans l'équation (9), nous feront connaître R. On pourra donc ensuite, au moyen des équations (10), déterminer les angles a, b, c qui fixent la position de la résultante.

49. Dans le cas de l'équilibre, la résultante étant nulle, l'équation (9) nous donne
$$X^2 + Y^2 + Z^2 = 0.$$
Cette équation est la somme de trois carrés qui sont tous essentiellement positifs; par conséquent elle n'est possible

Fig. 31.

Fig. 31. que d'autant que chaque terme soit égal à zéro. Ainsi l'on a
$$X = 0, \quad Y = 0, \quad Z = 0:$$
ces valeurs réduisent les équations (6), (7) et (8) à
$$\left.\begin{array}{l} P\cos\alpha + P'\cos\alpha' + P''\cos\alpha'' + P'''\cos\alpha''' + \text{etc.} = 0 \\ P\cos\beta + P'\cos\beta' + P''\cos\beta'' + P'''\cos\beta''' + \text{etc.} = 0 \\ P\cos\gamma + P'\cos\gamma' + P''\cos\gamma'' + P'''\cos\gamma''' + \text{etc.} = 0 \end{array}\right\} \ldots (11).$$

Telles sont les équations d'équilibre d'un système de forces situées d'une manière quelconque dans l'espace et appliquées à un même point.

50. Ces conditions étant remplies, on va prouver que l'une des forces est égale et directement opposée à la résultante des autres. En effet, soient R' la résultante de toutes les forces hors $P\cos\alpha$, X', Y', Z' ses composantes, et a', b', c' les angles qu'elle fait avec les trois axes, on a
$$X' = P'\cos\alpha' + P''\cos\alpha'' + P'''\cos\alpha''' + \text{etc.},$$
$$Y' = P'\cos\beta' + P''\cos\beta'' + P'''\cos\beta''' + \text{etc.},$$
$$Z' = P'\cos\gamma' + P''\cos\gamma'' + P'''\cos\gamma''' + \text{etc.}:$$
au moyen de ces valeurs, on réduira les équations (11) à
$$P\cos\alpha + X' = 0,$$
$$P\cos\beta + Y' = 0,$$
$$P\cos\gamma + Z' = 0;$$
éliminant X', Y', Z' au moyen des équations
$$X' = R'\cos a', \quad Y' = R'\cos b', \quad Z' = R'\cos c',$$
il viendra
$$\left.\begin{array}{l} P\cos\alpha = -R'\cos a' \\ P\cos\beta = -R'\cos b' \\ P\cos\gamma = -R'\cos c' \end{array}\right\} \ldots(12).$$

Elevant ces équations au carré et les ajoutant, on trouvera
$$P^2(\cos^2\alpha + \cos^2\beta + \cos^2\gamma) = R'^2(\cos^2 a' + \cos^2 b' + \cos^2 c');$$

et comme la somme des carrés des cosinus des angles qu'une force fait avec les trois axes est égale à l'unité, cette équation se réduit à

$$P^2 = R'^2,$$

et donne

$$P = R':$$

on ne prend ici P qu'avec le signe positif, parce que les signes qui affectent les forces dépendant de leurs positions respectives, doivent être déterminés par la règle des cosinus que nous avons expliquée article 16.

Substituant la valeur de P dans les équations (12), et supprimant ensuite le facteur R', ces équations deviennent

$$\cos \alpha = - \cos a' \ldots \ldots (13),$$
$$\cos \beta = - \cos b' \ldots \ldots (14),$$
$$\cos \gamma = - \cos c' \ldots \ldots (15).$$

Si l'on fait $\cos a' = m$, l'équation (13) nous donne

$$\cos \alpha = - m.$$

Ces valeurs de $\cos a'$ et de $\cos \alpha$ nous apprennent que les angles a' et α sont supplémens l'un de l'autre. En effet si $\cos a'$ est représenté par AC (fig. 32), $\cos \alpha$ le sera par AC' = AC, et alors $a' = $ DAC, $\alpha = $ D'AC.

Fig. 32.

Or ces angles sont supplémens l'un de l'autre; car, à cause de AC = AC', l'égalité des triangles ADC, D'AC' nous prouvant celle des angles DAC, D'AC', on peut changer D'AC' en DAC dans l'équation

$$\text{D'AC} + \text{D'AC'} = 2 \text{ angles droits},$$

et l'on voit que les angles D'AC et DAC ou a' et α sont supplémens l'un de l'autre.

On prouverait de même, au moyen des équations (14) et (15), que β et b' sont supplémens l'un de l'autre, et qu'il en est de même des angles γ et c'.

Il résulte de ce qui précède, que R' et P sont directetement opposés ; car si, par exemple, R' était situé au-dessus du plan des x, y dans la région des x et des y positifs, P serait situé au-dessous, et dans la région des x et des y négatifs.

51. Après avoir réduit toutes les forces à trois forces rectangulaires X, Y, Z, nous avons vu que la résultante R était la diagonale d'un parallélipipède dont les côtés contigus AB, BC, CD (fig. 31) seraient X, Y, Z : par conséquent pour déterminer l'équation de la résultante R, représentée par AD, il s'agit de trouver celle d'une droite AD qui passerait par l'origine A dont les coordonnées sont nulles ; et par le point D qui a pour coordonnées X, Y, Z.

52. On peut donner plus de généralité à ce problème, en supposant que le point d'application A ait pour coordonnées x', y', z' ; alors les coordonnées du point D (fig. 33) seront

Fig. 33.

$$x' + X, \quad y' + Y, \quad z' + Z.$$

Cela posé, les équations de la résultante étant celles d'une droite dans l'espace sont de la forme

$$z = ax + b, \quad z = a'x + b' \ldots (16);$$

mettant dans ces équations les coordonnées du point D (fig. 31) à la place de x, y, z, nous trouverons

$$z' + Z = ax' + aX + b, \quad z' + Z = a'y' + a'Y + b' \ldots (17):$$

les coordonnées x', y', z' du point A devant aussi satisfaire aux équations (16), nous aurons

$$z' = ax' + b, \quad z' = a'y' + b' \ldots (18).$$

Retranchant ces équations des équations (17), nous obtiendrons

$$Z = aX, \quad Z = a'Y,$$

d'où nous tirons

$$a = \frac{Z}{X}, \quad a' = \frac{Z}{Y}.$$

D'une autre part, éliminant b et b' entre les équations (16) et (18), nous aurons

$$z - z' = a(x - x'), \quad y - y' = a'(y - y'):$$

mettant dans ces équations les valeurs de a et de a', il viendra enfin pour les équations de la résultante [2],

$$z - z' = \frac{Z}{X}(x - x'), \quad y - y' = \frac{Z}{Y}(y - y').$$

CHAPITRE IV.

Des forces parallèles.

53. Jusqu'a présent nous n'avons déterminé que les conditions d'équilibre de différentes forces qui agissent sur un seul point; mais lorsque ces forces sont appliquées à différens points d'un corps ou d'un système de corps, si l'on fait abstraction des autres points, il est certain que les distances qui séparent ceux auxquels sont appliquées les forces, seront toujours les mêmes; par conséquent on pourra concevoir ces points comme liés entr'eux par des droites inflexibles.

54. Considérons maintenant deux forces parallèles P et Q (fig. 34) appliquées aux extrémités d'une droite AB Fig. 34. qui coupe leurs directions à angle droit, et représentons ces forces par les droites AP et BQ qui leur soient proportionnelles, on pourra ajouter au système deux forces AM et BN égales et directement opposées, et substituer aux quatre forces AP, AM, BQ et BN, les diagonales AD et BI. Ces diagonales concourant au point C, on pourra transporter AD et BI en ce point, en prenant CE = AD et CF = BI. Décomposant ces forces CE et CF en deux

autres rectangulaires, on construira les rectangles GL et HK qui seront égaux aux rectangles MP et QN, et au lieu des forces CE et CF, on aura les quatre forces CL, CK, CG et CH. Ces deux dernières sont égales comme équivalentes aux forces AM et BN qui sont égales par hypothèse ; et comme elles agissent en sens contraire, elles se détruiront. Il ne restera donc au point C que les deux forces CL et CK égales à P et à Q, et qui, agissant dans la même direction et dans le même sens, s'ajouteront. Représentons leur somme par R, nous aurons

$$P + Q = R;$$

la résultante R pouvant être appliquée à tout point pris sur sa direction, nous l'appliquerons au point O, et il ne s'agira plus que de déterminer la distance de O en A. Pour cela, les triangles CAO, CEL donnent

$$CO : AO :: CL : EL;$$

pareillement on tire des triangles semblables COB, CKF,

$$OB : CO :: KF : CK;$$

multipliant ces proportions par ordre et supprimant le facteur commun CO, nous aurons

$$OB : AO :: CL \times KF : EL \times CK.$$

Les droites KF et EL étant égales aux forces BN et AM que nous avons ajoutées au système, cette proportion peut se réduire à

$$OB : AO :: CL : CK;$$

et comme CL et CK équivalent aux droites AP et BQ qui représentent les intensités des forces, la proportion précédente revient à

$$OB : AO :: P : Q \ldots \ldots (19);$$

par conséquent le point d'application O de la résultante

des forces P et Q, divise la droite AB en deux parties OB et AO qui sont réciproquement proportionnelles aux intensités de ces forces.

55. La proportion précédente nous donne (fig. 35)   Fig. 35.
$$OB + AO : AO :: P + Q : Q,$$
ou $$AB : AO :: R : Q \ldots\ldots(20).$$
On déduit des proportions (19) et (20)
$$Q : P : R :: AO : OB : AB;$$
ce qui nous fournit cette règle : *Les parties AO, OB, AB comprises chacune entre deux des forces P, Q et R, sont proportionnelles aux troisièmes.*

Par exemple, le terme correspondant à AB est R, parce que AB est compris entre les deux autres forces P et Q.

56. Si l'on donnait P, Q et AO, et qu'on voulût connaître BO, on verrait que les termes correspondans à AO et à BO sont Q et P, parce que AO est compris entre R et P, et que BO l'est entre R et Q; on établirait donc ainsi la proportion
$$Q : P :: AO : BO,$$
d'où l'on tirerait
$$BO = \frac{P \times AO}{Q}.$$

57. Réciproquement si l'on n'avait qu'une force R, et qu'on voulût la partager en deux autres qui dussent passer par les points A et B, en nommant P et Q ces forces inconnues, les termes correspondans à R et à P seraient AB et BO : on déterminerait donc P par la proportion
$$AB : BO :: R : P;$$
de même en cherchant les termes correspondans à R et à Q, on déterminerait Q par cette autre proportion,
$$AB : AO :: R : Q.$$

On tirerait de ces deux proportions,

$$P = \frac{R \times BO}{AB}, \qquad Q = \frac{R \times AO}{AB}.$$

Dans la démonstration précédente, on a supposé que les directions AP et BQ (fig. 35) des forces P et Q étaient perpendiculaires à la droite AB; mais si elles étaient obliques à cette droite, on pourrait, par le point d'application O de la résultante (fig. 36), mener CD perpendiculaire à la direction de ces forces; alors la force P appliquée en A, aurait le même effet que si elle était appliquée en C. Il en serait de même de la force Q à l'égard du point D, et comme on a la proportion

Fig. 36.

$$P : Q :: OD : OC,$$

le rapport de OD à OC étant le même que celui de OB à OA à cause des triangles semblables OBD, COA, on aurait donc

$$P : Q :: OB : OA.$$

Fig. 37. 58. Lorsque deux forces P et Q (fig. 37) agissent en sens opposés, la résultante est égale à la différence de ces forces. Pour le démontrer, soit S (fig. 37) la résultante de deux forces P et R qui agissent dans le même sens, nous aurons

$$S = P + R \ldots \ldots (21);$$

remplaçant S par une force Q qui lui soit égale et qui agisse en sens contraire, l'équilibre subsistera entre les trois forces P, R et Q; par conséquent on pourra considérer R comme la résultante de Q et de P, et l'équation (21) nous donnera, pour obtenir l'intensité de R,

$$R = S - P;$$

et comme S et Q ont la même intensité, en substituant Q à S, on trouvera

$$R = Q - P.$$

DES FORCES PARALLÈLES.

D'après ce qui précède, le point O où la force R doit être appliquée, se déterminera par la proportion

$$AB : BO :: R : P,$$

d'où l'on tirera

$$BO = \frac{P \times AB}{R},$$

ou, en mettant pour R sa valeur,

$$BO = \frac{P \times AB}{Q - P}.$$

Ce résultat nous apprend que plus la différence $Q - P$ est petite, plus O est éloigné de B; donc dans le cas où Q et P sont égaux, BO est infini et R nulle; d'où l'on peut conclure qu'avec deux forces parallèles égales et non directement opposées, on ne peut établir l'équilibre qu'au moyen d'une force infiniment petite transportée à une distance infinie : donc, dans ce cas, on ne peut trouver une force qui fasse équilibre à P et à Q ; ou, en d'autres termes, P et Q ne peuvent avoir une résultante unique : ces forces n'auront d'autre effet que de faire tourner AB autour de son milieu.

59. On peut appliquer à un nombre quelconque de forces parallèles, la théorie que nous venons d'exposer. Soient donc P, P′, P″, P‴, P^IV, etc. (fig. 38) des forces parallèles appliquées à différens points A, B, C, D, E liés entr'eux par des droites inflexibles; il sera facile de trouver la résultante de ces forces et son point d'application. En effet, on cherchera d'abord le point d'application M de la résultante des forces P et P′ par la proportion

$$AB : AM :: P + P' : P',$$

et l'on en déduira

$$AM = \frac{AB \times P'}{P + P'};$$

Fig. 38.

on mènera ensuite une droite MC, et l'on cherchera le point d'application N de la résultante des forces P + P′ appliquées en M, et de la force P″ appliquée en C, par la proportion

$$\text{MC} : \text{MN} :: \text{P} + \text{P}' + \text{P}'' : \text{P}'',$$

et l'on aura

$$\text{MN} = \frac{\text{MC} \times \text{P}''}{\text{P} + \text{P}' + \text{P}''};$$

on mènera ensuite ND, et cherchant par le même procédé le point d'application de la résultante des forces P+P′+P″ appliquées en N, et de la force P‴ appliquée en D, on trouvera le point O par lequel doit passer cette résultante ; enfin on tirera la ligne OE, et par une semblable opération, on connaîtra le point d'application K de la résultante de toutes ces forces.

60. Si quelques-unes des forces sont dirigées en sens contraire, soient P, P′, P″, etc. les forces qui agissent dans un sens, et Q, Q′, Q″, etc. celles qui agissent en sens opposé ; nous chercherons par le procédé de l'article précédent, le point d'application K (fig. 39) de la résultante des forces P, P′, P″, etc., et le point d'application L de la résultante des forces Q, Q′, Q″, etc. ; alors le système se trouvera réduit à deux forces parallèles, l'une appliquée en K et égale à P + P′ + P″, etc., et l'autre appliquée en L et égale à Q + Q′ + Q″, etc., et l'on cherchera la résultante de ces forces et son point d'application, comme dans l'article 58.

Fig. 39.

Fig. 40.

61. Si les forces P, P′, P″, P‴, etc. (fig. 40) restant toujours parallèles et appliquées aux mêmes points, prennent les positions AQ, BQ′, CQ″, DQ‴, etc., la résultante ne changera pas de point d'application ni d'intensité, mais deviendra seulement parallèle à la nouvelle direction des forces ; car

l'opération qui a fait trouver le point d'application de la résultante ne dépendant que des intensités des forces et des distances respectives des différens points d'application, les données restent les mêmes lorsqu'on change la direction commune des forces.

62. Par exemple, si les forces P et P' prennent les directions parallèles AQ, BQ', on a P, P' et AB pour déterminer le point M, et l'on voit que les données sont les mêmes que lorsque les forces avaient les directions AP et BP', ainsi de suite.

Le point par lequel passe la résultante de toutes les forces parallèles, quelle que soit leur inclinaison commune, est appelé le centre des forces parallèles.

63. Cherchons maintenant les coordonnées du centre des forces parallèles. Pour cet effet soient M, M', M", etc. les points d'application des forces P, P', P", etc.

x, y, z les coordonnées du point M,
x', y', z' .... celles du point M',
x'', y'', z'' .... celles du point M",
....
x_1, y_1, z_1 .... celles du centre des forces parallèles.

Représentons par N (fig. 41) le point d'application de la résultante des forces parallèles P et P', nous aurons

$$\text{MM}' : \text{M}'\text{N} :: \text{P} + \text{P}' : \text{P};$$

d'une autre part les triangles semblables ML'M', NLM' nous donnent

$$\text{MM}' : \text{M}'\text{N} :: \text{ML}' : \text{NL}.$$

On tire de ces deux proportions

$$\text{ML}' : \text{NL} :: \text{P} + \text{P}' : \text{P};$$

donc

$$(\text{P} + \text{P}')\,\text{NL} = \text{P} \times \text{ML}';$$

Fig. 41.

ajoutons dans les deux membres $(P+P')LK$, on aura

$$(P+P')(NL+LK) = P(ML'+LK)+P'.LK,$$

et observant que

$$NL + LK = NK,$$
$$ML' + LK = MH,$$
$$LK = M'H'.$$

L'équation précédente se réduit à

$$(P+P')NK = P.MH + P'.M'H',$$

et si l'on appelle Q la résultante des forces P, P', et Z l'ordonnée de son point d'application, cette équation deviendra

$$QZ = Pz + P'z';$$

nommant ensuite Q' la résultante des forces parallèles, Q et P" et Z' l'ordonnée du point d'application de Q', on aura encore

$$Q'Z' = QZ + P''z'',$$

et en mettant la valeur de QZ, on obtiendra

$$Q'Z' = Pz + P'z' + P''z'';$$

En continuant la même opération, on voit que si l'on représente par R la résultante de toutes les forces parallèles P, P', P", etc., et par z_1 l'ordonnée de son point d'application, dans le sens des z, on aura en général

$$Rz_1 = Pz + P'z' + P''z'' + \text{etc.}\ldots\ldots(22).$$

64. Le moment d'une force par rapport à un plan, est le produit de l'intensité de cette force par la distance de son point d'application à ce plan. L'équation précédente nous indique donc que le moment de la résultante des forces P, P', P", etc. par rapport au plan des x, y, est égale à la somme des momens de ces forces par rapport au même plan.

DES FORCES PARALLÈLES.

En prenant les momens par rapport aux deux autres plans coordonnés, on aura encore

$$Ry_t = Py + P'y' + P''y'' + \text{etc.} \ldots (23),$$
$$Rx_t = Px + P'x' + P''x'' + \text{etc.} \ldots (24).$$

65. Lorsque l'on connaîtra les coordonnées x, y, z, x', y', z', etc. des points d'application, et les intensités P, P', P'', etc. des forces, on connaîtra aussi la résultante R qui est égale à la somme de ces intensités, et l'on pourra calculer les valeurs des coordonnées x_t, y_t, z_t du centre des forces parallèles.

66. À l'égard des signes, nous affecterons du signe positif les forces qui agissent dans un sens, et du signe négatif celles qui agissent dans un autre ; et comme les coordonnées sont positives ou négatives, selon qu'elles tombent d'un côté ou de l'autre de l'origine, nous donnerons le signe positif à un moment dans lequel la force et celle des coordonnées qui la multiplie, sont de mêmes signes, et le signe négatif à un moment dans lequel ces quantités seraient de signes contraires.

67. Si les points d'application M, M', M'', M''', etc. sont dans un même plan MM'', (fig. 42), on peut disposer les plans coordonnés de manière que le plan des x, y soit parallèle à ce plan; alors toutes les coordonnées z, z', z'', etc. étant comprises entre le plan MM'', et le plan des x, y, on aura

$$z = z' = z'' = z''', \text{etc.} ;$$

Fig. 42.

et si nous représentons par z_t l'ordonnée du centre des forces parallèles, l'ordonnée z_t vaudra aussi z ; car l'extrémité de z_t sera dans le plan MM'', ainsi qu'on peut s'en assurer par une construction semblable à celle de l'article (59), construction qui n'exige que des lignes tirées dans le plan MM″. Alors z devenant facteur commun, l'équation (22) se réduit à

$$R = P + P' + P'' + \text{etc.}$$

68. Si les points d'application des forces étaient sur une même droite AB (fig. 43) qu'on pourrait supposer parallèle à l'un des axes, à celui des x, par exemple, on aurait à la fois

Fig. 43.

$$z = z' = z'' = z''' = \text{etc.} \quad \text{et} \quad y = y' = y'' = y''' = \text{etc.},$$

et les équations (22) et (23) se réduiraient à

$$R = P + P' + P'' + \text{etc.} \dots (25),$$

et il ne resterait plus que celle-ci,

$$Rx_{1} = Px + P'x' + P''x'' + \text{etc.} \dots (26).$$

Dans ce cas, on pourrait se dispenser de prendre trois axes rectangulaires; il suffirait de compter les x par la ligne AB.

Par exemple, si l'on avait

$$x = 9, \quad x' = 3, \quad x'' = -3, \quad x''' = -4,$$
$$P' = -\tfrac{1}{3}P, \quad P'' = -\tfrac{2}{3}P, \quad P''' = 2P.$$

En mettant ces valeurs dans les équations (25) et (26), on trouverait

$$R = P - \tfrac{1}{3}P - \tfrac{2}{3}P + 2P = 2P,$$
$$Rx_{1} = 9P - P + 2P - 8P = 2P;$$

d'où l'on déduirait

$$x_{1} = 1.$$

69. Cherchons maintenant les conditions d'équilibre des forces parallèles. Comme on peut toujours disposer des plans coordonnés de la manière la plus convenable, au problème, nous supposerons l'axe des z parallèle à la direction des forces. Cela posé, ayant réduit toutes les forces

DES FORCES PARALLÈLES.   35

qui agissent dans un sens, à une seule résultante R, (fig. 44), Fig. 44.
et toutes celles qui agissent en sens contraires, à une autre
résultante R,,, il y aura équilibre dans le système, si ces
deux résultantes sont directement opposées et égales en
intensité, quoique de signes différens.

Pour que la première de ces conditions soit remplie, il
faut que la distance C'C" soit nulle, ce qui exige que les
coordonnées x, et y, du centre C' soient les mêmes que les
coordonnées $x_{\prime\prime}$ et $y_{\prime\prime}$ du centre C".

On aura par conséquent,
$$x_{\prime} = x_{\prime\prime}, \quad y_{\prime} = y_{\prime\prime}.$$
La seconde condition sera remplie si l'on a
$$R_{\prime} = - R_{\prime\prime} \ldots \ldots (27).$$

En multipliant les deux premières équations par la troisième, on trouvera
$$R_{\prime} x_{\prime} = - R_{\prime} x_{\prime\prime} \ldots (28),$$
$$R_{\prime} y_{\prime} = - R_{\prime\prime} y_{\prime\prime} \ldots (29);$$
par la propriété des momens, nous aurons, en nommant
P, P', P", etc. les composantes de R,, et P''', P^{IV}, etc. celles
de R",
$$R_{\prime} x_{\prime} = Px + P'x' + P''x'' + \text{etc.},$$
$$R_{\prime\prime} x_{\prime\prime} = P'''x''' + P^{IV}x^{IV} + P^{V}x^{V} + \text{etc.};$$
substituant ces valeurs dans l'équation (28), on la ré-
duira à
$$Px + P'x' + P''x'' + P'''x''' + P^{IV}x^{IV} + P^{V}x^{V} + \text{etc.} = 0 \ldots (30).$$

Par le même procédé, l'équation (29) nous donnera
$$Py + P'y' + P''y'' + P'''y''' + P^{IV}y^{IV} + P^{V}y^{V} + \text{etc.} = 0 \ldots (31).$$

Enfin si dans l'équation (27) on substitue les valeurs de
R, et de R,,, on obtiendra
$$P + P' + P'' + P''' + P^{IV} + P^{V} + \text{etc.} = 0 \ldots (32).$$

36   STATIQUE.

70. Lorsque les équations (30), (31) et (32) sont satisfaites, les forces parallèles sont en équilibre. Ces équations expriment donc les conditions suivantes : *Il y aura équilibre dans le système, si la somme des momens des forces, pris par rapport aux deux plans rectangulaires parallèles à la direction commune, est égale à zéro, et si en même temps la somme des forces est également nulle.*

71. Il y aurait encore équilibre, si la résultante des forces parallèles passait par un point fixe ; car elle serait détruite par la résistance de ce point.

CHAPITRE V.

Des forces situées dans un plan, et appliquées à différens points liés entr'eux d'une manière invariable.

Fig. 45. 72. Soient P, P', P'', P''', etc. (fig. 45) plusieurs forces qui agissent dans un plan que nous supposerons être celui des x, y, et qui sont appliquées aux points A, B, C, D, situés dans ce plan, et invariablement liés entr'eux. Nous allons d'abord indiquer une construction graphique pour obtenir leur résultante, lorsque toutes ces forces peuvent se réduire à une seule. Pour cela, ayant pris les parties Aa, Bb, Cc, Dd, proportionnelles aux intensités de ces forces, on prolongera les droites Aa et Bb jusqu'à leur point de concours G, et ayant transporté en ce point les forces Aa et Bb, on construira le parallélogramme GG'; alors la diagonale GG' de ce parallélogramme représentera en intensité la résultante des forces Aa et Bb ; on prolongera ensuite GG' et Cc jusqu'à leur point de concours H, et ayant transporté en ce point les forces GG' et Cc, on construira le parallélogramme HH' dont la diagonale HH' représentera la résultante des forces GG' et Cc, et par conséquent celle des forces Aa, Bb et Cc. On prolongera ensuite HH' jusqu'à sa rencontre en I avec la direction de Dd, et ayant construit le parallélogramme II', la diagonale II' sera la résultante de tout système.

73. Si dans cette suite d'opérations il se trouvait des forces parallèles, en les combinant deux à deux, on déterminerait leur résultante par les articles (55) et (58), et cette résultante serait égale à leur somme ou à leur différence.

Si ces forces parallèles étaient égales et non directement opposées, on en composerait une avec les autres forces du système, et l'on continuerait les opérations comme nous venons de le voir ; mais si ces deux résultantes étaient celles de tout le système, on conclurait d'après l'art. 58, qu'il ne peut se réduire à une seule résultante.

74. Si dans cette construction, la dernière résultante était nulle, il est certain que l'équilibre subsisterait dans le système.

75. On peut remarquer que la construction précédente revient à transporter au point I les forces parallèlement à elles-mêmes, et à composer en ce point toutes ces forces en une seule.

En effet, en prenant seulement trois forces P, Q et S (fig. 46), la résultante DC des forces P et Q ayant été transportée en D'C', on peut décomposer D'C' en D'P' et en D'Q', et l'on voit que D'P' et D'Q' sont parallèles à DP et à DQ, en vertu de l'égalité des parallélogrammes.

Fig. 46.

76. Cherchons maintenant les conditions analytiques de l'équilibre de ces forces. Pour cela, considérons d'abord trois forces P, P', P", appliquées toujours à différens points fixes

d'un système, une des conditions nécessaires pour que ces forces soient en équilibre, est qu'elles concourent en un point. En effet, si les forces P et P' (fig. 47) devaient être mises en équilibre par une troisième, il faudrait que cette force fût dans la direction de la résultante de P et de P', pour pouvoir détruire cette résultante. Or P et P' concourent en D ; donc ce point D est sur leur résultante, et par conséquent sur celle de la troisième force ; donc cette troisième force peut s'appliquer en D.

Fig. 47.

Si au contraire la troisième force ne pouvait pas s'appliquer au point de concours D des deux autres, cette force P'' (fig. 48) couperait la direction de la résultante DR de P et de P' en un point E, et alors les droites R et P'' feraient nécessairement entr'elles un angle P''ER ; donc ces forces P'' et R auraient une résultante ; d'où il suit qu'elles ne pourraient être en équilibre.

Fig. 48.

77. Lorsque les forces P, P', P'' concourent en un point A, on le pourra prendre pour point d'application de ces forces, en les transportant en ce point parallèlement à leurs directions, art. 75 ; alors les conditions de l'équilibre seront les mêmes que celles des forces appliquées à un point.

Ces conditions seront qu'on ait

$$P \cos \alpha + P' \cos \alpha' + P'' \cos \alpha'' = 0,$$
$$P \cos \beta + P' \cos \beta' + P'' \cos \beta'' = 0.$$

A ces équations, il faut joindre celle que nous allons déterminer pour la condition du concours des forces.

78. Soient donc P, P' et R trois forces qui concourent en A (fig. 49). Si par un point C, pris arbitrairement, on mène en A une droite CA, et que de ce point C on abaisse des perpendiculaires CI, CI', CI'', les triangles rectangles CAI, CAI', CAI'' auront une même hypothénuse ;

Fig. 49.

c'est cette hypothénuse commune à ces triangles, qui constitue la condition du concours ; car elle n'appartient à la fois aux trois triangles, que parce qu'ils ont le même sommet A.

Par ce point A menons une perpendiculaire AB à la droite CA ; et des extrémités des droites AP, AP', AR qui représentent les intensités des forces, abaissons les perpendiculaires PD, P'D', RD'' sur AB ; les triangles rectangles ACI, APD seront semblables, parce que les angles formés par AP avec les parallèles AC et PD, sont égaux, comme alternes, internes ; nous aurons donc la proportion

$$AC : CI :: AP : AD ;$$

et si nous faisons $AC = c$, $CI = p$, cette proportion deviendra

$$c : p :: P : AD ;$$

d'où nous tirerons

$$AD = \frac{Pp}{c} :$$

en nommant de même p' et r les perpendiculaires CI' et CI'', nous trouverons

$$AD' = \frac{P'p'}{c}, \quad AD'' = \frac{Rr}{c}.$$

Cela posé, si R est la résultante de P et de P', la composante de R suivant la droite AB, sera égale à la somme des composantes de AP et de AP'', suivant cette droite (*) ; par conséquent on aura

$$AD'' = AD + AD'.$$

Mettant dans cette équation les valeurs que nous venons

(*) C'est ce qu'il est facile de démontrer en construisant le parallélogramme APRP' (fig. 50), et en menant P'E parallèlement à AB ; les Fig. 50.

de trouver, elle devient

$$\frac{Rr}{c} = \frac{Pp}{c} + \frac{P'p'}{c};$$

et en supprimant le diviseur commun, on la réduit à

$$Rr = Pp + P'p' \ldots \ldots (33).$$

79. Si le point C était situé dans l'angle des forces P et P', ou dans son opposé au sommet, le moment de la résultante R serait égal à la différence des momens des composantes ; de sorte que l'on aurait

$$Rr = Pp - P'p' \ldots \ldots (34). \quad (^{*})$$

80. Nous avons vu, art. 64, que le moment d'une force par rapport à un plan, était le produit de l'intensité de cette force par la perpendiculaire abaissée de son point d'application sur ce plan. Par analogie, nous appellerons *moment d'une force* par rapport à un point, la perpendiculaire abaissée de ce point sur la direction de cette force. Les équations (33) et (34) nous apprennent donc que le moment de la résultante de deux forces, est égal à la

---

triangles P'ER, ADP sont égaux et donnent

$$AD = P'E = D'D''.$$

Mettant donc D'D'' à la place de AD dans l'équation identique

$$AD'' = AD' + D'D'',$$

on a

$$AD'' = AD' + AD.$$

(*) Dans le cas où le point C est situé dans l'angle des forces, les triangles
Fig. 51. PAD et P'ER (fig. 51) étant égaux, on a

$$AD = P'E = D'D'';$$

par conséquent on peut changer l'équation identique

$$AD'' = AD' - D'D'',$$

en celle-ci

$$AD'' = AD' - AD.$$

somme ou à la différence des momens des composantes, suivant que le point C qu'on nomme *le centre des momens*, est situé hors des angles opposés au sommet PAP', LAL' (fig. 52), formés par les directions des composantes, ou se trouve dans l'un de ces angles opposés au sommet.

Fig. 52.

81. On peut comprendre ces deux cas dans un seul, en disant que le moment de la résultante de deux forces est égal à la somme des momens de leurs composantes : alors le mot *somme* est pris dans un sens plus général, et comprend l'assemblage de plusieurs termes, sans avoir égard aux signes qui les affectent.

82. La condition du concours des forces vient de nous conduire à la théorie des momens ; il ne nous reste plus que d'en déduire la troisième équation d'équilibre.

Pour cet effet, nous remarquerons préliminairement que lorsque deux forces égales P et P' (fig. 53) sont tenues en équilibre par une troisième P", cette force P" doit être égale à la résultante R des deux autres forces, et d'un signe contraire. Cela posé, si nous abaissons une perpendiculaire p'' sur la direction de P" qui est aussi celle de R, nous aurons par le principe des momens,

Fig. 53.

$$Rp'' = Pp + P'p',$$

et en remplaçant R par $-P''$, cette équation deviendra

$$Pp + P'p' + P''p'' = 0.$$

Ainsi les équations d'équilibre de trois forces situées dans un plan, et appliquées à différens points A, B, D, sont

$$P \cos \alpha + P' \cos \alpha' + P'' \cos \alpha'' = 0 \ldots (35),$$
$$P \cos \zeta + P' \cos \zeta' + P'' \cos \zeta'' = 0 \ldots (36),$$
$$Pp + P'p' + P''p'' = 0 \ldots (37).$$

83. Pour passer au cas où plus de trois forces sont en

équilibre, regardons P comme la résultante de deux forces P''' et P^{IV}, nous aurons

$$Pp = P'''p''' + P^{IV}p^{IV}.$$

Substituant cette valeur dans l'équation (37), nous la changerons en

$$P'p' + P''p'' + P'''p''' + P^{IV}p^{IV} = 0.$$

Par une semblable opération, les équations (35) et (36) deviendront

$$P'\cos\alpha' + P''\cos\alpha'' + P'''\cos\alpha''' + P^{IV}\cos\alpha^{IV} = 0,$$
$$P'\cos\beta' + P''\cos\beta'' + P'''\cos\beta''' + P^{IV}\cos\beta^{IV} = 0.$$

84. Ce procédé pouvant s'étendre à un plus grand nombre de forces, nous aurons pour les équations générales de l'équilibre des forces appliquées à différens points et situées dans un plan,

$$P\cos\alpha + P'\cos\alpha' + P''\cos\alpha'' + \text{etc.} = 0\dots\dots(38),$$
$$P\cos\beta + P'\cos\beta' + P''\cos\beta'' + \text{etc.} = 0\dots\dots(39),$$
$$Pp + P'p' + P''p'' + \text{etc.} = 0\dots\dots(40).$$

85. On emploie quelquefois une notation commode pour exprimer ces équations, en les écrivant de la manière suivante.

$$\Sigma(P\cos\alpha) = 0, \quad \Sigma(P\cos\beta) = 0, \quad \Sigma(Pp) = 0.$$

Par le caractère grec Σ, on entend une somme de quantités de la forme de celle qui est comprise entre les parenthèses [3].

86. Le procédé qui nous a servi à trouver l'équation (33), nous fournit les moyens de démontrer une règle facile pour reconnaître les signes qui doivent affecter les différens momens des forces. En effet, si l'on suppose que le centre fixe C des momens (fig. 54), soit situé hors de l'angle des

Fig. 54.

forces extrêmes ou de son opposé au sommet, et que ces forces P, P′, P″, etc. agissent par pulsions, et restent invariablement liées aux perpendiculaires p, p', p'', p''', etc., ces forces feront tourner p, p', p'', etc. dans le même sens autour du point C; si au contraire le centre C (fig. 55) est dans l'angle des forces extrêmes ou dans son opposé au sommet, les forces P, P′, P″, etc. situées du même côté de C, feront mouvoir p, p', p'', etc. dans le même sens autour du point C, tandis que les forces P‴, P^{IV}, etc. feront tourner p''', p^{IV}, etc. en sens contraire autour du même point. Or les expressions $\frac{Pp}{c}$, $\frac{P'p'}{c}$, etc., représentées par AD, AD′, etc. étant de signes différens que AD‴, AD^{IV}, etc., il en résulte que les forces qui ont des momens des mêmes signes, tendront à faire tourner le système dans un sens, tandis que les forces qui ont des momens de signes contraires, tendront à le faire tourner en sens contraires.

Fig. 55.

87. Dans le cas où les forces ne sont pas en équilibre, le moment de la résultante sera égal à la somme des momens des forces qui tendent à faire tourner le système dans le même sens que cette résultante, moins la somme des momens qui tendent à faire tourner le système en sens contraire.

88. D'après ce qui précède, l'équation $\Sigma(Pp) = 0$ nous dit que la somme des momens des forces qui tendent à faire tourner le système dans un sens, est égale à celle des momens des forces qui tendent à le faire tourner dans un sens contraire.

89. Si dans le système supposé en équilibre, on supprime l'une des forces (par exemple, P); les autres forces auront une résultante; cette résultante devant agir en sens opposé de P qui tenait les autres forces en équi-

libre, au lieu des équations (38), (39) et (40), nous aurons celles-ci,

$$R \cos a = P' \cos \alpha' + P'' \cos \alpha'' + P''' \cos \alpha''' + \text{etc.},$$
$$R \cos b = P' \cos \beta' + P'' \cos \beta'' + P''' \cos \beta''' + \text{etc.},$$
$$Rr = P'p' + P''p'' + P'''p''' + \text{etc.},$$

ou

$$R \cos a = \Sigma (P \cos \alpha) = X,$$
$$R \cos b = \Sigma (P \cos \beta) = Y,$$
$$Rr = \Sigma (Pp).$$

90. Au moyen de ces équations, on pourra obtenir tout ce qui est relatif à la résultante.

Car pour déterminer son intensité, les deux premières donneront

$$R^2 (\cos \alpha^2 + \cos \beta^2) = X^2 + Y^2,$$

et parce que la somme des carrés des cosinus est égale à l'unité, nous aurons

$$R^2 = X^2 + Y^2.$$

Les mêmes équations feront connaître l'inclinaison de la résultante à l'égard des axes; car ces équations nous donneront

$$\cos a = \frac{X}{R}, \quad \cos b = \frac{Y}{R}.$$

91. Pour placer la résultante dans le système, on commencera par déterminer la position d'une droite AB qui passerait par l'origine et serait parallèle à la résultante. Pour cet effet, le signe de cos b fera d'abord connaître si AB doit être situé au-dessus ou au-dessous de l'axe des x; car lorsque cos b est positif, la droite AB devant faire un angle aigu avec l'axe des y, ne peut prendre que l'une des positions indiquées dans la figure 56. Au lieu que lorsque

Fig. 56.

cos b est négatif, la droite AB doit se trouver dans l'une des positions marquées dans la figure 57. Ainsi quel que Fig. 57. soit le signe de cos b, la droite AB est susceptible de prendre deux positions différentes à l'égard de l'axe des y : dans l'une elle fera un angle aigu avec l'axe des x, et dans l'autre elle fera avec cet axe un angle obtus. Le signe de cos a déterminera ensuite celle de ces deux positions qui convient au problème ; car si cos a est positif, l'angle formé par la droite AB avec l'axe des x, sera aigu, tandis que cet angle se trouvera obtus, si cos a est négatif.

Ayant ainsi fixé la position de la droite AB, on lui mènera par l'origine A une perpendiculaire égale à $r = \frac{\Sigma P p}{R}$. Cette perpendiculaire sera représentée (fig. 58) Fig. 58. par AO ou par AO', suivant le signe de r, et la parallèle OR ou O'R', à la droite AB, indiquera la direction de la résultante.

92. Pour obtenir l'équation de la résultante, nous observerons que dans le cas le plus général, la résultante coupant l'axe des y en un certain point B (fig. 59), son équa- Fig. 59. tion doit être de cette forme

$$y = x \tang D + AB \ldots \ldots (41).$$

Comme l'angle que fait la direction de la résultante avec l'axe des x est représenté par a, nous avons $D = a$, et par conséquent,

$$\tang D = \frac{\sin a}{\cos a} = \frac{\cos b}{\cos a} = \frac{P \cos b}{P \cos a} = \frac{Y}{X}.$$

A l'égard de AB, sa valeur est donnée par l'équation

$$OA = AB \cos OAB.$$

L'angle OAB qui entre dans cette équation, est égal à D, puisque ces angles sont l'un et l'autre complémens de

Fig. 59. OAD. Nous pourrons donc remplacer OAB par D, ou plutôt par a ; et comme OA n'est autre chose que la perpendiculaire qui a été abaissée du centre des momens sur la direction de la résultante et que nous avons représentée par r, en substituant ces valeurs dans l'équation précédente, nous trouverons

$$r = \text{AB} \cos a,$$

et par conséquent,

$$\text{AB} = \frac{r}{\cos a}.$$

Mettant cette valeur de AB et celle de tang D dans l'équation (41), nous obtiendrons

$$y = \frac{Y}{X} x + \frac{r}{\cos a} = \frac{Y}{X} x + \frac{Rr}{R \cos a} = \frac{Y}{X} x + \frac{Rr}{X}.$$

Faisant évanouir le diviseur commun X, et réunissant les termes en x et en y dans le premier membre, on trouvera

$$y\text{X} - x\text{Y} = Rr,$$

ou en remplaçant Rr par sa valeur ΣPp, on aura pour l'équation de la résultante,

$$y\text{X} - x\text{Y} = \Sigma Pp.$$

93. Dans le cas de l'équilibre, X et Y sont nuls, et cette équation se réduit à $\Sigma Pp = 0$, résultat qui s'accorde avec ce qui précède.

94. Les données qui suffisent pour pouvoir déterminer la direction de la résultante étant, 1°. les intensités des forces ; 2°. les angles desquels dépendent leurs directions ; 3°. les coordonnées de leurs points d'application, il conviendrait de pouvoir substituer à l'équation (40), une autre dans laquelle, au lieu des expressions p, p', p'', etc., on fît entrer les coordonnées des points d'application des

forces. Pour parvenir à ce but, plaçons l'origine en A (fig. 60); et soient x et y les coordonnées du point d'ap- Fig. 60. plication M d'une force représentée en intensité par la droite MP, les composantes de M parallèlement aux axes Ax et Ay, seront

$$MN = P \cos \alpha,$$
$$MQ = P \cos \varepsilon.$$

Abaissons de l'origine A les perpendiculaires AO, AF et AE sur les directions prolongées de MP et de ses composantes, nous trouverons

$$OA \times MP = \text{moment de la résultante P},$$
$$AF \times MN = \text{moment de la composante P} \cos \alpha,$$
$$AE \times MQ = \text{moment de la composante P} \cos \varepsilon;$$

or, en regardant les forces comme agissant par pulsion, la résultante R et la composante P $\cos \alpha$ tendront à faire tourner AO et AF autour du point A dans le même sens. Nous affecterons donc du signe positif les momens de ces forces, et nous donnerons le signe négatif au moment de la force P $\cos \varepsilon$, qui tend à faire tourner AE en sens contraire autour du point A. Ainsi nous aurons l'équation

$$Pp = yP \cos \alpha - xP \cos \varepsilon \; (*).$$

(*) Voici de quelle manière on pourrait démontrer directement cette équation.

Les angles α et β étant ceux que la droite MD (fig. 59) forme avec les directions des axes coordonnés, ces angles sont complémens l'un de l'autre; et comme nous avons vu, que l'angle CEM était égal à α, il faudra que son complément CED soit égal à β. Cela posé, nous avons
$$AO = EC - FE,$$
ou
$$p = ME \cos CEM - AE \cos FEA.$$
Substituant à la place de toutes ces quantités leurs valeurs analytiques, nous trouverons
$$p = y \cos \alpha - x \cos \varepsilon.$$

Pour la même raison,

$$P'p' = y'P' \cos \alpha' - x'P' \cos \varepsilon',$$
$$P''p'' = y''P'' \cos \alpha'' - x''P'' \cos \varepsilon'',$$
$$P'''p''' = y'''P''' \cos \alpha''' - x'''P''' \cos \varepsilon''',$$
etc.   etc.   etc.

en substituant ces valeurs dans l'équation des momens, elle deviendra

$$P(y\cos\alpha - x\cos\varepsilon) + P'(y'\cos\alpha' - x'\cos\varepsilon') + \text{etc.} = 0 \ldots (42);$$

par conséquent nous aurons pour celle de la résultante,

$$yX - xY = \Sigma[P(y\cos\alpha - x\cos\varepsilon)].$$

95. Nous avons vu que pour déterminer les signes des momens Pp, $P'p'$, etc. qui entrent dans l'équation (40), il fallait faire usage de la règle de l'article 86, qui est un peu étrangère aux considérations analytiques ; mais lorsque par une transformation cette équation sera devenue celle que nous avons indiquée par (42), il suffira pour déterminer les signes des momens, de faire usage de la règle des signes (art. 16), en ayant seulement le soin de changer aussi les signes des coordonnées, lorsque de positives elles deviennent négatives.

Fig. 61. Par exemple, soit une force P située à l'égard des axes coordonnés Ax et Ay, comme nous l'avons placée (fig. 61). Le moment de cette force étant en général $P(y\cos\alpha - x\cos\varepsilon)$, pour le modifier convenablement à ce cas particulier, nous avons x *négatif*, y *positif*, cos α *négatif*, cos ε *négatif*; donc le moment de cette force, en ayant égard aux signes, deviendra

$$P(-y\cos\alpha - x\cos\varepsilon).$$

96. Remarquons qu'il y a toujours une hypothèse primitive faite tacitement sur les signes. Cette hypothèse est ici, qu'une force dont la direction CD (fig. 60) coupe l'axe des y, a son moment Pp positif.

97. Les équations d'équilibre (35), (36) et (37) expriment la condition, que toutes les forces du système se réduisent à deux forces égales et directement opposées. En effet, si nous appelons $P\cos\alpha$, $P'\cos\alpha'$, etc. les composantes parallèles à l'axe des x qui agissent dans un sens, et $P''\cos\alpha''$, $P'''\cos\alpha'''$, etc. celles qui agissent en sens opposé, l'équation (35) reviendra à celle-ci :

$$P\cos\alpha + P'\cos\alpha' + \text{etc.} = P''\cos\alpha'' + P'''\cos\alpha''' + \text{etc.}$$

Les forces $P\cos\alpha$, $P'\cos\alpha'$, etc. étant parallèles, nous pouvons, par la composition des forces, les réduire à une seule X' égale à leur somme et parallèle à leur direction. Opérant de même à l'égard des forces $P''\cos\alpha''$, $P'''\cos\alpha'''$, etc., et appelant X'' leur résultante, le système de toutes les forces parallèles à l'axe des x se réduira à celui de deux forces X' et X'' égales et dirigées en sens contraire.

Par une même construction, nous convertirons toutes les forces parallèles à l'axe des y, à deux résultantes Y' et Y'' égales et dirigées en sens contraire.

Transportons les forces X' et Y' à leur point de rencontre M (fig. 62), et les forces X'' et Y'' à leur point de rencontre N, nous pourrons construire les rectangles MA et NB, dans lesquels les côtés MC, MD, NE, NF représenteront les forces X', Y', X'', Y'' ; et comme les côtés homologues de ces rectangles sont égaux, il en sera de même des diagonales MA et NB dont les directions se trouveront parallèles, en vertu de l'égalité des triangles AMD, BNE.

Les équations $X = 0$, $Y = 0$ expriment donc cette condition, que les forces situées dans un plan peuvent se réduire à deux forces MA et NB, égales, parallèles et dirigées en sens contraire ; mais ces équations ne disent pas que les forces MA et NB agissent dans la même direction. Pour que cela ait lieu, il faut que l'équation

Fig. 62. $\Sigma Pp = 0$ soit satisfaite : en effet, nommons R' et R'' les forces MA et NB, et r' et r'' les perpendiculaires OP et OQ abaissées d'un point O pris hors des directions prolongées de ces forces ; comme R' et R'' agissent en sens contraire, les momens de ces forces seront de différens signes, et l'équation $\Sigma Pp = 0$ sera remplacée par celle-ci,

$$R'r' - R''r'' = 0.$$

Par hypothèse, R' et R'' ont les mêmes intensités ; ainsi en supprimant R' et R'' comme des facteurs égaux dans l'équation précédente, nous la réduirons à

$$r' - r'' = 0;$$

par conséquent, la différence des droites $OP = r'$ et $OQ = r''$ étant nulle, il s'ensuit que les points P et Q coïncident, et que les forces MA et NB sont dirigées suivant une même droite.

Une conséquence de ce qui précède, est que lorsque l'équation $\Sigma Pp = 0$ n'est pas satisfaite, et qu'on a seulement $X = 0$ et $Y = 0$, le système se réduit à deux forces parallèles MA et NB, du genre de celles que nous avons considérées art. (58).

98. Si au contraire l'équation $\Sigma Pp = 0$ était la seule qui fût satisfaite, il n'y aurait pas équilibre dans le système ; car alors les quantités X et Y n'étant pas nulles, il en serait de même de R, qui est donnée par l'équation

$$R = \sqrt{X^2 + Y^2}.$$

Dans ce cas, l'équation $\Sigma Pp = 0$, ou plutôt $Rr = 0$, ne pourrait être satisfaite qu'en faisant $r = 0$, puisque nous venons de voir que R ne pourrait être nulle ; or r étant une perpendiculaire abaissée du centre des momens sur la résultante, il suit de là que le centre des momens serait sur la résultante.

DES FORCES SITUÉES DANS UN PLAN.

99. Ainsi lorsque, des trois équations $\Sigma P \cos \alpha = 0$, $\Sigma P \cos \delta = 0$, $\Sigma P p = 0$, la dernière seule sera satisfaite, il faudra, pour établir l'équilibre dans le système, qu'il y ait un point fixe sur la résultante; par exemple, si les forces P, P', P'', P''', etc. sont appliquées à différens points d'un levier, et que le point C par lequel passe la résultante soit un obstacle invincible qui détruise l'effet de cette résultante, la seule condition $\Sigma P p = 0$ suffira pour mettre le système en équilibre; nous verrons par la suite que l'intensité de cette résultante serait la pression exercée sur le point C.

100. Lorsque le système se réduit à deux forces parallèles égales et non directement opposées, il suffit d'ajouter une force arbitraire S, pour qu'il soit susceptible d'avoir une résultante. En effet, il peut arriver les deux cas suivans : ou la nouvelle force S sera parallèle à P et à Q (fig. 63), ou elle ne le sera pas; dans le premier cas : on décomposera S en deux forces P' et Q', qui passent par les points A et B art. (57); alors le système des trois forces P, Q et S sera remplacé par celui des deux forces inégales P + P' et Q — Q', et par conséquent aura une résultante. Fig. 63.

Si la nouvelle force S (fig. 64) n'était pas parallèle aux deux autres, on la prolongerait jusqu'à sa rencontre A' avec la direction de l'une de ces forces. Transportant les points d'application de ces deux forces en A', on construirait leur parallélogramme, et l'on déterminerait la résultante R qui rencontrerait la direction de la troisième force, et par conséquent pourrait se composer avec elle. Fig. 64.

CHAPITRE VI.

Des Forces qui agissent d'une manière quelconque dans l'espace.

101. Soient P', P'', P''', etc., etc. diverses forces situées dans l'espace,

x', y', z' les coordonnées du point d'application de P',
x'', y'', z'' les coordonnées du point d'application de P'',
x''', y''', z''' les coordonnées du point d'application de P''',
etc.   etc.   etc.

α', β', γ' les angles formés par P' avec les axes,
α'', β'', γ'' les angles formés par P'' avec les axes,
α''', β''', γ''' les angles formés par P''' avec les axes,
etc.   etc.   etc.

Nous allons chercher les conditions d'équilibre de ces forces, et tâcher de faire dépendre ces conditions de celles que nous avons exposées dans les théories précédentes. En conséquence, examinons si nous ne pouvons pas décomposer toutes les forces en deux groupes, les unes parallèles, et les autres situées dans un même plan. Comme nous pouvons disposer des axes coordonnés de la manière la plus convenable au problème, nous tâcherons de décomposer une partie des forces dans le plan des x, y, et de faire ensorte que toutes les composantes qui ne peuvent pas être comprises dans ce plan, soient parallèles à l'axe des z.

102. Si parmi les forces du système il ne s'en trouvait aucune qui fût parallèle au plan des x, y, il serait bien

facile d'obtenir la décomposition proposée ; car soit P' l'une de ces forces, que nous supposerons appliquée au point M' (fig. 65) ; on prolongera sa direction jusqu'à ce qu'elle rencontre le plan des x, y en un point C', et transportant en C' le point d'application de cette force, on la décomposera en deux autres, l'une C'L parallèle à l'axe des z, et l'autre C'N située dans le plan des x, y.

Fig. 65.

103. Mais lorsque la force P' est parallèle au plan des x, y, une pareille décomposition ne peut s'effectuer. Ainsi nous allons chercher un autre mode de décomposition qui ne présente pas cet inconvénient.

Pour cet effet, menons par le point M' (fig. 66) une parallèle à l'axe des z, et prenons sur cette parallèle des parties égales M'O, M'O' ; ces droites M'O et M'O' pourront représenter deux forces g' et $-g'$ égales et directement opposées. L'introduction de ces deux forces $+g'$ et $-g'$ ne troublera pas l'équilibre, puisqu'elles se détruisent mutuellement ; et alors, au lieu de la force P', on aura les trois forces P', g' et $-g'$. On peut composer P' avec $-g'$, et en nommant R' la résultante de ces deux forces, la force P' sera remplacée par le système des deux forces R' et g', l'une et l'autre appliquées en M' ; la force g', représentée par M'O, restera parallèle à l'axe des z, et la force R' aura la faculté de pouvoir, dans tous les cas, rencontrer le plan des x, y, parce que la composante $-g'$ qu'elle renferme, et qu'on peut prendre arbitrairement, est parallèle à l'axe des z.

Fig. 66.

104. Nous entrevoyons déjà que puisque des deux forces g' et R', l'une est parallèle à l'axe des z, il ne s'agirait plus, pour parvenir à notre but, que de transporter le point d'application de la force R' au point C', où elle perce le plan des x, y ; car alors on pourrait encore, comme dans l'article 102, décomposer R' à ce point, en deux forces,

l'une située dans le plan des x, y, et l'autre parallèle à l'axe des z. De sorte qu'au lieu de la force P', nous aurions trois forces ; la première appliquée en C', et située dans le plan des x, y, et les deux autres parallèles à l'axe des z, l'une appliquée en C', et l'autre en M'.

105. Les coordonnées des points d'application des forces devenant nécessaires lorsqu'on peut exprimer les conditions analytiques de leur équilibre, cherchons maintenant à déterminer les coordonnées du point C'.

C'est à quoi l'on parviendra facilement au moyen des équations de la résultante R' qui passe par le point x', y', z'. Pour les obtenir, nous remarquerons que les équations d'une droite quelconque R' assujétie à passer par un point x', y', z', sont (art. 52)

$$z - z' = \frac{Z}{X}(x - x')$$
$$z - z' = \frac{Z}{Y}(y - y')$$
.....(43)

Dans ces équations, X, Y et Z représentent les projections de la droite R' sur les axes coordonnés. Ces projections étant égales aux composantes de R' parallèlement aux axes, il ne s'agira plus que de remplacer X, Y et Z par ces composantes. Or R' étant la résultante de P' et de $-g'$, on peut substituer à P' ses trois composantes P' cos α', P' cos ε', P' cos γ', et R' sera la résultante des quatre forces

$$P' \cos \alpha', \quad P' \cos \varepsilon', \quad P' \cos \gamma', \quad -g'.$$

Ces forces agissant parallèlement aux axes coordonnés, nous aurons

$$X = P' \cos \alpha', \ Y = P' \cos \varepsilon', \ Z = P' \cos \gamma' - g' \ (^*),$$

(*) On ne peut dans aucun cas supposer que Z soit nul, parce que g' étant arbitraire, on le supposera toujours différent de P' cos γ'.

DES FORCES QUI AGISSENT DANS L'ESPACE. 55

et en mettant ces valeurs dans les équations (43), on obtiendra pour les équations de R',

$$z - z' = \frac{P'\cos\gamma' - g'}{P'\cos\alpha'}(x - x')$$
$$z - z' = \frac{P'\cos\gamma' - g'}{P'\cos\theta'}(y - y') \quad \ldots (44).$$

106. Pour avoir les coordonnées du point C' (fig. 66) où la droite R' perce le plan des x, y, nous remarquerons qu'en ce point $z = 0$; et si nous appelons $a_{,}$ et $b_{,}$ les deux autres coordonnées, il faudra supposer dans les équations (44),

$$x = a_{,}, \quad y = b_{,}, \quad z = 0,$$

et elles se réduiront à

$$-z' = \frac{P'\cos\gamma' - g'}{P'\cos\alpha'}(a_{,} - x'),$$
$$-z' = \frac{P'\cos\gamma' - g'}{P'\cos\theta'}(b_{,} - y');$$

d'où l'on tirera

$$a_{,} = x' - \frac{z' P'\cos\alpha'}{P'\cos\gamma' - g'},$$
$$b_{,} = y' - \frac{z' P'\cos\theta'}{P'\cos\gamma' - g'} \quad (*);$$

telles sont les coordonnées $a_{,}$ et $b_{,}$ du point C', où la résultante R' coupe le plan des x, y.

Fig. 66.

(*) Voici comme je démontre géométriquement ces équations : soit MN (fig. 67) la résultante R' appliquée en M ; les composantes rectangulaires de cette force seront

MF $= P'\cos\alpha'$, ME $= P'\cos\theta'$, MO $= P'\cos\gamma' - g'$.

Par le point C où R' rencontre le plan des x, y, menons la parallèle CB

Fig. 67.

Fig. 68.   107. La force R′ (fig. 68) étant représentée par la partie M′R′ de sa direction, on peut la transporter au point C′ en prenant C′D′ = M′R′. Décomposant alors C′D′ en trois forces rectangulaires appliquées en C′, ces forces seront les mêmes que les composantes de M′R′; par conséquent nous pourrons considérer le point C′ comme sollicité par trois forces $P' \cos \alpha'$, $P' \cos 6'$ et $P' \cos \gamma' - g'$; les deux premières seront situées dans le plan des x, y, et la

à l'axe des x, les coordonnées du point C seront évidemment

$$AQ = AP - PQ, \quad QC = PD - BD,$$

ou

$$AQ = x' - CB, \quad QC = y' - BD.$$

Il ne s'agit plus que de déterminer CB et BD. Pour cela, nommons θ l'angle que la diagonale ON fait avec la direction OL; les droites ON et CD sont parallèles, puisqu'elles se trouvent situées dans des plans horizontaux qui sont parallèles; d'où il suit que les angles NOL, DCB sont égaux comme formés par des côtés parallèles, ainsi nous aurons

$$DCB = \theta;$$

par conséquent

$$CB = CD \cos \theta, \quad DB = CD \sin \theta \ldots (45).$$

Cela posé, les triangles CMD, OMN rectangles, l'un en D et l'autre en O, nous donnent la proportion

$$MO : ON :: MD : CD,$$

ou

$$P' \cos \gamma' - g' : ON :: z : CD;$$

donc

$$CD = \frac{z \cdot ON}{P' \cos \gamma' - g'};$$

mettant cette valeur dans les équations (45), on obtient

$$CB = \frac{z \cdot ON \cos \theta}{P' \cos \gamma' - g'}, \quad DB = \frac{z \cdot ON \sin \theta}{P' \cos \gamma' - g'};$$

remplaçant ON cos θ et ON sin θ par leurs valeurs OL et NL, et observant que OL et NL ne sont autre chose que les composantes $P' \cos \alpha'$ et $P' \cos 6'$ de MN, nous aurons

$$CB = \frac{z \cdot P' \cos \alpha'}{P' \cos \gamma' - g'}, \quad DB = \frac{z \cdot P' \cos 6'}{P' \cos \gamma' - g'},$$

valeurs qu'on substituera dans celles de AQ et de QC.

DES FORCES QUI AGISSENT DANS L'ESPACE. 57

troisième sortira de ce plan et agira parallèlement à l'axe Fig. 68. des z. Ainsi au lieu de la force P' appliquée en M', nous aurons

en M' la force g'........ parallèle à l'axe des z,
en C' la force $P'\cos\gamma' - g'$ parallèle à l'axe des z,
en C' la force $P'\cos\alpha'$.... située dans le plan des x, y,
en C' la force $P'\cos 6'$.... située dans le plan des x, y.

108. En opérant de même à l'égard des forces P'', P''', P^{IV}, etc., au moyen des forces $g'' - g''$, $g''' - g'''$, $g^{IV} - g^{IV}$, etc. qu'on ajoutera à leurs points d'application M'', M''', M^{IV}, etc., on decomposera le système en deux groupes de forces, les unes parallèles à l'axe des z, et les autres situées dans le plan des x, y.

Les forces parallèles à l'axe des z seront

$$g', \quad g'', \quad g''', \quad \text{etc.}$$

appliquées aux points M', M'', M''', etc. ;

$$P'\cos\gamma' - g', \quad P''\cos\gamma'' - g'', \quad \text{etc.}$$

appliquées aux points C', C'', C''', etc.

Et les forces situées dans le plan des x, y, seront

$$P'\cos\alpha', \quad P''\cos\alpha'', \quad P'''\cos\alpha''', \quad P'''\cos\gamma''' - g''', \quad \text{etc.}$$

appliquées en C', C'', C''', etc. ;

$$P'\cos 6', \quad P''\cos 6'', \quad P'''\cos 6''', \quad \text{etc.}$$

appliquées en C', C'', C''', etc.

109. On va démontrer que pour qu'il y ait équilibre entre ces forces, il faut, 1°. que les forces situées dans le plan des x, y se fassent équilibre ; 2°. qu'il en soit de même à l'égard des forces parallèles.

Pour cela, les points C', C'', C''', etc., considérés comme les points d'application d'une partie des forces du système, sont invariablement liés entr'eux. On peut donc imaginer que par deux de ces points on ait mené une droite C'C'' qu'on prolongera indéfiniment de chaque côté ; si l'équilibre général subsiste, cette droite sera immobile ; par conséquent aucun des points qui la composent ne pourra se mouvoir : or cela suffit pour expliquer la destruction mutuelle des forces situées dans le plan des x, y.

En effet, toute force située dans le plan des x, y rencontrera la droite fixe ou lui sera parallèle. Dans le premier cas, nous représenterons cette force par AB (fig. 69), et nous la prolongerons jusqu'à sa rencontre O de la droite fixe ; et comme il suffit qu'une force ait un point fixe dans sa direction pour qu'elle soit détruite, ce point O rendra nul l'effet de la force AB.

Fig. 69.

D'une autre part, si une force DE était parallèle à C'C'', elle ne pourrait se mouvoir sans entraîner C'C'' dans le même sens, ce qui est impossible, puisque la droite C'C'' est fixe ; par conséquent la force DE sera aussi sans effet (*).

Les forces qui sont dans le plan des x, y étant en équilibre, il faut que les forces verticales le soient aussi ; car autrement l'équilibre général n'aurait pas lieu.

110. Le problème est ainsi réduit à trouver les conditions d'équilibre, 1°. des forces parallèles à l'axe des z ; 2°. des forces situées dans le plan des x, y.

(*) On pourrait le démontrer plus rigoureusement de la manière suivante. Soit MP (fig. 70) une force parallèle à la droite fixe AB ; menons au point d'application M de cette force, deux droites MN et MN' égales et directement opposées. Nous ne changerons rien à l'état du système, puisque MN et MN' se détruisent. Or en composant MP avec MN', on a la résultante MS qui est détruite par le point O situé sur sa direction. La force MN est aussi détruite par la résistance du point L ; donc le système des forces MN, MN' et MP n'ayant aucun effet, il en sera de même de MP.

Conditions d'équilibre des forces parallèles à l'axe des z.

111. Ces conditions étant les mêmes que celles que nous avons prescrites, article 70, elles exigent qu'on égale à zéro,

1°. La somme des forces parallèles à l'axe des z;
2°. La somme des momens par rapport au plan des y, z;
3°. La somme des momens par rapport au plan des x, z;

La première de ces conditions nous donne

$$P'\cos\gamma' - g' + g' + P''\cos\gamma'' - g'' + g''$$
$$+ P'''\cos\gamma''' - g''' + g''' + \text{etc.} = 0;$$

ou, en réduisant,

$$P'\cos\gamma' + P''\cos\gamma'' + P'''\cos\gamma''' + \text{etc.} = 0 \ldots (46).$$

Pour remplir la seconde condition, nous avons deux sortes de momens à prendre.

1°. Ceux des forces g', g'', etc. appliquées aux points M', M'', etc.

2°. Ceux des forces $P'\cos\gamma' - g'$, $P''\cos\gamma'' - g''$, etc. appliquées aux points C', C'', etc.

En considérant d'abord la première force g' qui agit au point M' (fig. 71), le moment de cette force par rapport au plan des y, z, est $g' \times M'N'$; or $M'N' = B'D' = AG' = x'$; donc le moment cherché est $g'x'$.

Fig. 71.

A l'égard du moment de la force $P'\cos\gamma' - g'$ qui agit en C', ce moment pris par rapport au même plan des y, z, est évidemment égal à $(P'\cos\gamma' - g') \times E'C'$, ou plutôt à $(P'\cos\gamma' - g')a_{,}$; donc la somme des momens des forces g' et $P'\cos\gamma' - g'$ par rapport au plan des y, z, est représentée par

$$g'x' + (P'\cos\gamma' - g')a_{,}.$$

Fig. 71. Mettant dans cette expression la valeur de a, trouvée article 106, on aura

$$g'x' + (P'\cos\gamma' - g')\left(x' - \frac{z'P'\cos\alpha'}{P'\cos\gamma' - g'}\right);$$

effectuant la multiplication indiquée et réduisant, on trouve

$$x'P'\cos\gamma' - z'P'\cos\alpha'.$$

Prenant, par le même procédé, les momens des forces parallèles appliquées aux points M″, M‴, etc., C″, C‴, etc., et réunissant tous ces momens, leur somme sera exprimée par l'équation

$$P'(x'\cos\gamma' - z'\cos\alpha')$$
$$+ P''(x''\cos\gamma'' - z''\cos\alpha'') +, \text{etc.} = 0 \ldots (47).$$

Pour obtenir la troisième équation d'équilibre des forces parallèles, le moment de la force g' appliquée en M′, par rapport au plan des x, z, sera $g' \times M'L' = g' \times B'G' = g'y'$; celui de la force $P'\cos\gamma' - g'$ appliquée en C′, sera $(P'\cos\gamma' - g')b_{,}$: ainsi l'on aura pour la somme de ces deux momens,

$$g'y' + (P'\cos\gamma' - g')b_{,}.$$

Mettant pour $b_{,}$ sa valeur, art. 106, et réduisant, on trouvera

$$y'P'\cos\gamma' - z'P'\cos\varepsilon'.$$

Déterminant de même les momens des autres forces parallèles par rapport au plan des x, z, on aura pour la troisième équation de condition

$$P'(y'\cos\gamma' - z'\cos\varepsilon')$$
$$+ P''(y''\cos\gamma'' - z''\cos\varepsilon'') + \text{etc.} = 0 \ldots (48).$$

Conditions d'équilibre des forces situées dans le plan des x, y.

112. Ces conditions étant les mêmes que celles des forces qui agissent dans un plan, il faut,

1°. Que la somme des forces parallèles à l'axe des x soit égale à zéro;

2°. Que la somme des forces parallèles à l'axe des y soit égale à zéro;

3°. Que la somme des momens des forces par rapport à l'origine, soit égale à zéro.

Les deux premières de ces conditions donnent lieu aux équations

$$P' \cos \alpha' + P'' \cos \alpha'' + P''' \cos \alpha''' + \text{etc.} = 0 \ldots (49),$$
$$P' \cos 6' + P'' \cos 6'' + P''' \cos 6''' + \text{etc.} = 0 \ldots (50).$$

À l'égard de la troisième condition, en considérant d'abord le point C' (fig. 72), nous avons les deux forces $P' \cos \alpha'$ et $P' \cos 6'$ appliquées à ce point. Prenant les momens de ces forces par rapport à l'origine A, le moment de la force $P' \cos \alpha'$ sera

Fig. 72.

$$P' \cos \alpha' \times AE' = P' \cos \alpha' \times C'F' = P' \cos \alpha' \times b_{,};$$

de même le moment de la force $P' \cos 6'$ par rapport à l'origine A sera

$$P' \cos 6' \times C'E' = P' \cos 6' \times AF' = P' \cos 6' \times a_{,}.$$

Ces momens doivent être de signes contraires, parce que les forces $P' \cos \alpha'$ et $P' \cos 6'$ tendent à faire tourner le système en sens opposé autour de l'origine A. Ainsi en regardant comme positif le moment où entre la force $P \cos \alpha$ qui tend à pousser l'axe des y, nous écrirons

$$P' \cos \alpha' \times b_{,} - P' \cos 6' \times a_{,};$$

Fig. 72. mettant dans cette expression les valeurs de a, et de b, trouvées article 106, nous aurons

$$P'\cos\alpha'\left(y' - \frac{z'P'\cos\mathscr{C}'}{P'\cos\gamma' - g'}\right) - P'\cos\mathscr{C}'\left(x' - \frac{z'P'\cos\alpha'}{P'\cos\gamma' - g'}\right);$$

Effectuant les multiplications indiquées et réduisant, on trouvera

$$y'P'\cos\alpha' - x'P'\cos\mathscr{C}';$$

opérant de la même manière à l'égard des forces qui sont appliquées aux points C'', C''', etc., nous trouverons cette dernière équation d'équilibre

$$P'(y'\cos\alpha' - x'\cos\mathscr{C}')$$
$$+ P''(y''\cos\alpha'' - x''\cos\mathscr{C}'') + \text{etc.} = 0 \dots (51).$$

113. On peut écrire ainsi les équations (46), (47), (48), (49), (50) et (51);

$$\Sigma P \cos\alpha = 0 \dots \dots \dots \dots (52),$$
$$\Sigma P \cos\mathscr{C} = 0 \dots \dots \dots \dots (53),$$
$$\Sigma P \cos\gamma = 0 \dots \dots \dots \dots (54),$$
$$\Sigma P (y\cos\alpha - x\cos\mathscr{C}) = 0 \dots (55),$$
$$\Sigma P (x\cos\gamma - z\cos\alpha) = 0 \dots (56),$$
$$\Sigma P (y\cos\gamma - z\cos\mathscr{C}) = 0 \dots (57).$$

(114). Lorsqu'il y a un point fixe dans le système, toutes ces équations ne sont pas nécessaires. En effet, si l'on place l'origine en ce point, on voit d'abord qu'il y aura équilibre entre les forces situées dans le plan des x, y, si le système de ces forces ne peut tourner autour du point fixe. Cette condition sera remplie si l'on a

$$\Sigma P (y\cos\alpha - x\cos\mathscr{C}) = 0.$$

Il ne s'agit donc plus que de trouver les conditions d'équilibre des forces parallèles à l'axe des z. Pour cet effet,

DES FORCES QUI AGISSENT DANS L'ESPACE. 63

soient $x_{,}$, $y_{,}$ et o les coordonnées du point où la résul- Fig. 72. tante des forces parallèles rencontre le plan des x, y; en quelque part qu'elle soit située, il suit de la propriété des forces parallèles que le moment de cette résultante, par rapport à l'un des plans des x, z, et des y, z, est égal à la somme des momens des forces parallèles par rapport à ce plan; par conséquent nous avons

$$R a_{,} = \Sigma P (x \cos \gamma - z \cos \alpha),$$
$$R b_{,} = \Sigma P (y \cos \gamma - z \cos \varepsilon).$$

Pour qu'il y ait équilibre entre les forces parallèles, il faut que leur résultante passe par le point fixe qui est à l'origine, ce qui exige qu'on ait $a_{,} = 0$, $b_{,} = 0$. Cette hypothèse réduit les équations précédentes à

$$\Sigma P (x \cos \gamma - z \cos \alpha) = 0,$$
$$\Sigma P (y \cos \gamma - z \cos \varepsilon) = 0.$$

Ainsi lorsqu'il y a un point fixe dans le système, il y aura équilibre entre toutes les forces, quand les équations (55), (56) et (57) seront satisfaites.

115. Si le système est assujéti à tourner autour d'un axe fixe; en prenant cet axe pour celui des z, toutes les forces qui lui seront parallèles se détruiront, et il ne restera plus que les forces dirigées dans le plan des x, y. Or, pour que ces forces soient en équilibre, il suffit que leur résultante passe par le point A qui est fixe comme appartenant à l'axe Az. La condition nécessaire pour que la résultante passe par ce point est, comme nous l'avons vu, qu'on ait

$$\Sigma P (y \cos \alpha - x \cos \varepsilon) = 0.$$

Cette seule équation suffit pour qu'il y ait équilibre dans le système, lorsque l'axe des z est fixe.

116. Si l'on rendait fixe l'axe des y ou celui des x,

Fig. 72. on démontrerait de même que pour que le système fût en équilibre, il faudrait qu'on eût dans le premier cas,

$$\Sigma P (x \cos \gamma - z \cos \alpha) = 0,$$

et dans le second,

$$\Sigma P (y \cos \gamma - z \cos \beta).$$

117. On a besoin d'une condition d'équilibre de plus, lorsque le corps peut glisser sur l'axe fixe; cette condition est que l'on ait

$$\Sigma P \cos \gamma = 0.$$

118. En comparant la condition d'équilibre d'un système qui se meut autour d'un axe fixe, à celles qui ont lieu lorsque ce système est mobile autour d'un point fixe, on peut énoncer ainsi ces dernières conditions : *Il y aura équilibre autour d'un point fixe, si en regardant successivement chaque axe comme fixe, l'équilibre a lieu dans chacun de ces cas.*

119. A l'égard des forces qui agissent sur un plan fixe, il est évident que celles qui lui sont perpendiculaires sont détruites par la résistance de ce plan; donc les conditions d'équilibre se réduisent alors à celles des forces situées dans un plan, et l'on a par conséquent

$$\Sigma P \cos \alpha = 0,$$
$$\Sigma P \cos \beta = 0,$$
$$\Sigma P (y \cos \alpha - x \cos \beta) = 0.$$

120. Si un corps repose sur un plan et peut être renversé, il faut ajouter à ces trois conditions, celle que la résultante des forces perpendiculaires au plan, passe par un point commun à ce plan et au corps, ou rencontre le polygone formé avec les points de contact.

121. Nous terminerons cette matière par la solution de ce problème : *Trouver l'équation de condition qui doit avoir*

DES FORCES QUI AGISSENT DANS L'ESPACE. 65

lieu pour que plusieurs forces situées dans l'espace aient une résultante unique. Il y aura une résultante unique dans le système, si la résultante des forces parallèles à l'axe des z perce le plan des x, y en un point E (fig. 73) qui soit sur la résultante des forces situées dans le plan des x, y. Pour exprimer cette condition, il faut remarquer d'abord que lorsque l'équilibre a lieu, il existe aussi entre les forces parallèles à l'axe des z. Les conditions d'équilibre de ces forces sont, art. 111,

Fig. 73.

$P \cos \gamma + P' \cos \gamma' + P'' \cos \gamma'' +$ etc. $= 0$,
$P (x \cos \gamma - z \cos \alpha) + P' (x' \cos \gamma' - z' \cos \alpha') +$ etc. $= 0$,
$P (y \cos \gamma - z \cos \varepsilon) + P' (y' \cos \gamma' - z' \cos \varepsilon') +$ etc. $= 0$.

En regardant la première de ces forces comme égale et directement opposée à la résultante $P \cos \gamma$ de toutes les autres, nous aurons pour déterminer la résultante des forces parallèles

$P \cos \gamma = P' \cos \gamma' + P'' \cos \gamma'' +$ etc.,
$P (x \cos \gamma - z \cos \alpha) = P' (x' \cos \gamma' - z' \cos \alpha') +$ etc.,
$P (y \cos \gamma - z \cos \varepsilon) = P' (y' \cos \gamma' - z' \cos \varepsilon') +$ etc.

Si le point d'application de cette résultante est sur le plan des x, y, soient $x_{\prime}$, $y_{\prime}$ et 0, les coordonnées de ce point; en mettant ces valeurs à la place de x, de y et de z dans les premiers membres des équations précédentes, on aura

$P \cos \gamma = P' \cos \gamma' +$ etc.,
$P \cos \gamma x_{\prime} = P' (x' \cos \gamma' - z' \cos \alpha') +$ etc.,
$P \cos \gamma y_{\prime} = P' (y' \cos \gamma' - z' \cos \varepsilon') +$ etc.

Représentons par Z le facteur $P \cos \gamma$, et par M et N les seconds membres de deux de ces équations; elles deviendront

$Z = P' \cos \gamma' +$ etc.,
$Z x_{\prime} = M$,
$Z y_{\prime} = N$;

5

Fig. 73. d'où l'on tirera

$$x_{,} = \frac{M}{Z}, \quad y_{,} = \frac{N}{Z}.$$

Ayant ainsi déterminé les coordonnées $x_{,}$ et $y_{,}$ du point où la résultante des forces parallèles rencontre le plan des x, y, il faut maintenant exprimer la condition nécessaire pour que ce point se trouve sur la résultante des forces situées dans le plan des x, y : l'équation de cette résultante est, art. 94,

$$Xy - xY = \Sigma P\,(y \cos \alpha - x \cos \varepsilon)\,;$$

et en faisant, pour abréger,

$$\Sigma P\,(y \cos \alpha - x \cos \varepsilon) = L,$$

elle devient

$$Xy - xY = L\,;$$

remplaçant dans cette équation x et y par les valeurs de $x_{,}$ et de $y_{,}$ que nous venons de déterminer, nous exprimerons la condition demandée, et nous trouverons

$$\frac{XN}{Z} - \frac{MY}{Z} = L.$$

Chassant les dénominateurs et transposant, nous aurons enfin

$$XN = LZ + MY.$$

Lorsque cette équation sera satisfaite, les forces se réduiront à une seule résultante, hors cependant le cas où l'on a

$$X = 0, \quad Y = 0, \quad Z = 0.$$

122. D'après ce que nous avons vu, art. 97, les équations $X = 0$ et $Y = 0$ expriment la condition que les forces situées dans le plan des x, y, peuvent se réduire à deux composantes R' et R'' égales et agissant en sens contraires. Par un procédé analogue, on pourrait aussi réduire les forces parallèles à l'axe des z, à deux forces Z' et Z'' égales et agissant en sens contraires. Ainsi dans le cas où l'on a seulement $X = 0$, $Y = 0$, $Z = 0$, le système de toutes nos forces reviendra à celui de quatre forces R', R'', Z' et Z'' qu'on pourra réduire à deux forces égales et dirigées en sens contraires [4].

CHAPITRE VII.

Des centres de gravité.

123. Toutes les parties de la matière sont soumises à une force qui les entraîne vers la terre perpendiculairement à sa surface. Cette force est la gravité ou pesanteur.

La terre étant presque sphérique, les directions des différens points matériels qui la composent, concourent à peu près en son centre; et comme ce centre est très-éloigné de la surface de la terre, on peut, sans erreur sensible, supposer ces directions parallèles.

124. On a observé que lorsqu'on s'écartait du centre de la terre, la pesanteur diminuait en raison inverse du carré de la distance qui se trouve comprise entre ce centre et le lieu où l'on est. Par exemple, si un corps est placé à une distance du centre de la terre, prise pour unité, et qu'il soit ensuite transporté à des distances représentées par les nombres 2, 3, 4, etc., la pesanteur deviendra successivement $\frac{1}{2^2}$, $\frac{1}{3^2}$, $\frac{1}{4^2}$, etc., ou $\frac{1}{4}$, $\frac{1}{9}$, $\frac{1}{16}$, etc., de ce qu'elle était lorsque le corps se trouvait à l'unité de distance.

125. La terre étant aplatie vers les pôles, et renflée à l'équateur, il suit de là qu'en allant vers les pôles, on s'approche du centre de la terre, et que par conséquent la pesanteur doit augmenter d'intensité. Nous verrons, lorsque nous parlerons de la force centrifuge, qu'il est une autre cause qui fait que l'intensité de la pesanteur est plus grande au pôle qu'en tout autre lieu.

126. La pesanteur transmettant son action à toutes les molécules d'un corps, les soumet donc à des forces dont on peut regarder les directions comme parallèles ; la résultante de toutes ces forces, qui est égale à leur somme, constitue le poids du corps.

Il suit de cette définition que dans les corps homogènes, les poids sont proportionnels à leurs volumes.

127. La densité d'un corps est la plus ou moins grande quantité de matière qu'il renferme sous un volume donné. On a pris pour unité de densité le gramme qui est la quantité de matière que contient le centimètre cube d'eau distillée au *maximum* de la condensation. Si l'on compare le gramme au centimètre cube d'une autre substance que l'eau distillée, ce centimètre cube renfermera le gramme un nombre de fois que je représenterai par D, et qui, suivant le cas, sera au-dessus ou au-dessous de l'unité. Ce coefficient D est ce qu'on appelle *la densité de la substance* à laquelle il se rapporte. Par exemple, si D est la densité de l'or, nous aurons l'équation

$$\text{un centimètre cube d'or} = D \times \text{un gramme} ;$$

d'où nous tirerons

$$D = \frac{\text{un centimètre cube d'or}}{\text{un gramme}}.$$

128. Jusqu'à présent nous n'avons considéré que la matière comprise dans le centimètre cube que nous avons pris pour unité de mesure ; mais si nous voulons évaluer la quantité de matière comprise dans un corps homogène dont le volume V est donné, il faudra répéter le nombre D de grammes renfermés dans l'unité de mesure, autant de fois que le volume V contient d'unités, ce qui nous donnera l'équation

$$M = VD \ldots \ldots (58),$$

M est ce qu'on appelle *la masse*; on voit que c'est la quantité de matière renfermée dans un corps.

129. Si la pesanteur ne variait pas d'un lieu à l'autre, le poids d'un corps pourrait en représenter la masse; dans ce cas, il serait permis de poser l'équation
$$P = M \ldots \ldots (59);$$
mais si en transportant la masse M à une autre distance du centre de la terre, le poids P change d'intensité, il faudra, pour maintenir l'égalité dans l'équation précédente, multiplier M par un certain coefficient que j'appellerai g; de sorte que nous aurons l'équation
$$P = Mg \ldots \ldots (60);$$
et alors g sera un coefficient dont la valeur se modifiera suivant le lieu où le corps sera transporté, tandis que M sera toujours constant et représentera le poids du corps dans le lieu qui se rapporte à l'équation (59); ou, ce qui est la même chose, dans le lieu où ce coefficient g est égal à l'unité.

Ce coefficient g est la mesure de la pesanteur.

130. Des deux équations (58) et (60) on tire celle-ci,
$$P = VDg,$$
ce qui nous indique que le poids varie proportionnellement à la pesanteur g, à la densité D et au volume V du corps.

131. Par exemple, la pesanteur et le volume étant les mêmes dans deux corps, celui dont la densité serait n fois plus grande, aurait un poids n fois plus grand.

Dans un même lieu la pesanteur étant constante, g aura la même valeur pour chaque poids.

132. Si à différens points liés entr'eux d'une manière

invariable, et dont les coordonnées sont respectivement x, y, z; x', y', z'; x'', y'', z'', etc., on applique les poids P', P'', P''', etc., en considérant ces poids comme des forces parallèles, nous pourrons, art. 63 et 64, déterminer les coordonnées $x_{\prime}$, $y_{\prime}$, $z_{\prime}$ du centre des forces parallèles, et nous aurons

$$x_{\prime} = \frac{Px + P'x' + P''x'' + \text{etc.}}{P + P' + P'' + \text{etc.}},$$

$$y_{\prime} = \frac{Py + P'y' + P''y'' + \text{etc.}}{P + P' + P'' + \text{etc.}},$$

$$z_{\prime} = \frac{Pz + P'z' + P''z'' + \text{etc.}}{P + P' + P'' + \text{etc.}}.$$

133. Lorsque les forces, comme dans le cas présent, agissent par l'effet de la pesanteur, le centre des forces parallèles porte le nom de *centre de gravité*. Soient m, m', m'', etc. les masses qui correspondent aux poids P, P', P'', etc., on aura

$$P = mg, \quad P' = m'g, \quad P'' = m''g :$$

en substituant ces valeurs dans les équations précédentes, et en divisant les deux termes de chaque fraction par g, on obtiendra

$$x_{\prime} = \frac{mx + m'x' + m''x'' + \text{etc.}}{m + m' + m'' + \text{etc.}},$$

$$y_{\prime} = \frac{my + m'y' + m''y'' + \text{etc.}}{m + m' + m'' + \text{etc.}},$$

$$z_{\prime} = \frac{mz + m'z' + m''z'' + \text{etc.}}{m + m' + m'' + \text{etc.}};$$

ce qui nous apprend que la position du centre de gravité est indépendante de la pesanteur.

134. Si les corps sont d'une substance homogène, en appelant D leur densité, et v, v', v'', etc. leurs volumes,

DES CENTRES DE GRAVITÉ.

on aura, art. 128,

$$m = \nu D, \quad m' = \nu' D, \quad m'' = \nu'' D, \quad \text{etc.};$$

et en opérant comme précédemment, on trouvera

$$x_, = \frac{\nu x + \nu' x' + \nu'' x'' + \text{etc.}}{\nu + \nu' + \nu'' + \text{etc.}},$$

$$y_, = \frac{\nu y + \nu' y' + \nu'' y'' + \text{etc.}}{\nu + \nu' + \nu'' + \text{etc.}},$$

$$z_, = \frac{\nu z + \nu' z' + \nu'' z'' + \text{etc.}}{\nu + \nu' + \nu'' + \text{etc.}};$$

et en nommant V le volume de tout le système, ces équations deviendront

$$x_, = \frac{\nu x + \nu' x' + \text{etc.}}{V},$$

$$y_, = \frac{\nu y + \nu' y' + \text{etc.}}{V},$$

$$z_, = \frac{\nu z + \nu' z' + \text{etc.}}{V}.$$

135. On peut déterminer par une expérience, le centre de gravité d'un corps, de la manière suivante. On suspend (fig. 74) ce corps à un fil CA, et le prolongement AB Fig. 74. de la direction du fil passera par le centre de gravité. Pour connaître ensuite sur quel point de la droite AB est situé le centre de gravité, on suspendra le corps par un autre point, et la verticale EF dirigée suivant le prolongement du fil, devant contenir le centre de gravité, il sera au point d'intersection G de ces deux lignes.

Dans cette expérience, le corps n'étant retenu que par celui de ses points auquel est attaché le fil, il faut que la résultante passe par ce point; et comme elle est verticale, sa direction est celle du fil.

136. Le centre de gravité d'une droite AB (fig. 75), est Fig. 75.

à son milieu C; car en la considérant comme chargée de points matériels pesans, chaque molécule m située d'un côté du point C, correspondra à une autre molécule m', également distante de C ; par conséquent les momens $m \times Cm$ et $m' \times Cm'$ seront égaux. Ce que nous disons des molécules m et m' pouvant s'appliquer à toutes celles de la droite AB, prises deux à deux, il en résulte que la somme des momens de toutes les molécules, par rapport au point C, est égale à zéro ; donc le moment de la résultante sera nul, et par conséquent la résultante passera par le point C qui se trouve au milieu de la droite AB.

137. Le centre de gravité d'un parallélogramme AD (fig. 76) est à l'intersection G des droites EF et HK qui partagent les côtés parallèles en deux parties égales.

En effet, si l'on conçoit que toutes les molécules du parallélogramme soient disposées sur des parallèles à AB, les centres de gravité de toutes ces parallèles se trouveront sur la droite EF qui passe par les milieux E et F des côtés opposés CD et AB ; car EF coupe toutes ces parallèles en deux parties égales. Il suit de là que le centre de gravité du parallélogramme doit se trouver sur EF. On prouverait de même que HK qui divise CA et DB en deux parties égales, contient aussi le centre de gravité du parallélogramme ; donc ce centre de gravité est au point d'intersection G des droites EF et HK.

138. Le centre de gravité de l'aire d'un triangle ABC (fig. 77) se trouve en menant une ligne CD sur le milieu de la base AB, et en prenant la partie DG égale au tiers de CD. Pour le démontrer, on va d'abord faire voir qu'il est sur cette droite CD. En effet, CD passant par les milieux de toutes les parallèles à AB, contient le centre de gravité de l'aire du triangle : il en est de même d'une droite

AE qui passerait par le milieu de CB ; donc le centre de gravité de l'aire du triangle, est au point d'intersection G de ces droites. Il reste à prouver que G est au tiers de CD, à partir de la base. Pour cela, ayant mené la droite DE, les triangles ACB, DEB sont semblables ; car les côtés BD et EB étant les moitiés de AB et de CB, ces triangles qui ont un angle compris entre deux côtés proportionnels, sont semblables ; d'où il suit que DE est parallèle à AC ; donc les triangles ACG et DEG sont aussi semblables et donnent

$$CG : GD :: AC : DE :: AB : BD :: 2 : 1;$$

donc
$$CG = 2GD;$$

et par conséquent,
$$CD \text{ ou } CG + GD = 3GD;$$

d'où l'on tire
$$GD = \tfrac{1}{3} CD.$$

139. Pour trouver le centre de gravité d'une pyramide triangulaire, on mènera par le sommet et par le centre de gravité de la base, une droite AG (fig. 78), et en prenant $GO = \tfrac{1}{4} AG$, le point O sera le centre de gravité de la pyramide.

Fig. 78.

Pour le démontrer, imaginons que cette pyramide soit partagée en tranches parallèles à la base BCD ; la droite AG passant par les centres de gravité de toutes les tranches, contiendra le centre de gravité de la pyramide. De même par le sommet D de l'angle D, et par le centre de gravité G' de la face opposée ABC, menons la droite DG' ; cette droite contiendra le centre de gravité de la pyramide ; par conséquent lorsqu'on aura prouvé que ces droites se rencontrent en un point O, on pourra conclure que le centre de gravité cherché est en ce point.

Or pour démontrer que les droites AG et DG' se coupent en un même point, il suffit de remarquer que ces droites ayant chacune leurs points extrêmes situés dans le plan AED, elles y sont comprises l'une et l'autre, et par conséquent elles doivent se rencontrer en un point O.

Pour déterminer ce point, menons la droite GG': les triangles G'EG et AED sont semblables; car ils ont un angle compris entre deux côtés proportionnels, vu que $EG = \frac{1}{3}ED$, et que $EG' = \frac{1}{3}EA$; donc GG' est parallèle à AD. Cela posé, à cause des triangles semblables OGG' et OAD, on a

$$GG' : AD :: GO : OA ;$$

les triangles semblables EGG' et EAD nous donnent aussi

$$GG' : AD :: EG : ED.$$

En comparant les seconds rapports de ces proportions, on en conclut cette troisième,

$$GO : OA :: EG : ED :: 1 : 3 ;$$

donc
$$3GO = OA ;$$

ajoutant GO de part et d'autre, on a
$$4GO = OA + GO = AG ;$$
donc
$$GO = \tfrac{1}{4} AG.$$

140. En général le centre de gravité d'une pyramide polygonale ABCD (fig. 79) est au quart de la droite SF, qui, du centre de gravité de la base, est menée au sommet de la pyramide. Pour le démontrer, ayant pris $FO = \frac{1}{4} SF$, et mené par le point O un plan parallèle à la base de la pyramide, ce plan contiendra le centre de gravité. En effet, si par le centre de gravité F de la base, on mène les droites FA, FB, FC, FD, etc. aux sommets des angles du polygone, on formera autant de triangles qu'il a de côtés; ces triangles

pourront servir de bases à un égal nombre de pyramides triangulaires qui auront le même sommet S. Toutes les lignes menées du sommet S aux centres de gravité de ces triangles, seront coupées proportionnellement par le plan qu'on a mené parallèlement à la base ; d'où il suit que ces lignes seront toutes coupées par ce plan, au quart de leurs longueurs, à partir de la base. Ces points d'intersection seront donc les centres de gravité des pyramides partielles. Ces centres de gravité étant renfermés dans le plan que nous avons mené parallèlement à la base, il en résulte que le centre de gravité de la pyramide polygonale, sera dans ce plan. D'une autre part, la droite SF contient aussi le centre de gravité de la pyramide polygonale, puisque cette droite passe par les centres de gravité de toutes les sections parallèles à la base. Ainsi le centre de gravité de la pyramide polygonale est au point O, où la section que nous avons menée parallèlement à la base, rencontre la droite SF ; c'est-à-dire est au quart de la droite SF, à partir de la base.

141. *Trouver le centre de gravité d'un polygone.* On le décomposera (fig. 80) en triangles ; et nommant a, a', a'', etc. les aires ABC, ACD, ADE, etc. de ces triangles, on regardera a, a', a'', etc. comme des poids appliqués aux centres de gravité G, G', G'', etc. des triangles ABC, ACD, etc. Le centre de gravité de l'aire ABCDA se trouvera par la proportion

$$a + a' : a :: GG' : G'O.$$

Fig. 80.

On cherchera ensuite le centre de gravité K de l'aire ABCDEA, en déterminant la résultante de $a + a'$ agissant en O, et de a'' agissant en G''. Pour cela on établira la proportion

$$a + a' + a'' : a'' :: OG'' : OK,$$

et ainsi de suite.

142. Le même problème pourrait aussi se résoudre par la considération des forces parallèles. En effet, soient $x_{,}$ et $y_{,}$ les coordonnées du centre de gravité du polygone (fig. 81) : la théorie des forces parallèles nous fournit ces équations,

$$R = P + P' + P'' + P''',$$
$$Rx_{,} = Px + P'x' + P''x'' + P'''x''',$$
$$Ry_{,} = Py + P'y' + P''y'' + P'''y'''.$$

Nommons toujours a, a', a'', etc. les aires des triangles ABC, ACD, ADE, AEF, etc., nous aurons

$$P = a, \quad P' = a', \quad P'' = a'', \quad P''' = a''',$$

et les équations précédentes nous donneront

$$R = a + a' + a'' + a''',$$
$$x_{,} = \frac{ax + a'x' + a''x'' + a'''x'''}{a + a' + a'' + a'''},$$
$$y_{,} = \frac{ay + a'y' + a''y'' + a'''y'''}{a + a' + a'' + a'''}.$$

Ayant donc pris ensuite $OP = x_{,}$, on mènera la parallèle PG $y_{,}$ à l'axe des y, et le point G sera le centre de gravité.

143. *Trouver le centre de gravité du contour d'un polygone.* On opérera comme précédemment, en remarquant que le centre de gravité de chaque côté étant à son milieu, on peut regarder les milieux des côtés du polygone comme chargés de poids proportionnels à ces côtés.

144. *Trouver le centre de gravité d'un arc de courbe plane.* L'élément mm' d'un arc de courbe plane (fig. 82) étant $\sqrt{dx^2 + dy^2}$, on peut, à cause que cet arc est infiniment petit, regarder son centre de gravité comme placé en son milieu o, et mettre les coordonnées x et y du point m à la

place de celle du point o ; par conséquent, le moment de mm', par rapport à l'axe des x, est

$$op \times mm' = y \sqrt{dx^2 + dy^2},$$

et par rapport à l'axe des y,

$$oq \times mm' = x \sqrt{dx^2 + dy^2}.$$

Nommant $x_{,}$ et $y_{,}$ les coordonnées du centre de gravité, et s la longueur de l'arc MM', les momens de cet arc, par rapport à chacun des axes, seront respectivement $sx_{,}$ et $sy_{,}$; ces momens devant être égaux à la somme des momens des élémens, nous aurons

$$sy_{,} = \int y \sqrt{dx^2 + dy^2},$$
$$sx_{,} = \int x \sqrt{dx^2 + dy^2},$$

et la longueur de l'arc MM' sera donnée par l'équation

$$s = \int \sqrt{dx^2 + dy^2}.$$

145. Cherchons, par exemple, le centre de gravité d'un arc de cercle BO (fig. 83). Pour cet effet, on disposera les axes coordonnés de manière que cet arc soit partagé en deux parties égales par l'axe des abscisses ; alors le centre de gravité de l'arc BO sera sur cet axe, et l'on aura $y_{,} = 0$. Pour le démontrer, remarquons que les centres de gravité g et g' des arcs égaux BD et DO devant être disposés symétriquement à l'égard de l'axe des x, il faut que le centre de gravité G de l'arc total BO soit sur l'axe des x, au milieu G de gg'. Il ne s'agit donc plus que de connaître l'abscisse $AG = x_{,}$ du centre de gravité de l'arc BD, puisque cette abscisse doit être la même que celle du centre de gravité de l'arc BO. Or $x_{,}$ est donné, art. 144, par l'équation

$$sx_{,} = \int x \sqrt{dx^2 + dy^2} \ldots \ldots (61).$$

Fig. 83.

Fig. 83.   Pour intégrer le second membre de cette équation, nous allons chercher à le réduire à une seule variable au moyen de l'équation du cercle qui est

$$y^2 = a^2 - x^2 \ldots \ldots (62);$$

en différentiant cette équation, nous trouverons

$$y dy = - x dx,$$

d'où nous tirerons

$$dx^2 = \frac{y^2 dy^2}{x^2},$$

et en substituant cette valeur dans la formule $\sqrt{dx^2 + dy^2}$, nous obtiendrons

$$\sqrt{dx^2 + dy^2} = \sqrt{\frac{x^2 + y^2}{x^2} . dy^2};$$

réduisant au moyen de l'équation (62) et extrayant la racine carrée, on aura

$$\sqrt{dx^2 + dy^2} = \frac{a dy}{x}:$$

substituant cette valeur dans l'équation (61), intégrant et représentant par B la constante arbitraire, nous trouverons

$$\int x \sqrt{dx^2 + dy^2} = ay + B \ldots \ldots (63).$$

Nommons c la corde BO, et cherchons l'arc soutenu par cette corde. Pour cela, il faudra prendre l'intégrale entre les limites $y = \frac{1}{2} c$ et $y = - \frac{1}{2} c$. L'arc s'étendant de O en B, cette intégrale doit être nulle au point O, dont l'ordonnée est $y = - \frac{1}{2} c$. Cette hypothèse réduit l'équation (63) à

$$o = - \tfrac{1}{2} ac + B:$$

éliminant B entre cette équation et l'équation (63), on

obtiendra
$$\int x \sqrt{dx^2 + dy^2} = ay + \tfrac{1}{2} ac ;$$
faisant $y = \tfrac{1}{2} c$ pour prendre l'intégrale définie depuis le point O jusqu'au point B, on obtient
$$\int x \sqrt{dx^2 + dy^2} = ac ;$$
substituant cette valeur dans l'équation (61), on trouvera
$$sx_{\prime} = ac,$$
d'où l'on tirera
$$x_{\prime} = \frac{rayon \times corde}{arc} \ldots (64);$$
ce qui nous apprend que *l'abscisse du centre de gravité est une quatrième proportionnelle à l'arc, au rayon et à la corde.*

146. *Trouver le centre de gravité d'un arc de courbe à double courbure, ou en général celui d'une ligne quelconque située dans l'espace.* On sait que l'élément d'une courbe à double courbure a pour expression
$$\sqrt{dx^2 + dy^2 + dz^2} \; (*) \ldots (65).$$
Prenons les momens de cet élément par rapport aux plans

(*) Pour le démontrer, soient M et M' (fig. 84) deux points situés dans l'espace, et dont les coordonnées sont x, y, z et x', y', z', on aura

Fig. 84.

$$\text{corde MM}' = \sqrt{(x-x')^2 + (y-y')^2 + (z-z')^2} \ldots (66).$$

Si la différence des abscisses x et x' est représentée par h, la formule de Taylor nous donnera
$$y' = F(x+h) = y + \frac{dy}{dx} h + \frac{d^2y}{dx^2} \frac{h^2}{1.2} + \text{etc.},$$
$$z' = f(x+h) = z + \frac{dz}{dx} h + \frac{d^2z}{dx^2} \frac{h^2}{1.2} + \text{etc.}$$

Substituant ces valeurs, ainsi que celle de $x - x'$ qui est h, dans

coordonnés. Comme x, y, z représentent les distances de cet élément aux plans des y, z, des x, z et des x, y, ces momens seront

$$x\sqrt{dx^2+dy^2+dz^2},$$
$$y\sqrt{dx^2+dy^2+dz^2},$$
$$z\sqrt{dx^2+dy^2+dz^2};$$

par conséquent en nommant $x_,$, $y_,$, $z_,$ les coordonnées du centre de gravité, et s l'arc de courbe, on déterminera ces quantités par les équations

$$\left.\begin{array}{l}s=\int\sqrt{dx^2+dy^2+dz^2}\\sx_,=\int x\sqrt{dx^2+dy^2+dz^2}\\sy_,=\int y\sqrt{dx^2+dy^2+dz^2}\\sz_,=\int z\sqrt{dx^2+dy^2+dz^2}\end{array}\right\}\ldots\ldots(67).$$

147. Appliquons ces formules à la détermination du centre de gravité d'une droite située dans l'espace. Pour cet effet, plaçons l'origine à l'une des extrémités de cette droite, ses équations seront

$$x=\alpha z,\quad y=\beta z\ldots\ldots(68),$$

l'équation (66), nous trouverons

$$\text{corde MM}'=\sqrt{h^2+\left(\frac{dy^2}{dx^2}+\text{etc.}\right)h^2+\left(\frac{dz^2}{dx^2}+\text{etc.}\right)h^2}.$$

Cette équation divisée par h nous donne

$$\frac{\text{corde MM}'}{h}=\sqrt{1+\left(\frac{dy^2}{dx^2}+\text{etc.}\right)+\left(\frac{dz^2}{dx^2}+\text{etc.}\right)};$$

passant à la limite, on obtient

$$\frac{ds}{dx}=\sqrt{1+\frac{dy^2}{dx^2}+\frac{dz^2}{dx^2}},$$

et par conséquent,

$$ds=\sqrt{dx^2+dy^2+dz^2}.$$

d'où l'on tirera
$$dx = \alpha dz, \quad dy = \beta dz.$$

Substituant ces valeurs de dx et de dy dans l'expression (65), nous trouverons
$$\sqrt{dx^2 + dy^2 + dz^2} = dz\sqrt{\alpha^2 + \beta^2 + 1};$$

et en représentant, pour simplifier, le radical par A, nous pourrons écrire
$$\sqrt{dx^2 + dy^2 + dz^2} = A dz.$$

Substituant dans les équations (67) cette valeur, ainsi que celles de x et de y données par les équations (68), nous obtiendrons
$$s = \int A dz,$$
$$sx_{,} = \int A\alpha z dz,$$
$$sy_{,} = \int A\beta z dz,$$
$$sz_{,} = \int A z dz.$$

Soit h l'ordonnée z du point M (fig. 85). Si nous voulons déterminer le centre de gravité de la droite AM, il faudra intégrer entre les limites $z = 0$ et $z = h$, et de cette manière nous trouverons
$$s = Ah,$$
$$sx_{,} = \tfrac{1}{2} A\alpha h^2,$$
$$sy_{,} = \tfrac{1}{2} A\beta h^2,$$
$$sz_{,} = \tfrac{1}{2} A h^2.$$

Fig. 85.

Eliminant s et réduisant, nous obtiendrons
$$x_{,} = \tfrac{1}{2} \alpha h, \quad y_{,} = \tfrac{1}{2} \beta h, \quad z_{,} = \tfrac{1}{2} h.$$

Ces valeurs sont précisément les coordonnées du point O qui est le milieu de la droite AM; car si AO est la moitié de AM, les triangles semblables AOQ, AMP nous don-

neront
$$OQ = \tfrac{1}{2} MP = \tfrac{1}{2} h.$$

Substituant cette valeur dans les équations (68), nous obtiendrons
$$x = \tfrac{1}{2} ah, \quad y = \tfrac{1}{2} \mathcal{C}h.$$

148. *Trouver l'aire d'une surface plane, comprise entre un arc de courbe et l'axe des abscisses.* Soient $x_{\prime}$ et $y_{\prime}$ les coordonnées du centre de gravité, et AN (fig. 86), GN celles d'un élément MPM'P'; l'aire de cet élément étant ydx (*Elémens de Calcul différ. et de Calcul intégral*, page 193), le moment de ydx par rapport à l'axe des x sera $GN \times ydx$, et son moment par rapport à l'axe des y sera $AN \times ydx$. On peut dans le cas de la limite, substituer AP à AN, et $\dfrac{PM}{2}$ à GN ; par conséquent $\dfrac{y^2}{2} dx$ et $xydx$ seront les momens de l'élément par rapport aux axes des x et des y. Représentons par λ l'aire DBMP ; cette surface ainsi que les coordonnées du centre de gravité, seront déterminées par les équations

$$\lambda = \int ydx,$$
$$\lambda x_{\prime} = \int xydx \ldots (69).$$
$$\lambda y_{\prime} = \int \frac{y^2}{2} dx,$$

149. Pour application de ces formules, *cherchons le centre de gravité de l'aire d'un segment circulaire CDE* (fig. 87). Si l'on prend pour origine le centre du cercle, et pour axe des abscisses une droite AD qui partage le secteur en deux parties égales, le centre de gravité du segment sera sur cette droite : il ne s'agit donc plus que de calculer $AG = x_{\prime}$. Pour cet effet, je remarque que g et g' sont les centres de gravité des segmens CBD, BDE :

ces segmens étant semblablement situés à l'égard de l'axe Fig. 87. des x, g et g' seront à égale distance de cet axe, et se trouveront aux extrémités d'une ligne gg' coupée à angles droits et en deux parties égales, par l'axe Ax, et en ce point d'intersection se trouvera le centre de gravité G du segment.

La question se réduisant à trouver l'abscisse x, du centre de gravité du segment CDB, la valeur de x, nous sera donnée par l'équation (69), dont nous pourrons déterminer l'intégrale du second membre, lorsque nous aurons éliminé l'une des variables. Pour parvenir à ce but, l'équation du cercle étant différentiée, nous donne

$$y dy = - x dx :$$

tirant de cette équation la valeur de $x dx$, et la substituant dans la formule (69), nous trouverons

$$\lambda x, = \int - y^2 dy \ldots (70);$$

intégrant et nommant A la constante arbitraire, nous aurons

$$\int - y^2 dy^2 = - \tfrac{1}{3} y^3 + A \ldots (71).$$

Pour déterminer la constante, nous prendrons l'intégrale depuis le point C jusqu'au point D; or le point C ayant pour ordonnée CB qui est la moitié de la corde CE, si nous nommons c cette corde, nous devrons prendre l'intégrale depuis $y = \dfrac{c}{2}$ jusqu'à $y = 0$. Ainsi en supposant que l'intégrale s'évanouisse lorsque $y = \dfrac{c}{2}$, la constante A sera déterminée par l'équation

$$0 = - \frac{c^3}{24} + A,$$

et l'équation (71) deviendra

$$\int - y^2 dy = -\tfrac{1}{3} y^3 + \frac{c^3}{24}.$$

Faisant $y = 0$ pour que l'intégrale s'étende depuis C jusqu'en D, on aura

$$\int - y^2 dy = \frac{c^3}{24}.$$

Mettant cette valeur dans l'équation (70) et divisant par λ, on obtiendra

$$x_{\prime} = \frac{c^3}{24\lambda},$$

λ représentant l'aire CBD, nous avons

$$\lambda = \tfrac{1}{2} \text{ aire CDEB}.$$

Substituant cette valeur de λ dans l'équation précédente, nous trouverons

$$x_{\prime} = \frac{c^3}{12 \text{ aires CDEB}};$$

ce qui nous apprend que la distance du centre de gravité du segment CDEB à l'axe des y, est égale au cube de la corde, divisé par 12 fois l'aire du segment.

Fig. 88.
150. *Trouver le centre de gravité G du secteur CAE* (fig. 88). Il est d'abord évident que ce centre de gravité est sur la droite AB qui divise le secteur en deux parties égales ; il ne s'agit donc que de connaître AG. Pour cela, en regardant le secteur comme composé d'un nombre infini de secteurs élémentaires, le centre de gravité de chacun sera aux deux tiers du rayon, parce qu'on peut les considérer comme autant de triangles. D'où il suit que si avec un rayon AH égal aux deux tiers de AC, on décrit l'arc HK, cet arc contiendra les centres de gravité de tous les secteurs élémentaires ; par conséquent le centre de gravité

de l'arc HK sera celui du secteur CAE. Cela posé, si l'on nomme x_i l'abscisse AG du point G, nous aurons, art. 145,

$$x_i = \frac{AH \times corde\ HK}{arc\ HK};$$

or par la similitude des secteurs AHK et ACE, nous avons

$$AH = \tfrac{2}{3} AC,$$
$$corde\ HK = \tfrac{2}{3}\ corde\ CE,$$
$$arc\ HK = \tfrac{2}{3}\ arc\ CE.$$

Substituant ces valeurs dans l'équation précédente et réduisant, nous trouverons

$$x_i = \frac{\tfrac{2}{3} AC \times corde\ CE}{arc\ CE}.$$

151. *Trouver le centre de gravité de l'aire OBO'* (fig. 89) Fig. 89. *comprise entre deux branches de courbe.*

Soient $PM = y$ et $PM' = y'$ deux ordonnées qui correspondent à la même abscisse $AP = x$. L'élément MM'N'N de la surface aura pour expression

$$aire\ PN - aire\ PN' = y dx - y' dx = (y - y') dx;$$

et si nous représentons par λ une portion de la surface comprise entre deux cordes MM', OO', nous aurons

$$\lambda = \int (y - y')\, dx.$$

Pour trouver le centre de gravité de cette portion de surface, cherchons d'abord les coordonnées du centre de gravité de l'élément M'N; les droites MM' et NN' étant infiniment proches, nous regarderons le centre de gravité de l'élément comme situé au milieu de MM'; par conséquent l'ordonnée du centre de gravité de l'élément M'N sera

$$PM' + \tfrac{1}{2} MM' = y' + \tfrac{1}{2}(y - y') = \tfrac{1}{2}(y + y'),$$

et nous aurons pour le moment de l'élément par rapport à l'axe des x,

$$\tfrac{1}{2}(y+y')(y-y')\,dx = \tfrac{1}{2}(y^2-y'^2)\,dx,$$

et pour le moment de l'élément par rapport à l'axe des y,

$$x(y-y')\,dx;$$

par conséquent si nous nommons $x_{,}$ et $y_{,}$ les coordonnées du centre de gravité, ces coordonnées seront déterminées par les équations

$$\lambda x_{,} = \int x(y-y')\,dx,$$
$$\lambda y_{,} = \int \tfrac{1}{2}(y^2-y'^2)\,dx.$$

152. *Trouver le centre de gravité de la surface d'un solide de révolution.*

Fig. 90. Soit une surface engendrée par la rotation de BM (fig. 90) autour de l'axe des x : l'élément de cette surface ou la zone élémentaire décrite par Mm, aura pour expression $2\pi y\,ds$ (*Elémens de Calcul différ. et de Calcul intég.*, page 204); donc, en appelant λ la surface entière, nous aurons, pour l'expression de cette surface,

$$\lambda = \int 2\pi y\,ds.$$

A l'égard des coordonnées $x_{,}$ et $y_{,}$ du centre de gravité, nous observerons d'abord que $y_{,} = 0$, parce que le centre de gravité est sur l'axe des x; il ne s'agit donc plus que de déterminer la valeur de $x_{,}$. Pour cet effet, en prenant les momens par rapport à l'axe des y, celui du centre de gravité sera exprimé par $\lambda x_{,}$, et en l'égalant à la somme des momens des élémens, nous aurons

$$\lambda x_{,} = \int x \times 2\pi y\,ds;$$

d'où nous tirerons

$$x_{,} = \frac{\int 2\pi yx\,ds}{\lambda}:$$

mettant au lieu de ds et de λ leurs valeurs, et supprimant le facteur commun 2π, nous aurons pour déterminer l'abscisse du centre de gravité,

$$x_{\prime} = \frac{\int xy\sqrt{dx^2+dy^2}}{\int y\sqrt{dx^2+dy^2}}\ldots\ldots(72).$$

153. Pour donner une application de cette formule, cherchons le centre de gravité de l'aire de la calotte sphérique. Cette surface étant engendrée par la révolution de l'arc BC (fig. 91) autour de l'axe des x, il faudra éliminer l'une des variables de la formule, au moyen de l'équation du cercle qui est

$$y^2 = r^2 - x^2;$$

différentiant cette équation et élevant au carré le résultat, on obtient

$$dy^2 = \frac{x^2 dx^2}{y^2};$$

donc

$$\sqrt{dx^2+dy^2} = \frac{dx\sqrt{x^2+y^2}}{y} = \frac{r dx}{y}.$$

Cette valeur étant mise dans les intégrales de l'équation (72), on a

$$\int xy\sqrt{dx^2+dy^2} = \int rx\,dx = \tfrac{1}{2}rx^2 + C,$$
$$\int y\sqrt{dx^2+dy^2} = \int r\,dx = rx + C'.$$

Prenant les intégrales définies entre les limites $x = \mathrm{AD} = a$ et $x = \mathrm{AB} = r$, on obtient

$$\int xy\sqrt{dx^2+dy^2} = \tfrac{1}{2}r(r^2 - a^2),$$
$$\int y\sqrt{dx^2+dy^2} = r(r - a).$$

Ces valeurs transforment l'équation (72) en

$$x_{\prime} = \tfrac{1}{2}(r+a) = a + \tfrac{1}{2}(r-a);$$

donc le centre de gravité de la calotte sphérique est au milieu de la flèche DB.

154. *Trouver le centre de gravité d'un solide de révolution μ compris entre deux plans perpendiculaires à l'axe des* x.

Fig. 92. Le centre de gravité de ce solide (fig. 92) étant nécessairement sur l'axe des x, le problème se réduit à trouver l'abscisse x, du centre de gravité du volume μ. L'élément de ce volume (*Elémens de Calcul différentiel et de Calcul intégral*, page 209) étant $\pi y^2 dx$, nous aurons

$$\mu = \int \pi y^2 dx \ldots \ldots (73).$$

Prenant ensuite les momens par rapport à l'axe des y, nous obtiendrons

$$\mu x_{,} = \int \pi x y^2 dx \ldots \ldots (74).$$

divisant ces équations l'une par l'autre, et supprimant le facteur commun μ, il viendra

$$x_{,} = \frac{\int x y^2 dx}{\int y^2 dx} \ldots \ldots (75).$$

Si au moyen de l'équation de la courbe on élimine y, ces intégrales devront être prises entre les limites $x = $ AP et $x = $ AQ.

155. Appliquons cette formule à la détermination du centre de gravité du cône, nous avons deux intégrales à obtenir, savoir,

$$\int y^2 dx \quad \text{et} \quad \int x y^2 dx.$$

Eliminant y^2 au moyen de l'équation de la génératrice du cône qui est $y = ax$, nous obtiendrons en intégrant,

$$\int y^2 dx = \int a^2 x^2 dx = \frac{a^2 x^3}{3},$$
$$\int x y^2 dx = \int a^2 x^3 dx = \frac{a^2 x^4}{4}.$$

DES CENTRES DE GRAVITÉ. 89

Nous n'ajoutons point de constantes, parce qu'à l'origine A (fig. 93) le volume est nul. Substituant ces valeurs dans la formule (75), on trouve

Fig. 93.

$$x_{,} = \frac{\dfrac{a^2 x^4}{4}}{\dfrac{a^2 x^3}{3}} = \frac{3}{4} x :$$

ce qui nous apprend que *le centre de gravité du cône est aux trois quarts de son axe A*x.

156. Cherchons encore le volume du paraboloïde de révolution qui est le solide engendré par la révolution de l'arc de parabole AM (fig. 90) autour de l'axe Ax. L'équation de la courbe étant $y^2 = px$, nous avons

$$\int y^2 dx = \int px\, dx = \tfrac{1}{2} p x^2,$$
$$\int x y^2 dx = \int p x^2 dx = \tfrac{1}{3} p x^3.$$

Substituant ces valeurs dans la formule (75), on a

$$x_{,} = \tfrac{2}{3} x.$$

On n'ajoute point de constantes par la raison expliquée ci-dessus.

157. Prenons encore pour exemple l'ellipsoïde alongé de révolution : l'équation de la génératrice est

$$y^2 = \frac{b^2}{a^2} (a^2 - x^2) ;$$

mettant cette valeur de y^2 dans les intégrales de la formule (75), et observant que les constantes sont nulles, on a

$$\int y^2 dx = \frac{b^2}{a^2} \int (a^2 dx - x^2 dx) = \frac{b^2}{a^2} \left(a^2 x - \frac{x^3}{3} \right):$$
$$\int x y^2 dx = \frac{b^2}{a^2} \int (a^2 x dx - x^3 dx) = \frac{b^2}{a^2} \left(\frac{a^2 x^2}{2} - \frac{x^4}{4} \right):$$

Au moyen de ces valeurs, l'équation (75) devient

$$x_{,} = \frac{\frac{1}{2}a^2x - \frac{1}{4}x^3}{a^2 - \frac{1}{3}x^2} = \frac{6a^2x - 3x^3}{12a^2 - 4x^2},$$

et en prenant l'intégrale entre les limites $x = 0$ et $x = a$, il suffit de faire $x = a$ dans les formules ci-derrière ; et l'équation (75) donne pour l'abscisse du centre de gravité du demi-ellipsoïde alongé de révolution,

$$x_{,} = \tfrac{3}{8}\,a.$$

158. *Trouver le centre de gravité du volume engendré par la révolution d'une courbe* BMCM′ (fig. 94) *autour de l'axe des* x *situé hors de cette courbe.*

Fig. 94.

Soient MP $= y$ et M′P $= y'$; le volume engendré par l'élément M$m m'$M′ sera censé égal à la différence des volumes engendrés par les rectangles Mp et M′p ; les expressions de ces volumes étant respectivement $\pi y^2 dx$ et $\pi y'^2 dx$, le volume engendré par MM′$m'm$ sera $\pi(y^2 - y'^2)\,dx$; par conséquent en nommant μ le volume total, nous aurons

$$\mu = \pi \int (y^2 - y'^2)\,dx :$$

prenant les momens par rapport à l'axe des y, il viendra

$$\mu x_{,} = \pi \int (y^2 - y'^2)\,x\,dx.$$

On ne détermine pas $y_{,}$, parce que, ainsi que nous l'avons observé, le centre de gravité étant sur l'axe des x, il faut que $y_{,}$ soit nul.

CHAPITRE VIII.

De la méthode centrobarique, ou théorème de Guldin.

159. Soient x, et y, les coordonnées du centre de gravité d'une surface plane MPP'M' (fig. 95) dont l'aire est représentée par λ. Nous avons vu, art. 148, que le moment de l'élément de cette surface plane, par rapport à l'axe des x, était $\frac{1}{2} y \times y dx$, et qu'en égalant la somme des momens des élémens à celle du centre de gravité, on avait

$$\int \tfrac{1}{2} y^2 dx = y_{,}\lambda;$$

Si l'on multiplie les deux membres de cette équation par 2π, elle deviendra

$$\int \pi y^2 dx = 2\pi y_{,} \times \lambda;$$

l'expression $\int \pi y^2 dx$ est celle du volume engendré par la révolution de PP'M'M autour de l'axe des x, et $2\pi y_{,} \times \lambda$ est le produit du chemin décrit par le centre de gravité autour de l'axe des x par la surface génératrice PP'M'M; d'où l'on conclut ce théorème : *Un volume de révolution est égal à son aire génératrice multipliée par le chemin que décrit le centre de gravité.*

160. Pour première application, cherchons le centre de gravité du corps engendré par la révolution du triangle isocèle ABC (fig. 96) autour de l'axe des x. Soient $CD = h$ et $AB = a$, l'aire génératrice sera exprimée par $\frac{1}{2} ah$. D'une autre part, le centre de gravité étant aux deux tiers de la droite DC, il aura pour ordonnée $\frac{2}{3} h$; par conséquent la circonférence décrite par $\frac{2}{3} h$ ou le chemin parcouru

par le centre de gravité, sera $2\pi \cdot \frac{2}{3} h$. Ce chemin étant multiplié par l'aire génératrice, nous trouverons que $\frac{2}{3}\pi h^2 a$ est l'expression du volume cherché.

Pour seconde application, cherchons le volume du cône. La génératrice de ce solide de révolution étant le triangle rectangle ABC (fig. 97) qui fait une révolution autour de l'axe AB; cette génératrice aura pour expression $\frac{1}{2}$ AB $\times$ CB. Menons la droite CE sur le milieu du côté AB; le centre de gravité G de la génératrice sera au tiers de EC, art. 138, et il aura pour ordonnée la perpendiculaire GD abaissée sur AB : la valeur de GD se déterminera par la proportion

$$EC : EG :: CB : GD,$$

ou

$$3 : 1 :: CB : GD,$$

d'où l'on tirera

$$GD = \tfrac{1}{3} CB.$$

Le chemin décrit par le centre de gravité sera $\frac{2}{3}\pi CB$; en multipliant cette expression par l'aire de la génératrice qui est, comme nous l'avons trouvée, $\frac{1}{2}$ AB $\times$ CB, on aura $\frac{1}{3}$ AB $\times \pi CB^2$ pour le volume du cône engendré par la révolution du triangle CAB autour de l'axe des x.

161. Pour troisième application, nous allons déterminer le volume du cylindre. L'ordonnée GE (fig. 98) du centre de gravité G étant égale à $\frac{1}{2}$ AC, le chemin décrit par le centre de gravité sera πAC. Multipliant cette expression par la génératrice qui équivaut à AB $\times$ AC, on aura $\pi AC^2 \times$ AB pour le volume du cylindre.

162. Une règle analogue à la précédente, peut nous servir à déterminer l'expression d'une surface de révolution. En effet, considérons une surface engendrée par la révolution de l'arc MN (fig. 99) autour de l'axe des abscisses, et appelons y, l'ordonnée du centre de gravité G de l'arc générateur, en prenant par rapport à l'axe des x

DE LA MÉTHODE CENTROBARIQUE. 93

la somme des momens des arcs élémentaires, et l'égalant à celui du centre de gravité, nous aurons, art. 144,

$$\int y \sqrt{dx^2 + dy^2} = y, \times \text{arc MN} \ldots \ldots (76);$$

multipliant les deux membres de cette équation par 2π, on la changera en celle-ci,

$$\int 2\pi y \sqrt{dx^2 + dy^2} = 2\pi y, \times \text{arc MN},$$

l'expression $\int 2\pi y \sqrt{dx^2 + dy^2}$ étant celle qui est connue dans le Calcul intégral pour représenter une surface de révolution, nous pouvons en conclure ce théorème : *Une surface de révolution est égale au produit de l'arc générateur par la circonférence que dans son mouvement décrit le centre de gravité.*

163. Par exemple, pour avoir la surface convexe du cône tronqué engendré par la révolution de CD (fig. 100) Fig. 100. autour de l'axe des x, le centre de gravité de la génératrice CD étant au milieu G de cette droite, l'ordonnée EG du centre de gravité a pour expression $\dfrac{AC + DB}{2}$; donc $2\pi \times \dfrac{AC + CB}{2}$ est le chemin décrit par le centre de gravité. Cette expression multipliée par la génératrice CD, donne $2\pi \dfrac{AC + CB}{2} \times CD = 2\pi GE \times CD$ pour la surface convexe du cône.

164. Les deux théorèmes précédens peuvent être compris dans ce seul énoncé : *Le volume ou la surface de révolution que l'on cherche, équivaut au produit de la génératrice par le chemin que décrit le centre de gravité.*

CHAPITRE IX.

Des Machines.

165. Une machine sert à faire agir une force dans un sens qui n'est pas celui de sa direction. La puissance est la force qui est appliquée à la machine, et la résistance est le corps que la puissance doit mettre en équilibre.

Les machines les plus simples sont au nombre de sept, savoir : les cordes, le levier, la poulie, le tour, le plan incliné, la vis et le coin.

Des Cordes.

166. Nous adopterons l'hypothèse que les cordes réduites à leurs axes, aient une flexibilité parfaite, et soient inextensibles et dénuées de pesanteur. Une corde sollicitée Fig. 101. par deux forces P et Q (fig. 101) qui la tendent, ne peut être considérée comme une machine, puisqu'elle ne change ni la direction de P ni celle de Q. Il est facile de démontrer que lorsque ces forces sont égales, la tension de la corde est mesurée par l'une d'elles ; car l'équilibre subsistant, on peut regarder A, milieu de PQ, comme un point fixe, et effacer la ligne qui s'étend de A vers Q; alors la force P agissant seule sur A, mesurera la tension de la corde.

167. Lorsque Q surpasse P, une partie de Q égale à P est donc employée à tendre la corde, et l'excès de Q sur P l'entraînera dans le sens de P vers Q ; donc la tension sera mesurée par la plus petite des forces.

168. Les conditions d'équilibre qui existent entre trois

cordes assujéties par un nœud, sont les mêmes que celles qui existent entre trois forces qui sollicitent un point matériel. Il faut que l'une de ces forces soit égale et directement opposée à la résultante des deux autres, ce qui entraîne la condition qu'elles soient dans un même plan ; alors il y aura équilibre si l'on a (fig. 102)   Fig. 102.

$$P : Q : R :: \sin p : \sin q : \sin r.$$

169. Cette proportion ne suffit pas si les cordes sont réunies par un nœud coulant. En effet, en regardant P et R (fig. 103) comme des points fixes, si la force Q, au Fig. 103. moyen d'un nœud coulant, tire la corde PCR, le point C décrira une ellipse ; et comme le plan de cette ellipse n'est assujéti qu'à passer par les points P et R, il doit décrire en tournant autour de PR, un ellipsoïde qui aura pour grand axe PC + CR. Le point C sera toujours situé sur cet ellipsoïde, ou, ce qui revient au même, sur l'arc d'une ellipse mobile autour de PR : or ce point ne pouvant se mouvoir que lorsque la force Q a une composante suivant l'élément de l'arc elliptique, il en résulte que si la direction de Q est normale à l'ellipse, cette force sera détruite par la résistance de la courbe, et le point C sera en équilibre. Cherchons donc la condition nécessaire pour que la force Q soit normale à l'ellipse. Pour cela, menons à la courbe la tangente Tt, nous aurons par la propriété de l'ellipse (*Théorie des Courbes du second ordre*, page 166),

$$TCP = RCt;$$

si l'on retranche ces angles des angles droits TCN, tCN, il restera

$$PCN = NCR ;$$

donc l'angle PCR doit être partagé en deux parties égales par la direction de Q, et la proportion

$$P : R :: \sin NCR : \sin PCN$$

devient alors

$$P : R :: \sin NCR : \sin NCR;$$

ce qui montre que les forces P et R sont égales.

170. Une machine funiculaire est un système de cordes qui se font équilibre à l'aide de plusieurs nœuds.

Fig. 104. 171. Lorsque les forces P, R, S, T, etc. (fig. 104) sont réunies par un même nœud, si l'on substitue aux forces P et R leur résultante R', le système contiendra une force de moins. En répétant un certain nombre de fois cette opération, on parviendra toujours à réduire le système à celui de trois forces réunies par un seul nœud.

172. Considérons maintenant plusieurs forces P, P', P'',
Fig. 105. P''', P^{iv}, etc. (fig. 105) réunies trois à trois par des nœuds fixes A, B, C, etc., on peut ramener l'équilibre de ces forces à celui d'un système assujéti autour d'un seul point; car soit R la résultante des forces P et P'; comme elle doit être détruite par la troisième force qui agit suivant AB, il faudra que cette résultante se trouve sur le prolongement de AB : or une force pouvant être appliquée à tout point pris sur sa direction, on aura la faculté de transporter R au point B; alors on pourra décomposer R en deux forces égales et parallèles à P et à P', et l'effet sera le même que si les forces P et P' eussent reculé parallèlement à elles-mêmes pour s'appliquer au point B. Transportant de la même manière les forces P, P', P'' qui sont censées appliquées en B au point C, toutes les forces pourront être considérées comme appliquées à ce point. Les conditions de leur équilibre seront donc

$$\Sigma P \cos \alpha = 0 \quad \text{et} \quad \Sigma P \cos \epsilon = 0.$$

Pour avoir le rapport des tensions extrêmes P et P^{iv}, soient t et t' les tensions exercées suivant AB et BC, et nommons

a l'angle PAP′, a' l'angle ABP″, a'' l'angle BCP‴,
b l'angle P′AB, b' l'angle P″BC, b'' l'angle P‴CP^{IV},

nous aurons, art. 55,

$$P : t :: \sin b : \sin a,$$
$$t : t' :: \sin b' : \sin a',$$
$$t' : P^{\text{IV}} :: \sin b'' : \sin a'';$$

multipliant ces proportions par ordre, et supprimant les termes communs, on obtiendra

$$P : P^{\text{IV}} :: \sin b \sin b' \sin b'' : \sin a \sin a' \sin a'';$$

on pourrait de même trouver le rapport de deux autres forces.

173. Si les forces P′, P″, P‴, etc. sont parallèles, on a dans ce cas,

$$b + a' = 2, \quad b' + a'' = 2;$$

et comme les angles supplémens l'un de l'autre ont les mêmes sinus, il faut que l'on ait

$$\sin b = \sin a', \quad \sin b' = \sin a'',$$

et la proportion précédente se réduit à

$$P : P^{\text{IV}} :: \sin b'' : \sin a.$$

Lorsque P′, P″ et P‴ sont des poids (fig. 106), les forces sont dans un même plan vertical ; car la droite AP′ étant verticale, le plan des forces P, P′ et t est vertical. De même le plan des forces t, P″ et t' sera vertical : or t ne peut être à la fois dans deux plans verticaux sans que ces plans ne se confondent.

Fig. 106.

174. Les forces extrêmes P et P^{iv} devant contrebalancer la résultante de toutes les autres, il faudra que cette résultante soit directement opposée à celle de P et de P^{iv}, et par conséquent passe par le point de concours G de ces deux forces. Ayant ainsi déterminé un point de la résultante de toutes les forces du système, comme cette résultante doit être verticale, puisqu'elle est parallèle aux forces P′, P″, P‴, il suffira, pour en déterminer la direction, de mener par le point G la verticale GH.

175. Une corde pesante pouvant être considérée comme un polygone funiculaire chargé d'une infinité de petits poids, il résulte de ce qui précède que si l'on veut avoir égard au poids de la corde, il faut mener (fig. 107) les deux tangentes PG et QG, et appliquer en G un poids égal à celui de la corde ; alors en représentant par G le poids de cette corde, nous aurons

Fig. 107.

$$P : Q : G :: \sin LGQ : \sin LGP : \sin PGQ.$$

Du Levier.

176. Le levier est une pièce oblongue de bois ou de métal qui se meut autour d'un point fixe qu'on appelle *le point d'appui*. Pour plus de simplicité, nous regarderons le levier comme sans épaisseur ; alors il pourra être représenté par une ligne droite ou courbe. Soit donc un levier AB (fig. 108) qui est sollicité par deux forces P et P′ ; ces forces ne peuvent être détruites par un point fixe C, à moins qu'elles ne soient dans le même plan avec le point C. Lorsque cela aura lieu, il suffira, pour qu'il y ait équilibre, que la somme des momens par rapport à C, soit égale à zéro.

Fig. 108.

177. Si le levier était dans le cas de glisser sur son point

d'appui, pour que l'équilibre fût possible, il faudrait en outre que la résultante de la charge du point d'appui fût perpendiculaire à la surface du levier en C.

178. Lorsque le levier est en ligne droite (fig. 109), et que les forces sont parallèles, en nommant p et p' les parties AC et BC, la théorie des forces parallèles nous donne, art. 57, Fig. 109.

$$P : P' :: p' : p;$$

ce qui nous montre que pour qu'il y ait équilibre, les forces doivent être en raison inverse des bras de levier.

179. Si le levier est courbe et que l'on mène une droite ED (fig. 110) par le point C, on peut concevoir ces forces appliquées aux points E et D qui sont sur leurs directions; alors on a Fig. 110.

$$P : P' :: CD : CE.$$

180. On distingue des leviers de trois sortes de genres. Dans le levier du premier genre, le point d'appui C (fig. 111) est entre la puissance P et la résistance R; dans le levier du second genre, la résistance R (fig. 112) est entre la puissance P et le point d'appui C; dans le levier du troisième genre, la puissance (fig. 113) est entre la résistance et le point d'appui. Fig. 111. Fig. 112. Fig. 113.

Les balances, les romaines sont des leviers du premier genre, les barres de fer employées à soulever les fardeaux, sont des leviers du second genre; les marches de certains rouets, celles des métiers de tisserand sont des leviers du troisième genre.

181. On peut avoir égard au poids du levier en le considérant comme une force S appliquée au centre de gravité. Par exemple, soient P et P' (fig. 114) deux poids Fig. 114.

suspendus aux extrémités du levier AB , et G son centre de gravité, on aura, en vertu de l'équation des momens,

$$P' \times CB + S \times CG = P \times AC.$$

Cette équation détermine P ou P'; et la charge du point d'appui sera

$$P + P' + S.$$

Si la puissance P' était dirigée en sens contraire de la résistance, il faudrait avoir égard aux sens dans lesquels les forces tendent à faire tourner le levier, et l'équation des momens serait (fig. 115)

Fig. 115.

$$CA \times P + CG \times S = CB \times P' \ldots (77),$$

et l'on aurait pour la charge du point d'appui, [5]

$$P + S - P'.$$

Fig. 115. 182. Supposons que le levier CB (fig. 115) soit homogène et partout de même épaisseur; représentons par m le poids d'une portion de ce levier qui ait un centimètre de longueur. Celle du levier étant x, son poids S sera mx, et devra être considéré comme concentré au milieu G du levier; de sorte qu'en nommant CA, a, l'équation (77) deviendra

$$aP + \tfrac{1}{2} x \times mx = P'x.$$

On tire de cette équation

$$P' = \frac{aP}{x} + \tfrac{1}{2} mx \ldots (78).$$

Ainsi ayant pris arbitrairement x, cette formule donnera la valeur de P'; mais si l'on demande quelle est parmi toutes ces valeurs de x, celle qui doit avoir lieu pour que la puissance P' soit aussi petite qu'il est possible, il faudra regarder P′ comme une fonction de x, et, suivant la méthode des *maxima* et *minima*, égaler à zéro la valeur de $\frac{dP'}{dx}$, ce qui donnera

$$\frac{dP'}{dx} = -\frac{aP}{x^2} + \tfrac{1}{2} m = 0;$$

d'où l'on tire

$$x^2 = \frac{2aP}{m} \quad \text{et} \quad x = \sqrt{\frac{2aP}{m}};$$

en substituant cette valeur dans l'équation (78), on obtient

$$P' = \frac{aP}{\sqrt{\frac{2aP}{m}}} + \tfrac{1}{2} m \sqrt{\frac{2aP}{m}}:$$

réduisant le second membre au même dénominateur, il vient

$$P' = \frac{2aP}{\sqrt{\frac{2aP}{m}}} = \sqrt{2aPm}.$$

De la Poulie.

183. Une poulie est une roue dont la circonférence qui est creuse, se trouve en partie enveloppée d'une corde; cette corde par son mouvement, fait tourner la poulie autour d'un axe qui passe par son centre, et qui est supporté par une barre de fer recourbée OB (fig. 116), à laquelle on a donné le nom de *chape*. Fig. 116.

On distingue deux sortes de poulies, la poulie fixe et la poulie mobile. La poulie fixe est celle dans laquelle la chape OB (fig. 116) est retenue par un point fixe, et la poulie mobile est celle dans laquelle la résistance R (fig. 117) est attachée à la chape. Fig. 116. Fig. 117.

Fig. 116.   184. Dans la poulie fixe (fig. 116), la puissance P et la résistance Q ne peuvent se faire équilibre que lorsqu'elles sont égales ; car si ces forces différaient d'intensité, la plus grande entraînerait l'autre.

Pour le démontrer analytiquement, prolongeons jusqu'en E les directions de P et de Q qui agissent tangentiellement, ce point E appartiendra à la résultante des forces P et Q ; mais cette résultante devant être détruite par le centre O de la poulie, doit passer par ce point : or à cause des triangles égaux EPO, EQO, l'angle PEQ est partagé en deux parties égales par la résultante ; d'où il suit que l'intensité de P est la même que celle de Q.

185. Prenons maintenant les parties égales Eg et Eh, et construisons le losange $Egfh$; les forces P et Q seront représentées par les droites Eg et Eh, et la résultante de ces forces le sera par la diagonale Ef ; de sorte que nous aurons
$$Eg : Eh : Ef :: P : Q : R ;$$
et comme les triangles Egf, POQ sont semblables, parce qu'ils ont leurs côtés perpendiculaires, on peut établir la proportion
$$Eg : Eh : Ef :: PO : OQ : PQ ;$$
donc
$$PO : OQ : PQ :: P : Q : R ;$$
d'où l'on peut conclure que dans la poulie fixe, l'une des forces est à la résultante comme le rayon de la poulie est à la soutendante de l'arc embrassé par la corde.

On a démontré que les forces P et Q étaient égales ; il suit de là que la poulie fixe n'a d'autre effet que de changer la direction d'une force sans augmenter ni diminuer son intensité.

186. Considérons maintenant la poulie mobile. Soit une corde QABP (fig. 117) qui étant attachée au point fixe Q, embrasse l'arc AB de la poulie, et qui, lorsqu'elle est sollicitée par la puissance P, fait monter la résistance R.

Fig. 117.

C tendant à entraîner Q, réciproquement Q agit sur C. Si l'on considère donc Q comme une force qui sollicite le point C, on cherchera les conditions d'équilibre entre P, Q et R ; ces conditions sont les mêmes que celles que nous avons établies pour la poulie fixe, si ce n'est que la résistance, au lieu d'être Q, est ici R. Ainsi le rapport de la puissance à la résistance nous sera donné par la proportion

$$P : R :: rayon : soutendante\ de\ l'arc\ AB.$$

La puissance étant moindre que la résistance, la poulie mobile est avantageuse à la puissance.

Si les cordons deviennent parallèles, la proportion précédente devient

$$P : R : rayon : diamètre :: 1 : 2 ;$$

dans ce cas, la puissance est la moitié de la résistance.

Si la soutendante est égale au rayon, la puissance est égale à la résistance ; par conséquent lorsque la soutendante est plus petite que le rayon, la poulie mobile devient désavantageuse.

187. Par la combinaison de plusieurs poulies, on peut soulever des poids énormes avec une très-petite puissance, comme on peut le voir, en disposant les poulies de la manière suivante.

Le poids R (fig. 118) étant suspendu à la chape de la poulie ABD, cette poulie sera embrassée par une corde d'une part attachée au point fixe K, et de l'autre à la chape de la poulie A'B'D'. Cette seconde poulie sera également

Fig. 118.

supportée par une corde, d'une part attachée en K', et de l'autre à la chape de la poulie A″B″D″; ainsi de suite jusqu'à la dernière poulie qui sera embrassée par une corde attachée d'un côté à un point fixe, et de l'autre à la puissance P.

Si l'équilibre subsiste entre ces poulies, et qu'on appelle T, T′, T″, etc. les tensions des cordons AE, A′E′, etc., on aura, en ne supposant que trois poulies,

$$R : T :: AB : AC,$$
$$T : T' :: A'B' : A'C',$$
$$T' : P :: A''B'' : A''C''.$$

Ces proportions multipliées par ordre donnent

$$R : P :: AB \times A'B' \times A''B'' : AC \times A'C' \times A''C'',$$

ce qui nous apprend que la puissance est à la résistance R comme le produit des rayons des poulies est à celui de leurs soutendantes. Si les cordons sont parallèles, les soutendantes deviennent des diamètres, et l'on a

$$R : P :: 2^3 : 1,$$

et en général pour n poulies,

$$R : P :: 2^n : 1.$$

188. Cette disposition est peu employée, parce qu'elle demande un trop grand emplacement. En effet, lorsque le centre de la poulie BOC (fig. 119) s'élève d'un nombre h de pieds, BC vient en bc, et la corde DCBX s'accourcit de $Cc + Bb$; c'est-à-dire de $2h$ de pieds; par conséquent la poulie E doit s'élever d'autant au-dessus de X : or par un même raisonnement, on démontrera que quand la poulie E s'élève de $2h$ de pieds, la troisième poulie doit s'élever de $4h$; et ainsi de suite. De sorte qu'avec un nombre n de poulies, la puissance doit s'élever de $2^{n-1}h$; car la puis-

sance tient la place d'une poulie : on perd donc en espace ce qu'on gagne en puissance.

A l'égard des pressions que supportent les points D, D', D", etc., appelons-les Q, Q', Q", etc., et nommons S et X les tensions des cordons SA et XB, et supposons que les rayons des poulies soient égaux, nous aurons

$$P = Q, \quad S = Q', \quad X = Q'';$$

substituant ces valeurs dans les proportions

$$P : S :: 1 : 2,$$
$$S : X :: 1 : 2,$$

on obtient

$$Q' = 2P, \quad Q'' = 4P;$$

la pression totale sera donc exprimée par

$$P + 2P + 4P = 7P.$$

189. La moufle est une machine composée de plusieurs poulies disposées sur une même chape.

Pour trouver le rapport de la puissance P à la résistance R dans la moufle de la figure 120, nous observerons que les cordons sont tous également tendus ; la somme de ces tensions fait équilibre à la résistance R, qui peut être considérée comme entraînée par six forces parallèles égales ; la tension de Q est donc mesurée par l'une de ces forces, et par conséquent est la sixième partie de la résistance.

Fig. 120.

Du Tour ou Treuil.

190. Le tour est un cylindre qui sert d'essieu à une roue. A la circonférence de cette roue est attachée une corde qui, en se déroulant, lui imprime un mouvement de rotation dont l'effet se communique au cylindre ; alors une seconde corde s'enveloppe autour de ce cylindre, et fait monter la résistance

dont elle est chargée. Deux pivots cylindriques A et B (fig. 121) se trouvent aux extrémités A et B du cylindre; ces pivots se nomment *tourillons*. Comme ils sont de moindres diamètres que le cylindre, ils servent à le faire tourner avec plus de facilité sur ses appuis.

191. Nous allons d'abord chercher le rapport de la puissance à la résistance dans cette machine. Pour cela, plaçons l'axe AB du cylindre dans une position horizontale ; nous pourrons supposer qu'un plan horizontal mené par cet axe, coupe le cylindre, et en se prolongeant indéfiniment, vienne rencontrer au point F la direction de la puissance.

Représentons cette puissance P par la partie FP de sa direction, et décomposons P en deux forces FL $=$ P$'$ et FK $=$ P$''$, l'une horizontale et l'autre verticale.

Cela posé, lorsque P fait mouvoir la roue, la composante P$''$ qui est verticale, descend, et le poids R monte, tandis que le point M reste immobile, parce qu'il est sur l'axe du cylindre. On peut donc regarder M comme le point d'appui d'un levier HF, auquel seraient appliquées les forces R et P$''$; par conséquent on aura, en vertu de l'équilibre du levier,

$$P'' : R :: MH : MF.$$

D'une autre part, le plan de la roue et la section OEH étant perpendiculaires à l'axe du cylindre, les triangles HIM, MCF sont rectangles, l'un en I et l'autre en C, et donnent

$$MH : MF :: HI : CF.$$

On tire de ces proportions,

$$P'' : R :: HI : CF.$$

Soit φ l'angle FPK, on a (Fig. 121 et 122)

$$FPK = DFC = \varphi,$$

par conséquent,
$$FK = FP \sin \varphi, \quad DC = CF \sin \varphi,$$
ou
$$P'' = P \sin \varphi, \quad CF = \frac{DC}{\sin \varphi}.$$

Substituant ces valeurs dans la proportion précédente, on obtient
$$P \sin \varphi : R :: HI : \frac{DC}{\sin \varphi};$$
d'où l'on tire
$$P \times DC = R \times HI;$$
ce qui nous donne cette proportion
$$P : R :: HI : DC \ldots \ldots (79).$$

On voit donc que dans le tour, *la puissance est à la résistance comme le rayon du cylindre est à celui de la roue.*

192. Evaluons maintenant la pression que les tourillons A et B (fig. 121) font supporter à leurs points d'appui. Trois objets contribuent à exercer cette pression, savoir : la puissance, la résistance et le poids de la machine. Si nous nommons T ce poids, et G le centre de gravité de la machine, nous pourrons regarder T comme suspendu en G : or, à cause de la symétrie de la machine, G se trouvera sur l'axe même du cylindre. Cela posé, remplaçons la puissance P par ses composantes P' et P''; il ne s'agira plus que de décomposer les quatre forces R, P', P'' et T en deux autres qui agissent sur les points d'appui A et B.

Les forces R et T ayant été déterminées par expérience, cherchons d'abord à exprimer P' et P'' en fonction de R. Pour cela nous avons (fig. 121 et 122)

Fig. 121.

Fig. 121 et 122.

$$P' = FL = P \cos FPK, \quad P'' = FK = P \sin FPK,$$

Fig. 121 et 122.

ou
$$P' = P \cos \varphi, \quad P'' = P \sin \varphi \ldots \ldots (80).$$

Mais l'angle φ étant égal à l'angle CFD, on a

$$1 : \cos \varphi :: CF : DF, \quad 1 : \sin \varphi :: CF : CD;$$

donc

$$\cos \varphi = \frac{DF}{CF}, \quad \sin \varphi = \frac{CD}{CF}.$$

Substituant ces valeurs dans les équations (80), il vient

$$P' = \frac{P \times DF}{CF}, \quad P'' = \frac{P \times CD}{CF}.$$

Mettant dans ces équations la valeur de P donnée par la proportion (79), on obtient

$$P' = \frac{R.HI.DF}{DC.CF}, \quad P'' = \frac{R.HI}{CF}.$$

Regardons maintenant les forces verticales R et P″ comme appliquées aux extrémités d'un levier HF, dont le point d'appui serait en M, la résultante de ces forces passera par M, et aura pour valeur R + P″.

Soit Z et Z′ les efforts que cette résultante verticale exerce sur les points d'appui A et B, on déterminera Z et Z′ par ces proportions

$$AB : BM :: R + P'' : Z,$$
$$AB : AM :: R + P'' : Z';$$

de même en nommant U et U′ les composantes de T sur les points d'appui, on aura

$$AB : BG :: T : U,$$
$$AB : AG :: T : U'.$$

Ces forces U et U′ étant verticales, s'ajouteront l'une à T et l'autre à T′. A l'égard de la force horizontale P′, comme cette force agit sur le centre C de la roue, si nous appelons Y et Y′ les composantes de P′ aux points A et B,

nous aurons
$$AB : CB :: P' : Y;$$
$$AB : AC :: P' : Y'.$$

Ayant construit deux rectangles dont l'un aura pour hauteur $Z + U$, et pour base Y, et dont l'autre aura pour hauteur $Z' + U'$, et pour base Y', les hypoténuses de ces rectangles exprimeront les pressions exercées sur les points d'appui ; les angles de ces hypoténuses, avec les côtés des rectangles, détermineront les positions des pressions.

193. Si l'on a égard à l'épaisseur des cordes, on considérera la puissance comme appliquée au diamètre de la corde ; alors le rayon du cylindre et celui de la roue devront être augmentés du demi-diamètre de la corde ; et l'on aura, *la puissance est à la résistance comme le rayon du cylindre, plus celui de la corde, est à celui de la roue, plus celui de la corde.*

194. On rapporte au tour le cabestan, qui n'est autre chose qu'un tour dont l'axe du cylindre est vertical.

195. Soit un système de tours arrangés dans l'ordre suivant.

La puissance P appliquée à la roue AD (fig. 123), Fig. 123. fait mouvoir le cylindre BC qui communique à une seconde roue A'D', par une corde BA'. Cette roue A'D' fait mouvoir le cylindre O'B', auquel est attachée une corde B'A", et ainsi de suite jusqu'au dernier cylindre qui est chargé de la résistance R.

Si tout le système est en équilibre et que nous nommions T, T', T", etc. les tensions des cordes BA', B'A", etc., nous aurons,

Pour le premier tour... $P : T :: OB : OA$;
Pour le second........ $T : T' :: O'B' : O'A'$;
Pour le troisième...... $T' : R :: O''B'' : O''A''$.

Ces proportions étant multipliées par ordre, nous donnent celle-ci,

$$P : R :: OB \times O'B' \times O''B'' : OA \times O'A' \times O''A'';$$

d'où l'on tire

$$\frac{P}{R} = \frac{OB \times O'B' \times O''B''}{OA \times O'A' \times O''A''},$$

ce qui nous apprend que *la puissance est à la résistance comme le produit des rayons des cylindres est à celui des rayons des roues*.

Ainsi dans le cas où le rayon de chaque cylindre serait la n^e partie de celui de la roue qui le met en mouvement, on aura

$$P : R :: \frac{OA}{n} \times \frac{O'A'}{n} \times \frac{O''A''}{n} : OA \times O'A' \times O''A'',$$

proportion qui revient à celle-ci,

$$P : R :: 1 : n^3.$$

196. Les roues dentées ne diffèrent de la disposition précédente, que par les dents également distantes dont leurs circonférences sont garnies. Ces dents ont le même emploi que les cordes de la figure 123; chaque roue est traversée par l'axe de son pignon qui est une roue dentée plus petite garnie de dents qu'on nomme *ailes*. La première roue fait tourner son pignon qui engrène dans la seconde roue; celle-ci à son tour, ayant son pignon engrené dans la roue suivante, la fait mouvoir; ainsi de suite.

Fig. 123.

Les pignons représentant les cylindres de la combinaison précédente, il s'ensuit que dans les roues dentées on a la proportion : *La puissance est à la résistance comme le produit du rayon des pignons est à celui des rayons des roues.*

Fig. 124.

197. Soient (fig. 124) D, D', D", etc. les nombres de dents des roues A, A', A", etc., et d, d', d'', etc. les nombres d'ailes de leurs pignons a, a', a'', etc., et supposons que

DES MACHINES. 111

tandis que la roue A fait n tours, les roues A′, A″, A‴, etc. Fig. 124. en fassent, la première N′, la seconde N″, etc. A chaque révolution de A, le pignon a engrènera successivement toutes ses ailes avec la roue A′, de sorte que dans N révolutions, il engrènera, avec A′, un nombre d'ailes exprimé par Nd : de même la roue A′ faisant N′ tours, engrènera un nombre N′D′ de dents avec le pignon a ; et comme les nombres de dents et d'ailes engrenées par la roue A′, et par le pignon a doivent être égaux, il faudra que l'on ait

$$N'D' = Nd;$$

par la même raison, les autres roues nous fourniront les équations

$$N''D'' = N'd', \quad N'''D''' = N''d'', \quad \text{etc.}$$

Multipliant ces équations par ordre, nous aurons, en supposant seulement quatre roues,

$$N'''D'D''D''' = Ndd'd'';$$

d'où l'on tirera

$$N''' = N \frac{dd'd''}{D'D''D'''}.$$

Par exemple, si l'on demande le nombre de dents qu'il faut employer pour que la roue A‴ fasse une révolution dans le même temps que la roue A en fait 60, nous aurons

$$N''' = 1, \quad N = 60, \quad 1 = 60 \cdot \frac{dd'd''}{D'D''D'''} \ldots \ldots (81).$$

Prenant arbitrairement les nombres d, d', d'', nous pourrons supposer $d = 4, d' = 5, d'' = 7$; cette hypothèse réduit la dernière des équations (81) à

$$D'D''D''' = 60 \times 4 \times 5 \times 7 = 8400.$$

8400 partagé en trois facteurs, nous donne les nombres 12, 25 et 28. Ainsi en faisant D′, D″, D‴ respectivement égaux à ces nombres, nous avons une solution du problème qui, comme on le voit, est indéterminé.

Observons qu'on doit prendre $N'''< N$ parce que supposant $d< D'$, $d'< D''$, $d''< D'''$, A''' va plus lentement que A.

198. C'est encore par le principe de l'équilibre du tour, que l'on explique le mécanisme du cric. On distingue deux sortes de crics, le simple et le composé. Le cric simple Fig. 125. est composé d'une barre de fer AB (fig. 125), renfermée dans une caisse CD. Cette barre de fer, dans sa longueur, est d'un côté garnie de dents; ces dents engrènent avec un pignon EF qu'on met en mouvement à l'aide d'une manivelle; alors la barre de fer, pressée par l'effort du pignon, sort de la caisse DC, monte et soulève la résistance. Dans cette machine, le pignon et le bras de la manivelle (*) agissant comme le cylindre et la roue du tour, il en résulte que *la puissance est à la résistance comme le rayon du pignon est au bras de la manivelle.*

199. Dans le cric composé, la manivelle met en mouvement un pignon qui engrène avec une roue; cette roue engrène à son tour avec un second pignon; ainsi de suite jusqu'au dernier pignon qui engrène avec la barre de fer.

D'après ce qui précède, on voit que dans cette machine *la puissance est à la résistance comme le produit des rayons des pignons est à celui des roues par le bras de la manivelle.*

Du Plan incliné.

200. Le plan incliné est ainsi appelé, parce qu'il fait un angle avec l'horizon; son usage est de servir à soutenir un corps, en le mettant en équilibre avec d'autres forces.

Fig. 126. Soit un corps M (fig. 126) dont nous considérerons le poids P comme attaché à son centre de gravité par un fil vertical MP. Pour que ce corps puisse être en équilibre sur un plan incliné avec une force Q, la première condi-

---

(*) Par le bras de la manivelle, on entend le rayon du cercle décrit par la puissance.

tion est que les forces P et Q aient une résultante unique, ce qui exige que leurs directions se rencontrent en un point M : or MP étant une verticale qui passe par le centre de gravité, le plan PMQ sera aussi vertical et contiendra le centre de gravité. Ainsi la première condition d'équilibre est que la direction MQ de la force Q doit être dirigée dans un plan vertical qui passe par le centre de gravité du corps.

La seconde condition est que la résultante MN des forces P et Q soit détruite par la résistance du plan incliné, ce qui ne peut être, à moins que cette droite ne soit normale au plan incliné, et ne le rencontre en un de ses points.

Cette seconde condition se modifie un peu, lorsque le corps ne touche le plan incliné que par plusieurs points ; car en unissant ces points par des lignes droites, il suffit que la résultante normale passe par un des points du polygone renfermé dans ces droites, pour qu'il puisse y avoir équilibre.

201. Les conditions que nous venons d'énoncer étant remplies, soit KL (fig. 126) un corps retenu en équilibre sur un plan incliné par une force Q. Prenons des parties ME, MF proportionnelles au poids P et à la force Q, et construisons le parallélogramme FMER, la diagonale MR représentera la pression que le corps exerce sur le plan incliné ; nommons R cette pression, nous aurons, Fig. 126.

Q : P : R :: sin PMR : sin QMR : sin PMQ...(82).

Les angles PMR, CAB étant égaux en vertu de la similitude des triangles AOP, OMN, nous avons

$$\sin PMR = \sin A = \frac{CB}{AC}.$$

Substituant cette valeur dans la proportion (82), et

multipliant les seconds rapports par AC, cette proportion se changera en celle-ci,

$$Q : P : R :: CB : AC \times \sin QMR : AC \times \sin PMQ.$$

Fig. 126. 202. Si la puissance prend la direction MQ (fig. 126) parallèle à la longueur du plan incliné, les triangles MER, ACB deviennent semblables, parce que les angles C et E sont égaux, l'étant chacun à l'angle MOC; d'où il suit que l'on a la proportion

$$ER : ME :: CB : AC;$$

ce qui nous apprend que lorsque la puissance est parallèle à la longueur du plan incliné, *la puissance est à la résistance comme la hauteur du plan incliné est à sa longueur.*

203. Si la puissance MF devient parallèle à la base du plan incliné, les triangles perpendiculaires MER, CAB Fig. 127. (fig. 127) donnent la proportion

$$ER : ME :: CB : AB,$$

ou

$$Q : P :: CB : AB;$$

donc, dans ce cas, *la puissance est à la résistance comme la hauteur du plan incliné est à sa base.*

204. Lorsque l'angle A est de la moitié d'un angle droit, la puissance est égale à la résistance; mais si A est moindre que la moitié d'un angle droit, la base du plan incliné en surpasse la hauteur; alors la machine devient avantageuse à la puissance.

De la Vis.

Fig. 128. 205. Partageons les côtés d'un rectangle AM' (fig. 128) en parties égales par des parallèles BB', CC', etc., et menons les diagonales AB', BC', etc.; si en courbant ce rectangle, nous en formons un cylindre à base circulaire, la droite MA se confondra avec la droite M′A′ ; et alors les points B et B′, C et C′, etc. qui sont les extrémités des diagonales AB′, BC′, etc. se confondant, ces diagonales se lieront les unes aux autres, et traceront sur le cylindre PQMN (fig. 129) une courbe régulière PRSTUV, etc. ; à laquelle on a donné le nom d'*hélice*.

Fig. 129.

206. La propriété caractéristique de cette courbe est que tous ses élémens forment des angles égaux avec les droites menées par ces élémens sur la surface du cylindre, parallèlement à son axe ; car cette propriété subsistant dans le parallélogramme AM′ à l'égard des élémens m, m', m'', etc., qui forment des angles égaux avec les parallèles EF, E′F′, etc., il en sera de même lorsque le parallélogramme deviendra la surface convexe d'un cylindre.

D'après cette génération de l'hélice, on voit que les distances mn, $m'n'$, $m''n''$, etc. (fig. 128) étant égales, la même chose aura lieu encore sur le cylindre ; par conséquent si l'on prend mn (fig. 129) pour base d'un triangle isocèle mno dont le plan soit normal à la surface du cylindre, et que l'on fasse mouvoir ce triangle parallèlement à lui-même, de manière que les extrémités m et n de sa base restent toujours sur deux arcs d'hélice, ce triangle, en montant ainsi sur la surface cylindrique, la recouvrira d'un filet saillant qui, conjointement avec le cylindre, composera la vis ; ce filet saillant est appelé *le filet de la vis*.

Fig. 128.

Fig. 129.

On voit que le filet de la vis n'est autre chose ici qu'un prisme triangulaire qui serait appliqué et recourbé sur le cylindre, en forme d'hélice.

Quelquefois le filet de la vis, au lieu d'être engendré par un triangle isocèle, l'est par un rectangle : dans ce cas, la vis est à filet carré.

8..

207. L'écrou est une pièce creusée en hélice, et d'une longueur moindre que celle de la vis. On peut considérer l'écrou comme le moule d'une partie du filet de la vis.

La vis tourne dans l'écrou, et à chaque révolution, parcourt un chemin égal au pas de la vis.

Les circonstances du problème étant les mêmes, soit que la vis tourne dans l'écrou, soit que l'écrou tourne dans la vis, nous adopterons cette seconde hypothèse.

208. Cherchons maintenant le rapport de la puissance à la résistance dans cette machine. Pour cela, plaçons la vis verticalement et dans son écrou, de manière que l'écrou entoure la partie supérieure du filet de la vis; supposons que l'écrou soit partagé en différentes molécules m, m', m'', etc. qui reposent chacune sur le filet de la vis, et cherchons la force qui mettrait en équilibre la seule molécule m (fig. 130). Il est certain que si cette molécule abandonnée à elle-même, n'était sollicitée que par l'action de la pesanteur, elle glisserait le long du filet, et décrirait une hélice sur un cylindre qui aurait pour rayon la distance mC de la molécule à l'axe de rotation. Ainsi en considérant l'hélice comme un plan incliné, ce plan aura pour hauteur le pas de la vis, et pour base la circonférence décrite par mC.

Fig. 130.

Fig. 131. Supposons maintenant que la force horizontale P(fig. 131), appliquée immédiatement à la molécule m, tienne son poids m en équilibre. On construira un triangle rectangle mHK qui ait pour hauteur mH le pas de vis, et pour base la circonférence décrite par mC, et l'on aura, en vertu de la théorie du plan incliné,

$$P : m :: hauteur : KH,$$

ou
$$P : m :: mH : \text{circonférence } Cm \ldots \ldots (83).$$

Mais si la puissance, au lieu d'être appliquée immédiatement au point m, est appliquée à l'extrémité D du levier CD, et que l'on veuille que cette puissance Q produise le même Fig. 131. effet que P; il faudra que P et Q soient en raison inverse des bras de levier ; c'est-à-dire que l'on ait

$$Q : P :: Cm : CD,$$

ou
$$Q : P :: circ.\ Cm : circ.\ CD.$$

Multipliant terme à terme cette proportion par la proportion (83), on aura

$$Q : m :: mH : circ.\ CD.$$

Donc pour la molécule m, la puissance est à la résistance comme le pas de la vis est à la circonférence dont le rayon est la distance du point d'application du levier à l'axe du cylindre.

Cette proportion ayant lieu quelle que soit la distance Cm de la molécule à l'axe, concluons que pour les autres molécules chargées des poids m', m'', m''', etc., et retenues par des forces Q', Q'', Q''', etc., on aura encore

$$Q' : m' :: mH : circ.\ CD,$$
$$Q'' : m'' :: mH : circ.\ CD,$$
$$Q''' : m''' :: mH : circ.\ CD.$$

On tirera de ces proportions et de la précédente,

$$Q = \frac{m.mH}{circ.\ CD}, \quad Q' = \frac{m'.mH}{circ.\ CD}, \quad Q'' = \frac{m''.mH}{circ.\ CD}\dots(84)$$

Les distances des molécules m, m', m'', etc. à l'axe, ainsi que leurs hauteurs, n'entrant pas dans ces expressions, concluons que les points d'application des puissances horizontales Q, Q', Q'', etc. en sont indépendans.

Supposons donc que ces points soient également éloignés de l'axe du cylindre; alors les forces Q, Q', Q'', etc., en quelque part qu'elles soient situées, communiqueront au système le même mouvement de rotation que si elles agissaient suivant DQ. Par conséquent nous aurons le droit de réunir les valeurs de ces forces. Ainsi en ajoutant les

Fig. 131. équations 84, nous trouverons

$$m + m' + m'' + \text{etc.} = (Q + Q' + Q'' + \text{etc.}) \frac{circ.\ CD}{mH};$$

et comme la somme $m + m' + m'' +$ etc. représente le poids M de l'écrou, et que les forces horizontales Q, Q', Q", etc. peuvent être remplacées par une force unique Q appliquée au point D, nous aurons

$$M = Q \frac{circ.\ CD}{mH},$$

d'où l'on tire

$$Q : M :: mH : circ.\ CD;$$

ce qui nous apprend que, dans la vis, *la puissance est à la résistance comme le pas de la vis est à la circonférence de l'arc décrit par la puissance autour de l'axe.*

Il est évident que cette machine est d'autant plus avantageuse à la puissance, que le pas de la vis a moins de hauteur, et que le point d'application de la puissance est plus éloigné de l'axe.

Du Coin.

209. On a donné le nom de *coin* à un prisme triangulaire que l'on fait entrer par l'une de ses arêtes dans la fente d'un corps pour en augmenter l'ouverture; cette arête qui pénètre le corps, est appelée *le tranchant du coin*, la face opposée en est la tête, et les deux autres faces quadrangulaires en sont les côtés.

Tous les instrumens tranchans, tels que la hache, le ciseau, les rasoirs, etc. se rapportent au coin.

210. Le coin étant frappé sur sa tête, recevra une impulsion qui représentera la puissance; nous supposerons que cette impulsion soit perpendiculaire à la tête du coin; car si elle ne l'était pas, elle pourrait se décomposer en deux forces, l'une perpendiculaire à la tête du coin, et l'autre

dirigée dans son plan. Cette dernière force ne tendant qu'à faire glisser la puissance sur la tête du coin, nous ne la considérerons pas.

Cela posé, soit ABC (fig. 132) le coin vu de profil, AC et BC en représenteront les côtés ; alors la tête du coin sera la droite AB, sur laquelle la force P agira perpendiculairement.

Fig. 132.

Cette force tendant à écarter les côtés AC et BC, ne peut être contrebalancée que par l'adhérence mutuelle des particules du corps : or cette adhérence n'étant pas la même dans toutes les substances, nous ne pouvons évaluer le rapport de la puissance à la résistance dans cette machine. Ainsi nous chercherons seulement le rapport de la puissance aux pressions exercées sur les côtés AC et BC.

Pour cet effet, ayant représenté la force F par la droite arbitraire DE, on mènera sur les côtés AC et BC, les perpendiculaires DM et DN ; et ayant construit le parallélogramme DIEK, les composantes DI et DK seront les pressions exercées sur les côtés AC et BC. Nommons X et Y ces pressions, les triangles perpendiculaires ABC, IDE nous donneront

$$DE : DI : IE :: AB : AC : BC,$$

ou, à cause que IE peut être remplacé par DK, cette proportion deviendra

$$F : X : Y :: AB : AC : BC,$$

ou (fig. 133)

Fig. 133.

$$F : X : Y :: AB \times GH : AC \times GH : BC \times GH.$$

Les produits $AB \times GH$, $AC \times GH$ et $BC \times GH$ représentant la tête et les côtés du coin, concluons que, dans cette machine, *la puissance F et les efforts X et Y qui agissent sur les côtés du coin, sont proportionnels à sa tête et à ses côtés.*

Le coin sera d'autant plus avantageux, que sa tête aura moins de surface, ou que ses côtés en auront plus ; car alors les pressions latérales deviendront plus grandes à l'égard de la puissance.

CHAPITRE X.

De la mesure du Frottement.

211. Lorsqu'un corps repose sur un plan horizontal, la résistance de ce plan détruisant l'effet de la pesanteur, la moindre impulsion lui donnerait du mouvement, s'il n'était retenu par des causes physiques qui s'opposent à ce mouvement. La plus influente de ces causes est le frottement ; on appelle ainsi cette force qui empêche un corps de glisser sur un plan, et qui est due aux petites aspérités des particules matérielles qui engrènent les unes dans les autres, et qui occasionnent une force passive qui augmente ou diminue la résistance, suivant que la puissance tend à pousser le corps ou à le retenir.

212. On a reconnu que le frottement était sensiblement proportionnel à la pression, mais que cette loi cessait d'avoir lieu lorsque la pression devenait trop grande. Ainsi en représentant par f le frottement exercé par un corps homogène AB (fig. 134), animé de l'unité de poids, si AB' est double de AB, le frottement sera $2f$; si AB" est triple de AB, le frottement sera $3f$; ainsi de suite : de sorte qu'en représentant par F le frottement exercé par le corps AM qui renferme un nombre P d'unités de poids, nous aurons $F = Pf$.

213. Les différentes substances ayant leurs pores plus ou moins resserrés, le frottement n'est pas le même dans

toutes les matières ; c'est pourquoi on a fait des expériences pour constater celui qui est propre à chacune. Voici comment on peut mesurer le frottement.

Soit AB (fig. 135) le corps qui exerce l'unité de pression sur le plan horizontal LK. Ce corps étant sollicité par un fil CDE qui, passant par une poulie de renvoi, soutient le poids M ; si l'on augmente successivement ce poids, l'intensité qu'il aura lorsqu'il sera prêt à vaincre la résistance, mesurera le frottement f exercé par l'unité de pression.

Fig. 135.

214. Il existe une autre manière de mesurer le frottement, et qui nous est donnée par le théorème suivant : Si l'on place un corps MN sur un plan incliné AC (fig. 136), et que l'on augmente l'angle A que le plan incliné fait avec l'horizon, jusqu'à ce que le corps soit sur le point de glisser, l'unité de frottement f sera égale à tang A.

Fig. 136.

Pour le démontrer, menons par le centre de gravité G du corps les perpendiculaires GD et GK, l'une au plan horizontal, et l'autre au plan incliné. Représentons par GD le poids du corps, et décomposons GD en deux forces GH et GK, la première parallèle au plan incliné, et la seconde perpendiculaire à ce plan, nous aurons

$$GH = DK = GD \sin DGK,$$
$$GK = GD \cos DGK,$$

or les angles DGK et CAB sont égaux comme complémens des angles aigus dont le sommet est en I. Nous pourrons donc, dans les équations précédentes, remplacer DGK par A, ce qui nous donnera

$$GH = GD \sin A,$$
$$GK = GD \cos A,$$

ou plutôt
$$GH = P \sin A,$$
$$GK = P \cos A.$$

Fig. 136. La pression que supporte le plan incliné étant exprimée par GK $=$ P cos A, l'intensité du frottement sera mesurée par P cos A.f; mais le frottement étant la force qui empêche le corps de glisser, devra faire équilibre à la composante GH $=$ P sin A qui agit dans le sens de la longueur du plan incliné, d'où il suit qu'on aura

$$P \cos A . f = P \sin A.$$

On tire de cette équation

$$f = \tang A.$$

C'est en mesurant le frottement par les moyens que nous venons d'indiquer, qu'on a trouvé qu'il a d'autant moins d'intensité, que les surfaces frottantes sont plus polies, et que la matière de l'une est plus dure que celle de l'autre.

FIN DE LA STATIQUE.

SECONDE PARTIE.

DYNAMIQUE.

CHAPITRE PREMIER.

De la loi d'Inertie.

215. La Dynamique, comme nous l'avons vu, est la partie de la Mécanique où l'on traite du mouvement des corps. Nous établirons d'abord en principe cette loi de la nature, que tout corps doit rester dans son état de repos ou de mouvement, à moins qu'une force étrangère ne l'en fasse sortir. Cette indifférence de la matière au mouvement comme au repos, est ce qu'on appelle son *inertie*. C'est cette force d'inertie qui fait qu'un corps frappé par un autre, résiste d'abord à son impulsion avant que d'absorber une partie ou la totalité de son mouvement. C'est encore en vertu de cette force d'inertie qu'un corps qui a reçu une impulsion primitive, doit se mouvoir en ligne droite d'une manière uniforme, si aucun obstacle ne s'oppose à son mouvement; car il n'y a pas de raison pour qu'il se meuve d'un côté plutôt que de l'autre, ni qu'il accélère son mouvement, ni qu'il le ralentisse. A la vérité ne connaissant pas la nature de la force d'impulsion, nous ne savons pas si elle ne tendra pas à s'altérer dans le mobile; aussi ne donnons-nous cette loi de l'inertie que comme un résultat qui nous est offert par l'expérience et l'analogie.

Si nous ne voyons pas le mouvement se perpétuer ainsi

dans les corps, c'est qu'il est continuellement altéré soit par la résistance des milieux, soit par la gravitation, soit par d'autres circonstances. Le mouvement le plus simple que l'on puisse concevoir, est donc celui qui se fait en ligne droite, et qui agit d'une manière uniforme ; c'est pourquoi on a donné à ce mouvement le nom de *mouvement uniforme ;* tout autre mouvement porte en général le nom de *mouvement varié.*

CHAPITRE II.

Du Mouvement rectiligne uniforme.

216. IL résulte de la définition précédente, qu'un mobile animé d'un mouvement uniforme, doit parcourir des espaces égaux dans des temps égaux ; d'où il suit que si V est l'espace qu'il a parcouru dans une unité de temps, il décrira 2V au bout de deux unités de temps, 3V au bout de trois unités de temps, ainsi de suite. Par conséquent, si nous appelons t le nombre d'unités de temps écoulées pendant que le mobile a parcouru l'espace e, cet espace sera égal à $t \times V$; de sorte que nous aurons

$$e = Vt.$$

Telle est l'équation du mouvement uniforme. Le coefficient V est ce que l'on appelle *la vitesse ;* on l'a ainsi nommé, parce que c'est de ce coefficient que dépend la rapidité du mouvement qui anime le mobile.

En effet, si un mobile M se meut n fois plus rapidement qu'un autre M', il est certain que l'espace V que parcourra le premier dans l'unité de temps, sera n fois plus

DU MOUVEMENT RECTILIGNE UNIFORME.

grand que l'espace V' que parcourra le second dans la même unité.

217. On peut comparer les circonstances du mouvement dans deux mobiles partis au même instant d'un point A, avec des vitesses V' et V''. Pour cela, soient e' et e'' les espaces parcourus par ces mobiles ; au bout des temps t' et t'', nous aurons

$$e' = V't', \quad e'' = V''t'';$$

d'où nous tirerons

$$\frac{e'}{e''} = \frac{V't'}{V''t''};$$

ce qui nous montre que les espaces parcourus sont comme les produits des temps par les vitesses.

Si les temps sont égaux, cette équation se réduit à

$$\frac{e'}{e''} = \frac{V'}{V''};$$

par conséquent les espaces parcourus sont alors comme les vitesses.

218. Il est possible que le mobile ait déjà parcouru uniformément un espace E, avant que le temps t soit commencé ; dans ce cas, on aura cette équation plus générale du mouvement uniforme

$$e = E + Vt.$$

219. Au moyen de cette équation, on résoudra facilement tous les problèmes qui concernent le mouvement rectiligne et uniforme des corps.

Par exemple, si l'on sait qu'un mobile a parcouru au bout du temps t', un espace e', et que cet espace soit devenu e'' au bout d'un autre temps t'', on peut trouver l'espace initial et la vitesse du mobile. En effet nous avons alors

les équations
$$e' = E + Vt', \quad e'' = E + Vt'';$$
d'où l'on déduit
$$V = \frac{e'' - e'}{t'' - t'}, \quad E = \frac{e't'' - e''t'}{t'' - t'}.$$

220. Nous résoudrons encore ce problème : Déterminer en quel temps se rencontrent deux mobiles M et M' (fig. 137) partis au même instant des points A et B, et animés des vitesses V et V'. Soit C le point de rencontre ; les espaces parcourus par ces mobiles seront
$$BC = Vt, \quad AC = V't.$$

Appelons b la distance AB de ces mobiles ; nous pourrons les considérer comme partis du même point A, en écrivant les équations
$$e = b + Vt, \quad e' = V't.$$

Alors les espaces e et e' seront représentés chacun par AC : ainsi nous pourrons égaler entr'eux les seconds membres des équations précédentes ; d'où l'on tirera
$$t = \frac{b}{V' - V}.$$

221. Nous terminerons ce qui concerne le mouvement uniforme en donnant l'expression différentielle de la vitesse. Pour cela nous remarquerons que l'espace e variant en même temps que t, nous pouvons différentier l'équation $e = E + Vt$ par rapport à ces deux variables, ce qui nous donnera
$$\frac{de}{dt} = V.$$

La vitesse dans le mouvement uniforme n'est donc autre chose que le coefficient différentiel de l'espace, pris par rapport au temps ; nous verrons bientôt qu'il en est de même dans le mouvement varié.

CHAPITRE III.

Du Mouvement varié.

222. Lorsqu'un mobile se meut en ligne droite d'une manière quelconque, on dit qu'il est animé d'un mouvement varié. Ce mouvement comprend donc, comme cas particuliers, tous les autres mouvemens rectilignes. Ainsi, pour en développer la théorie, nous considérons en général un corps qui serait animé d'un mouvement irrégulier dans toute sa durée. Ce corps n'a pu passer du repos à cet état de mouvement, que par l'action d'une force qu'on appelle *la force accélératrice*. Cette force n'a point communiqué ce mouvement irrégulier au corps par une seule impulsion ; car la vitesse transmise par une seule impulsion devant, en vertu de la loi d'inertie, se perpétuer dans le corps, il s'ensuivrait que le mouvement serait uniforme, tandis qu'on le suppose irrégulier. Il faut donc qu'après la première impulsion, la force accélératrice en ait communiqué au corps une seconde, une troisième, etc. qui en altérant continuellement la vitesse, lui aient donné le mouvement irrégulier qu'il a. Ainsi nous regarderons la force accélératrice comme une force qui agirait continuellement sur le mobile, et qui varierait à chaque instant d'intensité.

223. La vitesse variant à mesure que le mobile est transporté d'un lieu à un autre, on ne peut évaluer celle qu'il a acquise en l'un des points de l'espace qu'il parcourt, que par l'effet que pourrait produire cette vitesse considérée comme devenue constante à partir de ce point.

128   DYNAMIQUE.

Ainsi pour mesurer la vitesse lorsque le mobile est par-
Fig. 138. venu en B (fig. 138), au bout du temps t on supposera que la force accélératrice cessant tout à coup d'agir, le mobile se meuve d'un mouvement uniforme avec la vitesse qu'il a acquise en B. L'espace BC qu'il parcourra dans l'unité de temps avec ce mouvement uniforme, sera ce qu'on appelle *la vitesse*.

On prend ordinairement la seconde pour unité de temps. D'après cette convention, la vitesse du mobile, au bout du temps t, sera donc l'espace qu'il décrirait dans la seconde de temps qui succéderait à t, si à l'expiration de t, la force accélératrice cessait de donner de nouvelles impulsions au mobile.

224. Cherchons maintenant à déterminer l'expression analytique de la vitesse. Pour cet effet, considérons le mobile, lorsqu'à l'expiration de t il est arrivé au point B; il est certain que l'espace parcouru AB, représenté par e, devant être déterminé lorsque t est donné, la variable e est fonction de t. On peut donc regarder e comme l'ordonnée d'une courbe dont t est l'abscisse; par conséquent lorsque t devient $t + dt$, e devient $e + de$; d'où il suit que l'espace parcouru dans le temps dt, doit être de. Cela posé, imaginons que lorsque le mobile est arrivé en B, la force accélératrice cesse tout à coup d'agir; le mobile continuera à se mouvoir avec la vitesse qu'il a acquise en B, et parcourra dans l'instant dt qui succédera à t, l'espace infiniment petit de; dans un instant suivant et égal à dt, il parcourra encore un espace de, et ainsi de suite jusqu'à ce qu'il ait parcouru un espace BC qui correspondra à l'unité de temps. Il faudra donc que cet espace BC se compose de de répété autant de fois que l'unité contient dt : or $\frac{1}{dt}$ exprime ce nombre de fois que l'unité renferme dt;

par conséquent l'espace BC a pour expression $\frac{1}{dt} de$, ou plutôt $\frac{de}{dt}$, parce que la différentielle est prise par rapport à t; et comme nous avons représenté l'espace BC par v, nous aurons, pour déterminer la vitesse dans le mouvement varié,

$$v = \frac{de}{dt}.$$

225. On peut encore observer que l'espace parcouru depuis l'expiration de t étant *fig.* 137

$Bb = de$ au bout du temps dt,
$Bb' = 2de$ au bout du temps $2dt$,
$Bb'' = 3de$ au bout du temps $3dt$,
. . . .
$BC = nde$ au bout du temps ndt.

Comme le temps qui s'est écoulé depuis que le mobile était en B, se trouve, par hypothèse, égal à l'unité de temps, nous pouvons supposer $ndt = 1$, ce qui nous donne $n = \frac{1}{dt}$. Cette valeur étant mise dans l'expression nde de l'espace v parcouru dans l'unité de temps, nous aurons, comme précédemment,

$$v = \frac{de}{dt}.$$

226. Avant que de chercher l'équation qui donne la force accélératrice, faisons une remarque sur les forces. En général une force F imprimant la vitesse v à un mobile, si cette force devient n fois plus grande, elle communiquera au mobile une vitesse qui sera aussi n fois plus grande. Cette proposition n'est pas incontestable; parce que la nature des forces ne nous étant pas connue, nous ne pouvons affirmer que lorsqu'une force devient double, par exemple, la vitesse qu'elle communiquera au mobile sera aussi double;

mais c'est un fait qui nous est confirmé par l'expérience et duquel nous partirons. Ainsi en adoptant cette hypothèse, que les forces appliquées à un même mobile, soient proportionnelles à leurs vitesses, comme nous ne considérons que les rapports des forces, il nous suffira de prendre celui de leurs vitesses.

Nous chercherons donc à mesurer la force accélératrice par la vitesse qu'elle pourrait imprimer au mobile ; mais cette vitesse variant à chaque instant, nous supposerons qu'après un temps t, la force accélératrice devienne tout à coup constante ; alors nous prendrons pour mesurer la force accélératrice, la vitesse qu'elle engendrera dans l'unité de temps qui succédera à t.

A la vérité cette force accélératrice constante imprimera au mobile une vitesse différente que celle que la véritable force accélératrice lui eût communiquée dans cette seconde de temps ; mais c'est précisément ce qui résulte de notre hypothèse, de ne considérer dans la force accélératrice que ce qu'elle est à l'expiration de t. Si dès ce moment nous la supposions variable, l'effet ne serait plus produit par la force accélératrice qui a lieu à l'expiration de t (*).

La définition précédente nous donne le moyen convenable de mesurer la force accélératrice ; car il nous fait connaître dans quel rapport varie l'énergie de cette force dans des temps donnés. Par exemple, si au bout des temps t et t' la force accélératrice, devenue constante, communique au mobile, dans une seconde de temps, des vitesses

---

(*) On pourrait rendre cela sensible par une comparaison. En regardant la force accélératrice comme un aimant qui varierait continuellement de masse, si nous voulons juger de l'intensité de cet aimant, au bout d'un temps donné, il faudra supposer que sa masse cesse de varier, et mesurer la vitesse qu'il pourrait communiquer au mobile dans une seconde de temps.

représentées par les nombres 60 et 20 ; on conclura qu'au bout du temps t son intensité est triple de ce qu'elle était en t'.

227. Pour déduire de notre définition l'expression analytique de la force accélératrice, soit v la vitesse acquise par le mobile à l'expiration du temps t; alors au bout du temps $t + dt$, la vitesse deviendra $v + dv$; par conséquent dv sera la vitesse communiquée au mobile pendant le temps dt : or si à la fin du temps t la force accélératrice devient tout à coup constante, elle communiquera au mobile, dans l'instant dt qui succédera à dt, une vitesse encore égale à dv, et ainsi de suite ; de sorte que depuis l'expiration de t, les vitesses communiquées au mobile dans les instans dt, $2dt$, $3dt$, etc. seront respectivement dv, $2dv$, $3dv$; par conséquent la vitesse acquise au bout de l'unité de temps qui succédera à t, sera dv répété autant de fois que cette unité contient dt. Ce nombre de fois étant exprimé par $\frac{1}{dt}$, il s'ensuit que $\frac{1}{dt}dv$, ou plutôt $\frac{dv}{dt}$ est l'effet de la force accélératrice dans l'unité de temps. Ainsi en représentant cette expression par φ, nous aurons cette seconde équation du mouvement varié,

$$\varphi = \frac{dv}{dt}.$$

En représentant la force par l'effet qu'elle produit, nous dirons à l'avenir que φ est la force accélératrice.

228. Si l'on élimine dt entre les équations précédentes, on aura cette troisième équation du mouvement varié,

$$\varphi de = v dv.$$

CHAPITRE III.

Du Mouvement uniformément varié.

229. La force accélératrice, par sa nature, imprimant à chaque instant une nouvelle impulsion au mobile, si ces impulsions sont constantes, le mobile, après le temps t, acquerra dans une seconde de temps, la même vitesse qu'après tout autre temps t'. Représentons cette vitesse par g, nous aurons

$$\varphi = g.$$

Substituant cette valeur dans l'équation

$$\varphi = \frac{dv}{dt},$$

on obtiendra

$$dv = gdt;$$

intégrant et désignant par a la constante à ajouter à l'intégrale, on aura

$$v = a + gt \ldots \ldots (85) \, (*).$$

(*) Voici comment on parvient encore à cette équation : Soit un corps qui, étant en mouvement, a acquis une vitesse a; s'il est tout à coup sollicité par une force accélératrice constante qui lui communique par seconde une vitesse g, la vitesse de ce corps sera

$a + g$ au bout d'une seconde,
$a + 2g$ au bout de deux secondes,
$a + 3g$ au bout de trois secondes,
$a + tg$ au bout de t secondes;

de sorte que si nous appelons v la vitesse que doit avoir le mobile au bout du temps t, nous aurons

$$v = a + gt.$$

Nous avons vu que la vitesse était aussi donnée par l'équation
$$v = \frac{de}{dt}.$$

Si on élimine v entre ces deux équations, on trouvera
$$de = (a + gt)\,dt:$$
intégrant on aura
$$e = b + at + \tfrac{1}{2}gt^2 \ldots\ldots (86).$$

Suivant que g sera positif ou négatif, le mouvement sera uniformément accéléré, ou uniformément retardé.

230. Si t est nul, on trouve $b = e$; donc b est l'espace parcouru par le mobile avant l'origine du temps.

A l'égard de a, nous avons vu que cette constante était la vitesse initiale; on le prouverait encore au moyen de l'équation (85), dans laquelle on ferait $t = 0$.

231. Lorsque l'espace initial b et la vitesse initiale a sont nuls, les équations (85) et (86) deviennent
$$v = gt \ldots\ldots\ldots (87),$$
$$e = \tfrac{1}{2}gt^2 \ldots\ldots (88),$$
et le corps a dû se trouver en repos lorsqu'il a été mis en mouvement par la force accélératrice.

232. Soient e' et e'' les espaces parcourus dans les temps t' et t''; si l'on met successivement ces valeurs dans l'équation (88), on trouvera
$$e' = \tfrac{1}{2}gt'^2, \quad e'' = \tfrac{1}{2}gt''^2;$$
donc
$$e' : e'' :: t'^2 : t''^2 \ldots\ldots (89);$$
par conséquent les espaces qu'une force accélératrice constante fait parcourir, en différens temps, à un mobile qui part du repos, sont comme les carrés de ces temps.

On peut aussi comparer entr'elles les vitesses v' et v'' acquises au bout des temps t' et t'' ; car en mettant successivement ces valeurs dans l'équation (87), on trouve

$$v' = gt', \quad v'' = gt'';$$

d'où l'on tire

$$v' : v'' :: t' : t'';$$

et en mettant à la place du rapport $t' : t''$ sa valeur donnée par la proportion (89), on a

$$v' : v'' :: \sqrt{e'} : \sqrt{e''}.$$

Ces deux dernières proportions nous apprennent que les temps sont comme les vitesses ou comme les racines carrées des espaces parcourus pendant ces temps.

233. Si nous faisons $t = 1$, l'équation (88) nous donne

$$g = 2e.$$

Dans ce cas, e est l'espace parcouru dans l'unité de temps par le mobile ; donc le double de cet espace est l'expression g de la force accélératrice. On a trouvé, par exemple, que dans une seconde de temps un mobile, livré à l'action de la pesanteur, parcourrait à la latitude de Paris, et à la température de la glace fondante,

$$15 \text{ pieds}, 097 = 4^m,9044;$$

mettant cette valeur à la place de e dans l'équation précédente, on trouve

$$g = 30^p,195 = 9^m,809.$$

234. On parviendrait au même résultat par les considérations suivantes : soient $1,$ et $1,,$ deux secondes successives de temps, et supposons que le mobile, pendant la durée de la seconde $1,$ qui représente t, ait parcouru 15 pieds ; la force accélératrice se mesurera par l'espace que parcourrait le mobile dans la seconde $1,,$, en vertu de la force accélératrice, devenue tout à coup constante à l'expira-

tion de $1_{\prime}$: or dans cet instant $1_{\prime}$, le mobile ayant parcouru 15 pieds, devrait, s'il n'était sollicité que par la vitesse qu'il a acquise, parcourir encore 15 pieds dans le temps $1_{\prime\prime}$; mais la force accélératrice étant supposée constante, doit produire sur le mobile, dans la seconde $1_{\prime\prime}$, le même effet qu'elle a produit dans la seconde $1_{\prime}$; elle fera donc parcourir encore au mobile 15 pieds dans le temps $1_{\prime\prime}$; d'où il suit que le mobile aura décrit 30 pieds dans la seconde $1_{\prime\prime}$; c'est cet espace qui mesurera la force accélératrice g.

235. L'équation (88) nous fait connaître l'espace parcouru dans un temps donné. Par exemple, si $t = 6''$, on a

$$e = \tfrac{1}{2}(30^p,195) \times 36 = \tfrac{1}{2}(9^m,809) \times 36,$$

et en exécutant les opérations indiquées, on trouve

$$e = 543^p,51 = 176^m,562 :$$

ainsi un corps élevé de 176 mètres emploierait environ six secondes à tomber.

Si l'on cherchait la vitesse qui devrait animer ce corps au bout de ce temps, elle nous serait donnée par l'équation (85), dans laquelle on ferait

$$a = 0, \quad g = 9^m,809, \quad t = 6'',$$

et l'on trouverait

$$v = 58^m,854.$$

236. On pourrait aussi demander de quelle hauteur un corps devrait tomber pour avoir une vitesse donnée. Dans ce cas, on éliminerait t entre les équations

$$e = \tfrac{1}{2} g t^2, \quad v = g t,$$

et l'on trouverait

$$v = \sqrt{2eg} \ldots \ldots (90).$$

Par exemple, si l'on veut savoir quelle est la vitesse que doit avoir à l'instant de sa chute une balle de plomb qui tombe d'une hauteur de 20 mètres, on aura

$$v = \sqrt{40\,(9,809)} = \sqrt{392,36}.$$

On énonce ce dernier problème en disant que l'on cherche la vitesse due à une hauteur donnée.

237. Enfin on pourrait chercher le temps qu'un mobile demeurerait à tomber d'une hauteur e. Dans ce cas, en éliminant v entre les équations

$$v = gt \quad \text{et} \quad v = \sqrt{2eg},$$

on trouverait

$$t = \sqrt{\frac{2e}{g}}.$$

238. Il nous reste à appliquer les équations du mouvement

$$\frac{de}{dt} = v \quad \text{et} \quad \varphi = \frac{dv}{dt}\ldots\ldots(91)$$

à la recherche du mouvement direct d'un corps, dans diverses hypothèses. Cette recherche se réduit à déterminer les relations qui existent entre le temps, l'espace et la vitesse ; car, par exemple, si l'on peut parvenir à connaître l'espace et la vitesse en fonctions du temps, on sera en état de savoir en quel lieu se trouvera le corps au bout d'un temps donné, et la vitesse qu'aura ce mobile. Ainsi tout ce qui est relatif au mouvement de ce corps sera connu; c'est ce qui va faire la matière des chapitres suivans.

CHAPITRE IV.

Du Mouvement que suit un Corps lancé verticalement en sens contraire à celui de la pesanteur.

239. Si la pesanteur agissait seule sur un corps qui partirait du repos, nous avons vu que dans ce cas on aurait l'équation
$$\frac{dv}{dt} = g.$$

Cette équation nous donnerait $v = gt$ pour la vitesse que le mobile aurait acquise au bout du temps t : or si l'on suppose qu'au lieu de partir du repos il soit lancé verticalement en sens contraire à celui de la pesanteur avec une vitesse a ; cette vitesse, au bout du temps t, devra être diminuée de toute celle que la pesanteur aura imprimée au mobile ; par conséquent la vitesse du mobile, au bout du temps t, devra être représentée par $a - gt$; de sorte qu'en appelant v cette vitesse, nous aurons
$$v = a - gt \ldots \ldots (92) ;$$
mettant pour v sa valeur $\frac{de}{dt}$, chassant le dénominateur et intégrant, nous trouverons
$$e = at - \tfrac{1}{2} gt^2.$$
Nous n'ajouterons point de constante, parce que nous supposerons que l'espace initial soit nul.

Cette seconde équation étant mise sous la forme suivante,
$$e = (a - \tfrac{1}{2} gt) t.$$

Si l'on y substitue la valeur de t tirée de l'équation (92), on trouvera

$$e = \frac{a+v}{2} \times \frac{a-v}{g},$$

ou plutôt

$$e = \frac{a^2 - v^2}{2g} \ldots \ldots (93).$$

240. Les équations (92) et (93) nous feront connaître toutes les propriétés du mouvement que nous considérons. En effet, l'équation (92) nous prouve que plus le temps t augmente, plus la vitesse v diminue; mais en considérant l'équation (93), on voit que plus la vitesse diminue, plus l'espace parcouru augmente; d'où il suit que le mobile diminue de vitesse en s'élevant verticalement; enfin la même équation (93) nous montre aussi que lorsque la vitesse devient nulle, le mobile a atteint sa plus grande hauteur; si nous appelons h cette hauteur, l'équation (93) nous donnera, en faisant $v = 0$,

$$h = \frac{a^2}{2g} \ldots \ldots (94).$$

Pour déterminer le temps qui correspond à cette plus grande hauteur, nous ferons aussi $v = 0$ dans l'équation (92), et nous aurons

$$t = \frac{a}{g} \ldots \ldots (95).$$

Si l'on veut avoir la vitesse due à la hauteur h, c'est-à-dire la vitesse qu'aura le mobile à l'instant de sa chute en descendant de cette hauteur, on mettra la valeur que nous venons de déterminer pour h, dans la formule

$$v = \sqrt{2eg} = \sqrt{2hg},$$

et l'on trouvera

$$v = \sqrt{a^2} = a;$$

par conséquent le corps a la même vitesse en descendant qu'en montant.

241. Si l'on demandait, par exemple, la plus grande hauteur à laquelle doit s'élever un corps lancé avec une vitesse de 81 mètres par seconde ; on trouverait, au moyen des équations (94) et (95), que cette hauteur est de $334^m,43$, et que le temps de la chute du mobile est de $8'',2$.

242. Toute cette analyse peut s'appliquer au cas où le corps, au lieu de monter, descendrait ; alors g serait de même signe que a, et on emploierait l'équation

$$v = a + gt.$$

CHAPITRE V.

Du Mouvement vertical d'un Corps, en ayant égard à la variation de la pesanteur.

243. La pesanteur est une force qui n'agit pas de la même manière dans tous les lieux. On a reconnu qu'elle diminuait lorsqu'on s'éloignait du centre de la terre, et qu'elle agissait en raison inverse du carré de la distance, c'est-à-dire qu'à des distances du centre de la terre, représentées par les nombres 2, 3, 4, etc., elle devenait $\frac{1}{2^2}$, $\frac{1}{3^2}$, $\frac{1}{4^2}$ de ce qu'elle était à la distance 1 ; ainsi quoique la pesanteur fasse parcourir $4^m,904$ en une seconde à un mobile qui est à la surface de la terre, si l'on s'éloigne de cette surface, ce mobile ne parcourra plus $4^m,904$ par seconde.

Fig. 138.

244. Considérons donc un mobile qui partant du repos du point A (fig. 138) est parvenu en un point B, et cherchons d'abord la vitesse de ce mobile en ce point. Dans cette vue, nommons g la pesanteur à la surface M de la terre, φ la pesanteur au point B, r le rayon CM de la terre, x la distance de B en C; et pour simplifier les calculs, faisons AC $= 1$: la pesanteur agissant en raison inverse du carré de la distance, nous aurons

$$g : \varphi :: x^2 : r^2 ;$$

d'où nous tirerons

$$\varphi = \frac{gr^2}{x^2}.$$

La force accélératrice est aussi exprimée par

$$\varphi = \frac{dv}{dt},$$

ainsi on conclut de ces équations,

$$\frac{dv}{dt} = \frac{gr^2}{x^2} \ldots \ldots (96).$$

D'une autre part la vitesse étant égale à la différentielle de l'espace parcouru, divisée par celle du temps, nous aurons pour la vitesse

$$v = \frac{d(1-x)}{dt},$$

ou plutôt

$$v = -\frac{dx}{dt} \ldots \ldots (97).$$

Multipliant cette équation terme à terme par l'équation (96), et supprimant le diviseur commun dt, nous trouverons

$$v\,dv = -gr^2 \frac{dx}{x^2},$$

et en intégrant

$$\frac{v^2}{2} = \frac{gr^2}{x} + C.$$

Nous déterminerons la constante en observant que quand $x = AC = 1$, $v = 0$, et nous trouverons
$$C = -gr^2.$$
Substituant cette valeur dans l'équation précédente, nous obtiendrons
$$\frac{v^2}{2} = gr^2 \left(\frac{1}{x} - 1\right) \ldots \ldots (98).$$
Cette équation détermine la vitesse qui a lieu en un point quelconque de la verticale.

245. Pour avoir le temps que le mobile a employé à parcourir l'espace AB, nous éliminerons v entre cette équation et l'équation (97), ce qui nous donnera
$$\frac{dx^2}{2dt^2} = gr^2 \left(\frac{1}{x} - 1\right);$$
d'où nous tirerons
$$dt^2 = \frac{1}{2gr^2} \times \frac{dx^2}{\frac{1}{x} - 1};$$
et par conséquent,
$$dt = \pm \frac{1}{r} \sqrt{\frac{1}{2g}} \times \frac{dx}{\sqrt{\frac{1}{x} - 1}};$$
et en intégrant,
$$t = \pm \frac{1}{r} \sqrt{\frac{1}{2g}} \int \frac{dx}{\sqrt{\frac{1}{x} - 1}} \ldots \ldots (99).$$
Pour effectuer l'intégration qui n'est qu'indiquée, nous trouverons, en réduisant les fractions au même dénominateur,
$$\int \frac{dx}{\sqrt{\frac{1}{x} - 1}} = \int \frac{dx}{\sqrt{\frac{1-x}{x}}} = \int \frac{dx\sqrt{x}}{\sqrt{1-x}} \ldots \ldots (100).$$

DYNAMIQUE.

Nous ferons évanouir le radical du dénominateur en supposant
$$1 - x = z^2.$$
On tire de cette équation
$$dx = -2z\,dz, \quad \sqrt{1-x} = z, \quad \sqrt{x} = \sqrt{1-z^2}.$$
Substituant ces valeurs dans la formule précédente, nous obtiendrons
$$\int \frac{dx\sqrt{x}}{\sqrt{1-x}} = -2\int dz\sqrt{1-z^2}\ldots(101).$$
Intégrant par parties, nous aurons
$$\int dz\sqrt{1-z^2} = z\sqrt{1-z^2} + \int \frac{z^2 dz}{\sqrt{1-z^2}}$$
D'une autre part, multipliant et divisant par $\sqrt{1-z^2}$, on a cette équation identique
$$\int dz\sqrt{1-z^2} = \int \frac{dz}{\sqrt{1-z^2}} - \int \frac{z^2 dz}{\sqrt{1-z^2}}.$$
Ajoutant ces équations et divisant par 2, on trouve
$$\int dz\sqrt{1-z^2} = \tfrac{1}{2} z\sqrt{1-z^2} + \tfrac{1}{2} \int \frac{dz}{\sqrt{1-z^2}}$$
$$= \tfrac{1}{2} z\sqrt{1-z^2} + \tfrac{1}{2}\,\text{arc}\,(\sin = z)\,;$$
donc
$$-2\int dz\sqrt{1-z^2} = -z\sqrt{1-z^2} - \text{arc}\,(\sin = z),$$
substituant cette valeur dans l'équation 101, on obtiendra l'intégrale de l'équation (100), et par conséquent l'équation (99) deviendra
$$t = \mp \frac{1}{r}\sqrt{\frac{1}{2g}}[z\sqrt{1-z^2} + \text{arc}\,(\sin = z)]\ldots(102).$$
Il n'y a point de constante à ajouter, parce que lorsque $t = 0$, on a $x = 1$; alors l'équation $1 - x = z^2$ nous donne $z = 0$, hypothèse qui fait évanouir le second

DU MOUVEMENT VERTICAL D'UN CORPS.

membre de l'équation (1c2); et comme le temps est essentiellement positif, nous ne prendrons que le signe inférieur des deux signes qui affectent la valeur de t; observant ensuite que z^2 n'est autre chose que l'expression analytique $1 - x$ de l'espace parcouru AB que nous représenterons par e, l'équation précédente nous donnera pour déterminer le temps en fonctions de l'espace,

$$t = \frac{1}{r} \sqrt{\frac{1}{2g}} \left[\sqrt{e} \sqrt{1-e} + \text{arc}(\sin = \sqrt{e}) \right].$$

246. Cette dernière équation se simplifie beaucoup dans l'hypothèse où les distances AB et AM seraient très-petites à l'égard de AC et de MC; car alors on peut, sans erreur sensible, remplacer $\sqrt{1-e}$ par l'unité, et l'arc par le sinus; c'est-à-dire mettre $\sqrt{e}$ à la place de arc sin $\sqrt{e}$, et en changeant r en 1 on obtiendra

$$t = \sqrt{\frac{1}{2g}} \times 2 \sqrt{e};$$

On tire de cette équation élevée au carré,

$$e = \tfrac{1}{2} g t^2;$$

ce qui nous apprend que dans cette hypothèse particulière, le mouvement s'effectue comme si la pesanteur n'était pas variable.

CHAPITRE VI.

Du Mouvement vertical dans les milieux résistans.

247. O<small>N</small> a trouvé que la résistance qu'éprouve un corps qui se meut dans un fluide, était proportionnelle au carré

de la vitesse qui anime ce corps. Ainsi en appelant m cette résistance lorsque le mobile est animé de l'unité de vitesse, cette résistance deviendra mv^2, quand il aura acquis la vitesse v. Cette force mv^2 étant contraire à celle de la pesanteur que nous supposerons constante, nous aurons

$$\varphi = g - mv^2;$$

mettant pour φ sa valeur $\dfrac{dv}{dt}$, nous aurons

$$\frac{dv}{dt} = g - mv^2,$$

d'où nous tirerons

$$dt = \frac{dv}{g - mv^2} \ldots \ldots (103).$$

Pour intégrer cette équation, nous remarquerons qu'en décomposant le dénominateur en facteurs, nous avons

$$g - mv^2 = (\sqrt{g} + v\sqrt{m})(\sqrt{g} - v\sqrt{m}).$$

Nous supposerons, d'après la méthode des fractions rationnelles (*Elémens de Calcul différentiel et intégral*, page 154),

$$\frac{dv}{g - mv^2} = dv\left(\frac{A}{\sqrt{g} + v\sqrt{m}} + \frac{B}{\sqrt{g} - v\sqrt{m}}\right) \ldots (104).$$

Réduisant le second membre au même dénominateur, supprimant les dénominateurs et égalant entr'eux les coefficiens des mêmes puissances de v, nous trouverons

$$A = B = \frac{1}{2\sqrt{g}}.$$

Substituant ces valeurs dans l'équation (104), nous aurons

$$\frac{dv}{g - mv^2} = \frac{1}{2\sqrt{g}}\left(\frac{dv}{\sqrt{g} + v\sqrt{m}} + \frac{dv}{\sqrt{g} - v\sqrt{m}}\right);$$

DU MOUVEMENT VERTICAL D'UN CORPS. 145

cette valeur multipliée et divisée par $\sqrt{m}$, étant mise dans l'équation (103), cette équation devient

$$dt = \frac{1}{2\sqrt{m}\sqrt{g}}\left(\frac{dv\sqrt{m}}{\sqrt{g}+v\sqrt{m}} + \frac{dv\sqrt{m}}{\sqrt{g}-v\sqrt{m}}\right),$$

et en intégrant, on obtient

$$t = \frac{1}{2\sqrt{mg}}[\log(\sqrt{g}+v\sqrt{m}) - \log(\sqrt{g}-v\sqrt{m})] + C,$$

ou

$$t = \frac{1}{2\sqrt{mg}}\log\frac{\sqrt{g}+v\sqrt{m}}{\sqrt{g}-v\sqrt{m}}\ldots\ldots(105).$$

Nous supprimons la constante, parce que $t = 0$ quand $v = 0$.

248. Si l'on multiplie les deux membres de l'équation (105) par $2\sqrt{mg}$, et le premier seulement par le logarithme de la base ϵ du système neperien, logarithme qui, comme on le sait, équivaut à l'unité, on trouve

$$2t\sqrt{mg}\log\epsilon = \log\frac{\sqrt{g}+v\sqrt{m}}{\sqrt{g}-v\sqrt{m}},$$

ou

$$\log \epsilon^{2t\sqrt{mg}} = \log\frac{\sqrt{g}+v\sqrt{m}}{\sqrt{g}-v\sqrt{m}};$$

passant au nombre, on a

$$\epsilon^{2t\sqrt{mg}} = \frac{\sqrt{g}+v\sqrt{m}}{\sqrt{g}-v\sqrt{m}},$$

et en écrivant ainsi cette équation,

$$\frac{1}{\epsilon^{2t\sqrt{mg}}} = \frac{\sqrt{g}-v\sqrt{m}}{\sqrt{g}+v\sqrt{m}}\ldots\ldots(106)$$

On voit que plus t augmente, plus le terme $\epsilon^{2t\sqrt{mg}}$ s'approche de l'infini, et par conséquent plus cette équation tend à se réduire à

$$0 = \sqrt{g} - v\sqrt{m}\ldots\ldots(107);$$

ce qui arriverait effectivement si t devenait infini; car alors le premier membre de l'équation (106) devenant nul, on aurait le droit de supprimer le diviseur commun $\sqrt{g} + v\sqrt{m}$.

L'équation (107) nous donne

$$v = \frac{\sqrt{g}}{\sqrt{m}} = \text{constante}.$$

Cette valeur de v qui a lieu lorsque $t = \infty$, nous apprend que plus t s'augmente, plus la vitesse tend à devenir constante.

249. Pour avoir l'espace en fonction de la vitesse, nous multiplierons terme à terme les équations

$$\frac{dv}{dt} = g - mv^2, \quad v = \frac{de}{dt};$$

et nous trouverons

$$v\,dv = (g - mv^2)\,de;$$

d'où nous tirerons

$$de = \frac{v\,dv}{g - mv^2}\ldots\ldots(108).$$

Le numérateur de cette fraction étant la différentielle du dénominateur à une constante près, nous parviendrons à l'intégrer en faisant

$$g - mv^2 = z.$$

Différentiant cette équation, nous trouverons

$$v\,dv = -\frac{dz}{2m}.$$

DU MOUVEMENT VERTICAL D'UN CORPS.

Mettant ces valeurs dans l'équation (108), nous la changerons en

$$de = -\frac{dz}{2mz}.$$

L'intégrale de cette équation est

$$e = -\frac{1}{2m}\log z + C,$$

ou, en mettant la valeur de z,

$$e = -\frac{1}{2m}\log(g - mv^2) + C.$$

Je détermine C en faisant $e = 0$ et $v = 0$, ce qui me donne

$$C = \frac{1}{2m}\log g\,;$$

substituant cette valeur de C, je trouve

$$e = -\frac{1}{2m}[\log(g - mv^2) - \log g],$$

et en observant que la différence des logarithmes de deux nombres est égale au logarithme de leur quotient, j'obtiens enfin

$$e = -\frac{1}{2m}\log\left(1 - \frac{mv^2}{g}\right).$$

CHAPITRE VII.

Du Mouvement des Corps pesans assujétis à glisser le long des plans inclinés.

250. Proposons-nous de déterminer le mouvement d'un corps qui glisserait sur un plan incliné. Il est d'abord

évident que le centre de gravité de ce corps se meut sur un plan parallèle au plan incliné. Ainsi la question peut se ramener à celle du mouvement d'un point matériel sur un plan incliné.

Fig. 139. Soient donc (fig 139) m ce point matériel, et g la vitesse due à l'action de la pesanteur. Cette vitesse sera représentée par la droite mB que décrirait le point m dans une seconde de temps s'il agissait librement ; mB aura pour composantes suivant une direction perpendiculaire au plan incliné, et suivant ce plan, les droites mC, mD ; la première de ces composantes sera détruite par la résistance du plan incliné, et la seconde fera glisser le point m sur ce plan.

Cela posé, les forces étant proportionnelles aux vitesses qu'elles communiquent à un mobile dans le même temps, si nous appelons g' la vitesse qui sollicite le mobile dans une seconde de temps, suivant le plan incliné, nous aurons la proportion
$$mB : mD :: g : g'.$$
Or nous avons vu, art. 202, que le rapport de mB à mD était le même que celui de la longueur du plan incliné à la hauteur. Ainsi, en appelant h la hauteur du plan incliné, et h' sa longueur, nous aurons encore

d'où l'on tirera
$$h' : h :: g : g';$$
$$g' = \frac{hg}{h'} \ldots\ldots (109).$$

251. Cette équation nous fait voir que la vitesse g' n'est autre chose que la vitesse g qui anime le mobile lorsqu'il est libre, multipliée par le rapport constant $\frac{h}{h'}$. Concluons que le mobile est entraîné le long du plan incliné par une force accélératrice g' qui ne diffère de celle de la pesanteur que par l'intensité. Donc si nous appelons t' le temps que le mobile emploiera à descendre de m en A le long du

plan incliné, comme l'espace parcouru sera h', il y aura entre g', h' et t' la même relation que nous avions entre g, t et h dans la théorie du mouvement uniformément accéléré ; par conséquent nous aurons

$$h' = \tfrac{1}{2} g' t'^2 \ldots \ldots (110),$$

et la vitesse v' qui animera le mobile au point A qui correspond à t', sera

$$v' = g't';$$

en éliminant le temps, nous trouverons

$$v' = \sqrt{2g'h'}.$$

Substituant dans cette équation la valeur de g' (équat. 109), nous trouverons, en réduisant,

$$v' = \sqrt{2gh}.$$

L'expression de cette vitesse étant indépendante de l'angle $m\mathrm{AE}$ que fait le plan incliné avec l'horizon, il en résulte que si différens mobiles partis du point m (fig. 140), glissent sur les plans inclinés $m\mathrm{A}$, $m\mathrm{A}'$, $m\mathrm{A}''$, etc. ; ils auront la même vitesse lorsqu'ils seront parvenus aux points A, A', A'', etc. situés sur le plan horizontal.

Fig. 140.

252. Observons que, quoique les vitesses d'un mobile soient égales aux points A et E, il n'en est pas de même des temps ; car soient t et t' les temps qu'il emploie à parcourir les droites $m\mathrm{E}$ et $m\mathrm{A}$, ces temps sont donnés par les équations

$$t = \sqrt{\frac{2h}{g}} \qquad t' = \sqrt{\frac{2h'}{g'}};$$

or on a

$$h < h',$$
$$g > g', \text{ ou } \frac{1}{g} < \frac{1}{g'};$$

on déduit de ces inégalités celle-ci

$$\frac{2h}{g} < \frac{2h'}{g'};$$

ce qui nous apprend que la valeur de t' surpasse celle de t.

253. Le mouvement d'un corps pesant sur le plan incliné, nous offre encore cette propriété remarquable du cercle ; c'est qu'un mobile demeure autant de temps à glisser le long d'une corde AC (fig. 141) qu'à parcourir le diamètre vertical AB. En effet l'équation (110) nous donne

Fig. 141.

$$t' = \sqrt{\frac{2h'}{g'}};$$

mettant pour g' sa valeur $\frac{hg}{h'}$, cette équation devient

$$t' = \sqrt{\frac{2h'^2}{gh}} \ldots \ldots (111).$$

Or si nous appelons d le diamètre du cercle ACB, nous aurons, par la nature du cercle,

AB : AC :: AC : AD,

ou

$d : h' :: h' : h$;

par conséquent

$h'^2 = hd.$

Substituant cette valeur dans l'équation (111), nous trouverons, en réduisant,

$$t' = \sqrt{\frac{2d}{g}} :$$

or c'est précisément la valeur qu'on trouverait pour t, au moment où le corps tombant du point A, arriverait en B ; car la hauteur AB étant exprimée par d, il suffirait de changer e en d dans l'équation $e = \frac{1}{2}gt^2$ pour que cette équation donnât la valeur du temps t de la chute.

CHAPITRE VIII.

Du mouvement d'un Corps assujéti à parcourir une courbe; équations de la trajectoire qu'il décrit, et détermination de sa vitesse; du cas où le mobile est soumis à une force d'attraction dirigée vers un point fixe; du principe des aires; et du cas où les forces étant dirigées vers des centres fixes, ces forces sont des fonctions des distances du centre d'attraction du mobile aux centres fixes.

254. Jusqu'à présent nous avons supposé que le mouvement s'effectuait en ligne droite; mais s'il était curviligne, il ne suffirait pas de pouvoir dire qu'au bout d'un temps donné, le mobile serait susceptible d'avoir parcouru tel espace, ou d'être animé de telle vitesse; il faudrait, pour connaître entièrement son mouvement, que l'on fût en état d'assigner la courbe suivant laquelle il a dû se mouvoir, et de savoir en quel point de cette courbe il est, au bout du temps donné.

255. Pour résoudre ce problème, nous avons d'abord besoin d'employer un nouveau principe; c'est celui du parallélogramme des vitesses que nous allons démontrer. Voici en quoi il consiste : Si dans l'unité de temps deux forces P et Q (fig. 142) communiquent à un point maté- Fig. 142. riel m des vitesses mB et mC, la résultante R de P et de Q lui communiquera dans la même unité de temps, une vitesse mD qui sera la diagonale du parallélogramme construit sur les vitesses mB et mC. En effet, comme il est

permis de représenter toute force donnée par une partie quelconque de sa direction, la force Q pourra être représentée par mC; alors la force P le sera par mB; car les vitesses sont proportionnelles aux forces. Or en considérant mBDC comme le parallélogramme des forces P et Q, la diagonale mD de ce parallélogramme représentera en intensité la résultante R de P et de Q. Il s'agit donc de déterminer la vitesse que R est capable de communiquer au mobile, et de prouver que cette vitesse est égale à la résultante du parallélogramme dont les côtés seraient les vitesses produites par les forces P et Q. Pour cet effet, soit x la vitesse que R est en état de communiquer au point m; les vitesses étant proportionnelles aux forces, nous aurons

$$P : R :: mB : x.$$

D'une autre part, la propriété du parallélogramme des forces nous donne

$$P : R :: mB : mD.$$

On tire de ces proportions,

$$mB : mD :: mB : x;$$

donc

$$x = mD;$$

par conséquent on peut regarder la diagonale du parallélogramme construit sur les vitesses, comme égale à la vitesse que R peut communiquer au mobile.

256. Le parallélipipède des vitesses est une conséquence immédiate du parallélogramme des vitesses; car soient (fig. 143) P, Q et R trois forces qui communiquent les vitesses mp, mq et mr à un point matériel m; composons les vitesses mp et mq en une seule mp'; il résulte de l'article précédent que cette vitesse sera la même que celle qui serait communiquée à m par la résultante P' des forces P et Q; de même la résultante ms des vitesses mp' et mr représentera en intensité la vitesse imprimée par S, résultante des deux

forces P' et R, ou des trois forces P, Q et R ; donc la diagonale ms du parallélipipède des vitesses, sera la vitesse communiquée à m par la résultante des forces P, Q et R.

257. Considérons maintenant de quelle manière un point matériel, animé d'une vitesse variable, peut décrire une courbe. Pour cela, supposons d'abord que le point matériel m (fig. 144) étant en repos, cède à une impulsion instantanée qui lui fasse décrire la droite mA dans le temps θ, et qu'au bout de ce temps il reçoive une seconde impulsion capable de lui faire décrire dans un second temps θ, la droite AB, le mobile n'obéira pas uniquement à la force qui l'entraîne dans cette direction AB, parce qu'en vertu de la loi d'inertie, il doit durant θ parcourir $AC = Am$; mais il suivra la diagonale AD du parallélogramme ABCD. S'il reçoit en D une nouvelle impulsion capable de lui faire parcourir l'espace DG dans un troisième temps θ, il décrira de même la diagonale DF du parallélogramme construit sur DG et sur le prolongement DE de AD, et ainsi de suite ; de sorte qu'au bout d'un temps composé de n fois θ, le mobile aura décrit un polygone d'un nombre n de côtés.

Fig. 144.

D'après ce qui précède, la vitesse étant la même tant que le mobile est sur le même côté, il suit de là que si lorsqu'il est arrivé à l'extrémité du dernier côté, il ne reçoit pas une nouvelle impulsion, il s'échappera suivant la direction de ce côté.

Si l'on suppose que le temps θ soit infiniment petit, les impulsions se succéderont immédiatement, et le polygone se changera en courbe ; alors si la force accélératrice cesse d'agir, le point matériel s'échappera suivant la tangente à la courbe.

Dans la même hypothèse de θ infiniment petit, θ se change en dt en même temps que le côté du polygone devient l'élément de la courbe ; par conséquent pour avoir la vitesse qui est l'espace parcouru dans l'unité de temps, suivant la tangente, dans l'hypothèse où la force accélératrice cesserait tout-à-coup d'agir; il faudra répéter ds autant de fois que dt est contenu dans l'unité de temps; c'est-à-dire multiplier ds par $\frac{1}{dt}$, ce qui nous donnera pour l'expression de la vitesse

$$v = \frac{ds}{dt}.$$

Fig. 145.
258. Revenons au mobile qui, par des accroissemens de vitesse aux points m', m'', m''', etc. (fig. 145), parcourt le polygone $mm'm''m'''$, etc. Soient v, v', v'', v''', etc. les vitesses qu'il reçoit aux points m, m', m'', m''', etc., et θ, θ', θ'', θ''', etc. les temps qu'il emploiera à parcourir les côtés mm', $m'm''$, $m''m'''$, etc. Comme, par hypothèse, la vitesse est constante tant que le mobile ne change pas de côté, nous aurons, par la nature du mouvement uniforme,

$$mm' = v\theta, \quad m'm'' = v'\theta', \quad m''m''' = v''\theta'';$$

par conséquent le contour du polygone $mm'm''$, etc. sera exprimé par

$$v\theta + v'\theta' + v''\theta'' + \text{etc.}$$

Si l'on projette les côtés de ce polygone sur les axes coordonnés, et qu'on nomme α, β, γ; α', β', γ'; α'', β'', γ'', etc. les angles formés par les vitesses v, v', v'', etc. avec les axes coordonnés, ces vitesses auront pour projections [6]

$v \cos \alpha$, $v' \cos \alpha'$, $v'' \cos \alpha''$, etc. sur l'axe des x,
$v \cos \beta$, $v' \cos \beta'$, $v'' \cos \beta''$, etc. sur l'axe des y,
$v \cos \gamma$, $v' \cos \gamma'$, $v'' \cos \gamma''$ etc. sur l'axe des z.

Par conséquent la projection $nn'n''n'''$, etc. du polygone $mm'm''m'''$, etc. sur l'axe des x, sera exprimée par

$$v \cos \alpha\theta + v' \cos \alpha'\theta' + v'' \cos \alpha''\theta'' + \text{etc.} \ldots (112).$$

On voit donc qu'en même temps que le point m parcourt le polygone $mm'm''m'''$, etc., sa projection n parcourt nécessairement l'espace $nn'n''n'''$, etc. Or si cette projec-

DU MOUVEMENT EN LIGNE COURBE. 155

tion était seulement sollicitée par une force X dirigée suivant l'axe des x, et qui fut telle que le point n décrivît dans les temps $\theta, \theta', \theta''$, etc. les droites $nn', n'n'', n''n'''$, etc. avec les vitesses $v \cos \alpha, v' \cos \alpha', v'' \cos \alpha''$, etc., le chemin que cette projection parcourrait sur l'axe des x serait représenté par

$$v \cos \alpha \theta + v' \cos \alpha' \theta' + v'' \cos \alpha'' \theta'' + \text{etc.} \ldots \ldots (113).$$

L'identité de l'expression (112) à cette dernière, nous apprend que lorsque le point m est transporté dans l'espace, sa projection se meut sur l'axe des x comme si les deux autres composantes de la vitesse n'existaient pas; car dans le calcul qui nous a conduit à l'expression (113), nous n'avons fait entrer en considération rien de ce qui est relatif à ces deux composantes.

Ce que nous disons de l'axe des x pouvant s'appliquer aux deux autres, et le polygone se changeant en courbe lorsque le nombre de ses côtés est infini, concluons que lorsqu'un point matériel, sollicité par une force accélératrice, décrit une courbe dans l'espace, une de ses projections se meut comme si les deux autres n'existaient pas. Ainsi en nommant X, Y, Z les composantes de la force accélératrice φ, suivant les axes des coordonnées, nous pouvons regarder X, Y, Z comme des forces accélératrices qui imprimeraient aux projections du mobile des mouvemens indépendans de l'ensemble des deux autres.

259. Pour déterminer les expressions analytiques de ces forces accélératrices, il faut remarquer que lorsque le point matériel parcourt l'espace ds, ses projections décrivent les espaces dx, dy, dz; par conséquent les vitesses des projections suivant les axes coordonnés seront respectivement $\dfrac{dx}{dt}, \dfrac{dy}{dt}, \dfrac{dz}{dt}$; et comme ces forces accélératrices sont les coefficiens différentiels des vitesses, pris par rapport au temps, on aura

$$\left.\begin{array}{l}X = \dfrac{d^2x}{dt^2} \\[4pt] Y = \dfrac{d^2y}{dt^2} \\[4pt] Z = \dfrac{d^2z}{dt^2}\end{array}\right\}\ldots\ldots(114).$$

Telles sont les équations qui serviront à déterminer le mouvement en ligne courbe, d'un point matériel ou celui d'un mobile, puisqu'on peut regarder la masse du mobile comme concentrée à son centre de gravité.

260. Lorsque les fonctions X, Y, Z seront données par la nature du problème, si l'on peut obtenir les intégrales des équations (114), ces intégrales ne devant contenir d'autres variables que x, y, z et t, on aura trois équations qui, par l'élimination de t, en donneront deux autres entre les variables x, y, z; ces équations seront celles de la *trajectoire*, ou *courbe engendrée par les forces accélératrices*.

Si toutes les forces sont dans un plan qu'on prendra pour celui des x, y, la variable z n'existera pas, et il suffira d'employer les équations

$$\frac{d^2x}{dt^2} = X, \qquad \frac{d^2y}{dt^2} = Y.$$

Lorsque, par la nature du problème, on aura déterminé X et Y, si l'on peut obtenir les intégrales de ces équations, elles ne pourront contenir d'autres variables que x, y et t; alors en éliminant le temps, on trouvera une équation que nous représenterons par

$$y = fx:$$

cette équation ne renfermant que deux variables, la trajectoire sera une courbe plane.

261. Nous avons vu que la vitesse du mobile était donnée par l'équation
$$v = \frac{ds}{dt};$$
or on sait, art. 146, que l'élément ds d'un arc de courbe dans l'espace, a pour expression
$$\sqrt{dx^2 + dy^2 + dz^2}.$$
Si l'on substitue cette valeur dans l'équation précédente, on aura
$$v = \frac{1}{dt}\sqrt{dx^2 + dy^2 + dz^2},$$
ou plutôt, en remarquant que toutes les différentielles se prennent par rapport au temps,
$$v = \sqrt{\frac{dx^2}{dt^2} + \frac{dy^2}{dt^2} + \frac{dz^2}{dt^2}}\ldots(115).$$
A l'égard des angles que la vitesse fait avec les axes, soient α, β, γ ces angles, ils seront déterminés par les équations
$$v \cos \alpha = \frac{dx}{dt},$$
$$v \cos \beta = \frac{dy}{dt},$$
$$v \cos \gamma = \frac{dz}{dt}.$$

262. Il existe une méthode plus élégante pour déterminer la vitesse. En effet, si l'on multiplie les équations (114), la première par $2dx$, la seconde par $2dy$, et la troisième par $2dz$, et qu'on ajoute les résultats, on obtiendra
$$\frac{2dz.d^2z + 2dy.d^2y + 2dx.d^2x}{dt^2} = Zdz + Ydy + Xdx,$$
observant que le premier membre de cette équation n'est

autre chose que la différentielle de $dz^2 + dy^2 + dx^2$, divisée par dt^2, on aura

$$\frac{d(dz^2 + dy^2 + dx^2)}{dt^2} = 2(Zdz + Ydy + Xdx).$$

Remplaçant $dz^2 + dy^2 + dx^2$ par ds^2, et regardant dt comme constant, on trouvera en intégrant,

$$\frac{ds^2}{dt^2} = 2\int(Zdz + Ydy + Xdx) + C,$$

ou, en mettant la valeur v de $\frac{ds}{dt}$,

$$v^2 = 2\int(Zdz + Ydy + Xdx) + C \ldots (116).$$

263. L'expression de la vitesse dépend donc de l'intégration de la formule

$$\int(Zdz + Ydy + Xdx) \ldots (117).$$

Lorsque cette intégration est possible, en l'effectuant, on parviendra à mettre l'équation (116) sous la forme

$$v^2 = 2F(x, y, z) + C \ldots (118).$$

Pour déterminer la constante, il faudra connaître la vitesse du mobile à l'un des points de la trajectoire. Ainsi lorsqu'on sait que V est la vitesse qui correspond aux coordonnées $x = a$, $y = b$, $z = c$, on a

$$V^2 = 2F(a, b, c) + C.$$

Tirant de cette équation la valeur de C et la substituant dans l'équation (118), on obtiendra

$$v^2 - V^2 = 2F(x, y, z) - 2F(a, b, c).$$

264. On peut parvenir à intégrer la formule (117) dans le cas où le mobile est soumis à une force d'attraction dirigée vers un point fixe. Pour le démontrer, les forces qui agissent sur le mobile, se réduisant dans ce cas, à une résul-

DU MOUVEMENT EN LIGNE COURBE.

tante unique R qui passe par le centre fixe, et qui agissant suivant CM, pourra être représentée par une partie quelconque CD de cette ligne (fig. 146); prenons ce centre pour origine, et nommons λ sa distance au point M, et α, β, γ les angles que $CM = \lambda$ fait avec les axes coordonnés, la résultante R formant les mêmes angles, nous aurons

Fig. 146.

$$X = R \cos \alpha, \quad Y = R \cos \beta, \quad Z = R \cos \gamma,$$

et par conséquent,

$$\frac{X}{Y} = \frac{\cos \alpha}{\cos \beta}, \quad \frac{Y}{Z} = \frac{\cos \beta}{\cos \gamma}, \quad \frac{Z}{X} = \frac{\cos \gamma}{\cos \alpha} \dots \dots (119).$$

Or si nous appelons x, y, z les coordonnées du point M où le mobile est situé, nous aurons

$$x = \lambda \cos \alpha, \quad y = \lambda \cos \beta, \quad z = \lambda \cos \gamma.$$

On tire de ces équations les proportions

$$x : y : z :: \cos \alpha : \cos \beta : \cos \gamma;$$

d'où l'on déduit

$$\frac{\cos \alpha}{\cos \beta} = \frac{x}{y}, \quad \frac{\cos \beta}{\cos \gamma} = \frac{y}{z}, \quad \frac{\cos \gamma}{\cos \alpha} = \frac{z}{x},$$

Substituant ces valeurs dans les équations (119), on aura

$$yX - xY = 0, \quad zY - yZ = 0, \quad xZ - zX = 0.$$

Si dans ces équations on met pour X, Y, Z leurs valeurs données par les équations (114), on trouvera

$$y \frac{d^2 x}{dt^2} - x \frac{d^2 y}{dt^2} = 0,$$

$$z \frac{d^2 y}{dt^2} - y \frac{d^2 z}{dt^2} = 0,$$

$$x \frac{d^2 z}{dt^2} - z \frac{d^2 x}{dt^2} = 0.$$

Multipliant par dt la première de ces équations, intégrant par parties et réduisant, on trouvera

$$\frac{ydx - xdy}{dt} = C \ldots \ldots (120).$$

Opérant de la même manière pour les autres équations multipliées par dt, on obtiendra ces résultats

$$ydx - xdy = Cdt,$$
$$zdy - ydz = C'dt,$$
$$xdz - zdx = C''dt.$$

Multipliant chacune de ces équations par la variable qu'elle ne renferme pas et les ajoutant, il viendra

$$0 = (Cz + C'x + C''y) dt,$$

ou plutôt

$$Cz + C'x + C''y = 0.$$

Cette équation étant celle d'un plan qui passe par l'origine, c'est-à-dire par le centre d'attraction, on voit que le mobile se meut dans une courbe plane. C'est pourquoi si l'on résout de nouveau le problème en plaçant la trajectoire dans le plan des x, y, nous ne ferons pas usage de l'équation $Z = \frac{d^2z}{dt^2}$, ni des quantités Z et z qui sont nulles ; nous aurons seulement à intégrer l'équation (120) que nous écrirons ainsi

$$ydx - xdy = Cdt,$$

et l'on en déduira

$$\int (ydx - xdy) = Ct + C' \ldots \ldots (121).$$

Pour déterminer cette intégrale, nous remarquerons que ydx étant l'élément d'une surface courbe, nous pourrons supposer que cette surface soit comprise entre les abscisses Fig. 147. $x = 0$ et $x = CP$ (fig. 147) ; alors l'expression $\int y dx$ sera représentée par LCPM. Si nous retranchons de cette surface du triangle, CPM, il nous restera

$$\text{secteur LCM} = \text{aire LCPM} - \text{triangle CPM},$$

ou

$$\text{secteur LCM} = \int y\,dx - \frac{xy}{2};$$

différentiant et réduisant, on trouvera

$$d.\ \text{secteur LCM} = \frac{y\,dx - x\,dy}{2};$$

intégrant de nouveau, on aura

$$2\ \text{secteurs LCM} = \int (y\,dx - x\,dy);$$

par conséquent l'équation (121) revient à celle-ci,

$$2\ \text{secteurs LCM} = Ct\ldots\ldots(122).$$

Nous supprimons la constante C', parce que nous pouvons supposer que le temps commence lorsque le mobile est en L, cas où le secteur est nul.

Faisons $C = 2A$, l'équation (122) deviendra

$$\text{secteur LCM} = At;$$

ce qui nous apprend que lorsque le mobile, sollicité par une force qui l'attire vers un centre C, décrit la courbe LM, la surface du secteur LCM est proportionnelle au temps que le mobile emploie à parcourir la courbe. Cette propriété est connue sous le nom de *principe des aires*.

265. La formule (117) est toujours intégrable lorsque les forces étant dirigées vers des centres fixes, sont des fonctions des distances du centre d'attraction du mobile à ces centres.

Pour le démontrer, soit M (fig. 148) le centre d'attraction d'un mobile qui serait attiré par des forces P, P′, P″, etc.

Fig. 148.

vers les centres fixes C, C′, C″, etc.; nommons

x, y, z les coordonnées du point M,
a, b, c les coordonnées du centre C,
a', b', c' les coordonnées du centre C′,
a'', b'', c'' les coordonnées du centre C″,
etc.   etc.

p, p', p'', etc. les distances CM, C′M, C″M, etc.
α, β, γ les angles formés par p avec les axes coordonnés,
α', β', γ' les angles formés par p' avec les axes coordonnés,
$\alpha'', \beta'', \gamma''$ les angles formés par p'' avec les axes coordonnés,
etc.   etc.

La résultante de toutes les forces attractives aura pour composantes, suivant les axes coordonnés,

$$\left. \begin{array}{l} X = P\cos\alpha + P'\cos\alpha' + P''\cos\alpha'' + \text{etc.} \\ Y = P\cos\beta + P'\cos\beta' + P''\cos\beta'' + \text{etc.} \\ Z = P\cos\gamma + P'\cos\gamma' + P''\cos\gamma'' + \text{etc.} \end{array} \right\} \ldots (123).$$

La projection de la droite CM sur l'axe des x étant représentée dans la figure 148 par BD, nous avons

$$BD = AB - AD;$$

et en observant que AB et AD ne sont autre chose que les coordonnées x et a des points M et C sur l'axe des x, et que BD étant la projection de MC sur ce même axe, a pour expression analytique $p \cos \alpha$; on trouvera, en substituant ces valeurs dans l'équation précédente,

$$p \cos \alpha = x - a;$$

ce que nous disons de la projection de MC sur l'un des axes pouvant s'appliquer aux autres, nous aurons, pour déterminer les angles α, β, γ, les équations

$$p\cos\alpha = x - a, \quad p\cos\beta = y - b, \quad p\cos\gamma = z - c.$$

DU MOUVEMENT EN LIGNE COURBE.

De même les angles α', β', γ', etc., α'', β'', γ'', etc. seront données par les équations

$$p'\cos\alpha' = x'-a, \quad p'\cos\beta' = y'-b, \quad p'\cos\gamma' = z'-c,$$
$$p''\cos\alpha'' = x''-a, \quad p''\cos\beta'' = y''-b, \quad p''\cos\gamma'' = z''-c,$$
etc.   etc.   etc.

Par conséquent en éliminant ces angles, les équations (123) deviendront

$$X = P\frac{(x-a)}{p} + P'\frac{(x'-a)}{p'} + P''\frac{(x''-a)}{p''} + \text{etc.},$$
$$Y = P\frac{(y-b)}{p} + P'\frac{(y'-b)}{p'} + P''\frac{(y''-b)}{p''} + \text{etc.},$$
$$Z = P\frac{(z-c)}{p} + P'\frac{(z'-c)}{p'} + P''\frac{(z''-c)}{p''} + \text{etc.}$$

Substituant ces valeurs dans la formule (117), on obtiendra

$$\int(X dx + Y dy + Z dz)$$
$$= \int P\left(\frac{x-a}{p}dx + \frac{y-b}{p}dy + \frac{z-c}{p}dz\right)$$
$$+ \int P'\left(\frac{x'-a}{p'}dx' + \frac{y'-b}{p'}dy' + \frac{z'-c}{p'}dz'\right) + \text{etc.} \quad (124).$$

Or les distances du point M aux centres C, C', C'', etc. étant données par les équations

$$(x-a)^2 + (y-b)^2 + (z-c)^2 = p^2,$$
$$(x'-a)^2 + (y'-b)^2 + (z'-c)^2 = p'^2, \text{ etc.},$$

nous trouverons, après avoir différentié,

$$\frac{x-a}{p}dx + \frac{y-b}{p}dy + \frac{z-c}{p}dz = dp,$$
$$\frac{x'-a}{p'}dx' + \frac{y'-b}{p'}dy' + \frac{z'-c}{p'}dz' = dp', \text{ etc.}$$

Substituant ces valeurs dans l'équation (124), nous ob=

tiendrons

$$\int(Xdx+Ydy+Zdz)=\int(Pdp+P'dp'+P''dp''+\text{etc.}). \quad (125);$$

et comme, par hypothèse, P, P', P'', etc. sont des fonctions de p, de p', de p'', etc., l'expression $Pdp + P'dp' +$ etc. ne contiendra qu'une variable dans chacun de ses termes, et son intégration sera ramenée aux quadratures.

Observons que les facteurs dp, dp', etc. pourraient être négatifs si quelques-unes des expressions $x-a$, $y-b$, $z-c$; $x'-a$, $y'-b$, etc., devenaient $a-x$, $b-y$, $c-z$, $a-x'$, $b-y'$, etc.

266. Pour donner une application de ce théorème, cherchons à déterminer la vitesse dans le mouvement d'un corps qui serait attiré vers un seul centre fixe par une force P qui agirait en raison inverse du carré de la distance du centre d'attraction du mobile au point fixe. Plaçons l'axe des z sur la direction de cette force; et pour qu'elle augmente en même temps que z, disposons les axes coordonnées comme dans la figure 149, nous aurons

Fig. 149.

$$p = AC - AM = c - z; \quad \text{donc} \quad dp = -dz.$$

Nommons g l'effet de la force P à la distance r du point C, et P son effet à la distance p, nous aurons la proportion

$$g : P :: \frac{1}{r^2} : \frac{1}{p^2},$$

d'où nous tirerons

$$P = \frac{gr^2}{p^2};$$

la valeur de dp étant négative, Pdp devra être remplacée par $-\frac{gr^2}{p^2} dp$; intégrant, nous réduirons l'équat. (125) à

$$\int(Xdx + Ydy + Zdz) = \frac{gr^2}{p}.$$

Substituant cette valeur dans la formule (116), nous

obtiendrons
$$v^2 = C + 2\frac{gr^2}{p}\ldots\ldots(126).$$

Pour déterminer la constante, nous supposerons que le mobile M commence à se mouvoir en un point dont la distance p au centre C soit a : alors la vitesse sera nulle en ce point, et nous aurons
$$0 = C + 2\frac{gr^2}{a};$$

par conséquent l'équation (126) deviendra
$$v^2 = 2gr^2\left(\frac{1}{p} - \frac{1}{a}\right).$$

Si l'on prend a pour unité de distance, la valeur de v^2 ne diffère pas de celle que nous avons déterminée, art. 244.

267. Pour première application des formules (114), cherchons la trajectoire d'un point matériel qui se meut dans l'espace en vertu d'une impulsion unique. Dans ce cas, les forces accélératrices sont nulles ; ainsi nous avons
$$X = 0, \quad Y = 0, \quad Z = 0,$$
et les équations (114) se réduisent à
$$\frac{d^2z}{dt^2} = 0, \quad \frac{d^2y}{dt^2} = 0, \quad \frac{d^2x}{dt^2} = 0;$$
multipliant par dt, elles deviennent
$$\frac{d^2z}{dt} = 0, \quad \frac{d^2y}{dt} = 0, \quad \frac{d^2x}{dt} = 0.$$
Les intégrales de ces équations seront
$$\frac{dz}{dt} = c, \quad \frac{dy}{dt} = b, \quad \frac{dx}{dt} = a\ldots(127).$$
Substituant ces valeurs dans l'équation (115), nous trouverons
$$v = \sqrt{a^2 + b^2 + c^2} = \text{constante};$$

donc en appelant A cette constante,
$$\frac{ds}{dt} = A,$$
et par conséquent,
$$s = At + B;$$
d'où il suit que le mouvement est uniforme.

Ce mouvement s'effectue en ligne droite; car les équations (127) multipliées par dt étant intégrées, donnent
$$z = ct + c', \quad y = bt + b', \quad x = at + a';$$
éliminant t on trouve
$$y = \frac{bz}{c} + \frac{b'c - bc'}{c}, \quad x = \frac{az}{c} + \frac{a'c - ac'}{c}.$$

On reconnaît dans ces équations celles d'une ligne droite dans l'espace.

CHAPITRE IX.

Du Mouvement des Projectiles dans le vide.

268. Soient Ax, Ay et Az les axes coordonnés, le mobile n'étant sollicité que par la pesanteur qui agit verticalement, cette force sera négative, parce qu'elle tendra à diminuer les coordonnées verticales; ainsi en la représentant par $-g$, nous aurons
$$Z = -g, \quad X = 0, \quad Y = 0.$$
Ces valeurs étant mises dans les équations du mouvement (114), les changent en
$$\frac{d^2z}{dt^2} = -g, \quad \frac{d^2x}{dt^2} = 0, \quad \frac{d^2y}{dt^2} = 0.$$
Multipliant ces deux dernières par dt et intégrant en-

suite, on a
$$\frac{dx}{dt} = a, \quad \frac{dy}{dt} = b;$$
multipliant encore par dt et intégrant, il vient
$$x = at + a', \quad y = bt + b':$$
éliminant t entre ces équations, on trouve
$$y = \frac{bx}{a} + \frac{ab' - a'b}{a}.$$

Cette équation est celle d'une droite EC (fig. 150) tracée Fig. 150. sur le plan des x, y; par conséquent tous les pieds des ordonnées parallèles à l'axe des z, se trouvent sur cette ligne EC; ce qui montre que la trajectoire ELC est une courbe plane.

269. En résolvant de nouveau le problème dans cette dernière hypothèse, nous n'aurons besoin que de considérer deux coordonnées, l'une y verticale et l'autre x horizontale, et alors nous ne ferons usage que des équations
$$\frac{d^2 y}{dt^2} = -g, \quad \frac{d^2 x}{dt^2} = 0.$$
Si on les multiplie par dt, on trouvera en intégrant,
$$\frac{dx}{dt} = a, \quad \frac{dy}{dt} = -gt + b \ldots (128).$$
Multipliant de nouveau par dt et intégrant, il viendra
$$x = at + a', \quad y = -\tfrac{1}{2}gt^2 + bt + b' \ldots (129).$$
Pour déterminer les constantes, nous supposerons que le temps soit compté à partir de l'origine; alors nous aurons à la fois
$$x = 0, \quad y = 0 \quad \text{et} \quad t = 0;$$
cette hypothèse donne
$$a' = 0 \quad \text{et} \quad b' = 0,$$

ce qui réduit les équations (129) à

$$x = at, \quad y = -\tfrac{1}{2} gt^2 + bt.$$

Mettant dans la seconde équation la valeur de t tirée de la première, nous obtiendrons

$$y = \frac{b}{a} x - \tfrac{1}{2} g \frac{x^2}{a^2} \ldots \ldots (130).$$

Pour déterminer a et b, les équations (128) nous montrent que ces constantes sont ce que deviennent la vitesse horizontale et la vitesse verticale du mobile, lorsque $t = 0$. Nommons donc V la vitesse initiale, et α l'angle qu'elle fait avec l'axe des x, ses composantes seront

V cos α parallèlement à l'axe des x,

V sin α parallèlement à l'axe des y ;

donc
$$a = V \cos \alpha, \quad b = V \sin \alpha.$$

Substituant ces valeurs dans l'équation (130), nous aurons

$$y = x \tang \alpha - \tfrac{1}{2} g \frac{x^2}{V^2 \cos \alpha^2} \ldots \ldots (131).$$

270. Il est facile de reconnaître dans cette courbe, une parabole qui partant de l'origine A (fig. 151), s'élève d'abord au-dessus de l'axe des x, et se prolonge ensuite au-dessous de cet axe ; car l'équation (131) étant de la forme

Fig. 151.

$$y = mx - nx^2,$$

si nous faisons $y = 0$ pour avoir les points où la courbe rencontre l'axe des x, nous trouverons

$$x = 0 \quad \text{et} \quad x = \frac{m}{n}.$$

Or je dis que pour toute valeur de x moindre que $\frac{m}{n}$, l'ordonnée sera positive, tandis qu'elle sera négative pour toute valeur qui surpassera $\frac{m}{n}$. En effet, multipliant par nx les deux termes de l'inégalité

$$x < \frac{m}{n},$$

on trouvera $nx^2 < mx$, ce qui est la condition nécessaire pour que y soit positif. On démontrerait de la même manière que lorsqu'on a $x > \frac{m}{n}$, la valeur de y doit être négative.

271. Désignons par h la hauteur de laquelle le mobile devrait tomber pour acquérir la vitesse V, nous aurons, article 236,

$$V = \sqrt{2gh}\ldots\ldots(132);$$

au moyen de cette valeur, l'équation (131) devient

$$y = x \tang \alpha - \frac{x^2}{4h \cos^2 \alpha}\ldots\ldots(133).$$

272. On appelle *amplitude*, la distance de l'origine A au point B, où la courbe coupe l'axe des x. Pour la déterminer, on fera donc $y = 0$, et la valeur de x qui n'est pas nulle, sera l'amplitude. Ainsi en égalant la valeur de y à zéro, l'équation (133) nous donnera

$$x = 0 \quad \text{ou} \quad x = 4h \tang \alpha \cos^2 \alpha;$$

et en observant que le produit de la tangente par le cosinus est la même chose que le sinus, l'équation précédente reviendra à celle-ci

$$x = 4h \sin \alpha \cos \alpha;$$

par conséquent nous aurons

$$amplitude = 4h \sin \alpha \cos \alpha\ldots(134).$$

Si dans cette équation on remplace $2 \sin \alpha \cos \alpha$ par sin 2α (*) , l'équation précédente devient

$$\text{amplitude} = 2h \sin 2\alpha \ldots \ldots (135).$$

C'est d'après cette équation que Galilée, Llondel, Bélidor et d'autres auteurs ont construit des Tables de Balistique.

273. La hauteur du jet est la plus grande ordonnée. Pour déterminer l'abscisse qui correspond à la hauteur du jet, il faut, d'après la méthode des *maxima* et *minima*, égaler la valeur de $\frac{dy}{dx}$ à zéro, ce qui donnera

$$\frac{dy}{dx} = \tang \alpha - \frac{x}{2h \cos^2 \alpha} = 0;$$

on tirera de cette équation

$$x = 2h \cos^2 \alpha \tang \alpha;$$

et en observant que $\cos \alpha \tang \alpha$ équivaut à $\sin \alpha$, elle deviendra
$$x = 2h \cos \alpha \sin \alpha;$$

par conséquent l'abscisse de la hauteur du jet est la moitié de l'amplitude.

Si l'on remplace x par $2h \cos \alpha \sin \alpha$ dans l'équation (133), on trouvera

$$y = h \sin^2 \alpha \text{ pour la hauteur du jet.}$$

274. Il existe toujours deux angles sous lesquels le projectile lancé dans le vide, donne la même amplitude. En effet, soit α' l'angle complément de α, l'équation (134) donne pour l'amplitude,

$$4h \sin \alpha \cos \alpha = 4h \sin \alpha \sin \alpha'.$$

(*) On peut remarquer que si l'on fait $b = a$ dans la formule
$$\sin(a+b) = \sin a \cos b + \sin b \cos a,$$
il vient
$$\sin 2a = 2 \sin a \cos a.$$

DES PROJECTILES DANS LE VIDE.

Mais si le projectile est lancé sous l'angle α' au lieu de l'être sous l'angle α, l'amplitude sera

$$4h \sin \alpha' \cos \alpha' = 4h \sin \alpha' \sin \alpha.$$

L'identité de ces expressions que nous venons de trouver pour les amplitudes des angles α et α', nous montre que dans le vide, les angles complémens l'un de l'autre ont la même amplitude.

275. On peut résoudre aussi ce problème : Déterminer entre tous les angles sous lesquels on peut tirer un canon, quel est celui auquel correspond la plus grande amplitude. Pour cela, il suffit de remarquer que l'amplitude étant représentée par $2h \sin 2\alpha$, le *maximum* de cette expression aura lieu pour le sinus de l'angle droit; alors $2\alpha = 100$; d'où il suit que dans le vide, l'inclinaison de 50° (division décimale), est celle qui répond à la plus grande amplitude.

Cette hypothèse de $2\alpha = 100$ nous donne $\sin 2\alpha = 1$; par conséquent l'expression de l'amplitude se réduit alors à $2h$; ce qui nous apprend que pour l'angle de 50°, l'amplitude est égale au double de la hauteur due à la vitesse initiale.

Soit P cette amplitude, nous aurons
$$h = \tfrac{1}{2} P \ldots \ldots (136).$$

Pour déterminer le coefficient h, on tirera le canon sous un angle de 50°; et ayant mesuré l'amplitude, nous la nommerons P ; alors, d'après ce qui précède, h sera donné par l'équation (136). C'est ce coefficient h qui mesurera la force de la poudre, puisque de l'intensité de cette force dépendra l'étendue de P.

276. Lorsque h sera déterminé par cette expérience, ou plus exactement par un résultat moyen entre plusieurs expériences, on mettra la valeur de h dans l'équation (133),

ce qui la changera en
$$y = x \tang \alpha - \frac{x^2}{2P \cos^2 \alpha}.$$

Si nous appelons P' l'amplitude qui correspond à l'angle α', l'équation (135) deviendra

$$P' = 2h \sin 2\alpha' \quad \ldots \ldots (137),$$

ou plutôt, en mettant la valeur de h, donnée par l'équation (136),

$$P' = P \sin 2\alpha'.$$

Cette équation nous fera connaître l'amplitude P' qui a lieu pour un angle donné α', lorsque la plus grande amplitude P sera connue.

En général on peut déterminer l'amplitude P' qui se rapporte à un angle α', en mesurant l'amplitude P'' qui a lieu sous un angle α''; car puisqu'on a

$$P' = P \sin 2\alpha', \quad P'' = P \sin 2\alpha'';$$

en divisant ces valeurs l'une par l'autre, on trouvera

$$\frac{P'}{P''} = \frac{\sin 2\alpha'}{\sin 2\alpha''};$$

par conséquent si l'on a mesuré l'amplitude P'' sous un angle α'', on connaîtra, au moyen de l'équation précédente, l'amplitude P' qui se rapporte à un angle donné α'.

277. La valeur de h (équa. 136) étant substituée dans l'équation (132), nous trouverons pour la vitesse initiale

$$V = \sqrt{Pg} = \sqrt{P \times 9^m,809}.$$

Par exemple, si l'amplitude sous l'angle de 50° était de 108 mètres, on trouverait

$$V = \sqrt{108 \times 9^m,809} = \sqrt{1059^m,372} = 32^m,55 \text{ environ.}$$

278. Si au contraire on donnait la vitesse initiale ainsi que l'angle de projection, on pourrait trouver l'amplitude;

par exemple, si la vitesse initiale était de 200 mètres par seconde et l'angle de 30°, on déterminerait d'abord h par la formule suivante tirée de l'équation (132),

$$h = \frac{V^2}{2g} = \frac{200^2}{2(9^m,809)} = \frac{40000}{19,618} = 2038,94.$$

Appelons P' l'amplitude cherchée, l'équation (137) donnerait

$$P' = 2 \times 2038^m,94 \times \sin 60°.$$

279. Le problème du jet des bombes peut s'énoncer ainsi : Connaissant la force de la poudre, ainsi que les coordonnées $x' =$ AB (fig. 152) et $y' =$ BC d'un point C sur lequel on veut lancer le projectile, déterminer l'angle de projection qu'il faut donner au projectile pour qu'il atteigne le but. La force de la poudre étant donnée par la vitesse initiale du projectile, en une seconde de temps, supposons que cette vitesse soit de 600 mètres par seconde, en faisant donc $V = 600$ dans l'équation (132), nous avons

$$600^m = \sqrt{2gh} = \sqrt{2h \times 9,809}.$$

Fig. 152.

Cette équation nous fera connaître h. Cela posé, x' et y' devant satisfaire à l'équation (133), nous aurons, en mettant ces valeurs à la place de x et de y,

$$y' = x' \tang \alpha - \frac{x'^2}{4h \cos^2 \alpha} \ldots (138).$$

Tout étant connu dans cette équation, hors l'angle α, nous ferons $\tang \alpha = z$, et nous aurons

$$\cos \alpha = \frac{1}{\sec \alpha} = \frac{1}{\sqrt{1 + \tang^2 \alpha}} = \frac{1}{\sqrt{1 + z^2}}.$$

Substituant ces valeurs dans l'équation (138), on trouvera

$$y' = x'z - \frac{x'^2}{4h}(1 + z^2) \ldots (139).$$

Cette équation étant résolue par rapport à z, nous donnera pour z les valeurs qui doivent déterminer les deux angles de projection sous lesquels le projectile doit être lancé pour atteindre le point C : on choisira le plus grand de ces angles lorsqu'il s'agira d'écraser un objet.

Au lieu de CB, on peut donner l'angle CAB, sous lequel est vu CB. Soit φ cet angle, on a

$$CB = x' \tang \varphi = y';$$

cette valeur de y' étant substituée dans l'équation (139), x' devient facteur commun, et l'on a, en le supprimant,

$$\tang \varphi = z - \frac{x'}{4h}(1 + z^2),$$

équation qui donne

$$z = \frac{2h}{x'} \pm \sqrt{\frac{4h^2}{x'^2} - \frac{4h \tang \varphi}{x'} - 1}.$$

CHAPITRE X.

Des Projectiles dans un milieu résistant.

280. La théorie des projectiles qui sont lancés dans le vide, est loin de s'accorder avec l'expérience, surtout lorsque la vitesse est très-grande; car la résistance de l'air ralentit continuellement le mouvement du projectile. Nommons R cette résistance; si, comme dans l'art. 247, nous supposons qu'elle soit proportionnelle au carré de la vitesse, nous aurons

$$R = mv^2:$$

R devant être contraire au mouvement du projectile, agira suivant l'élément de la trajectoire, mais dans un sens opposé à celui de la vitesse; par conséquent R fera, avec les axes coordonnés, les mêmes angles que l'élément ds forme avec ces axes. Ainsi, en supposant que α, β, γ soient les angles que ds forme avec les axes coordonnés, les composantes de R seront

$$R \cos \alpha, \quad R \cos \beta, \quad R \cos \gamma.$$

Pour déterminer ces angles, représentons par mm' (fig. 153) Fig. 153. l'élément ds de la trajectoire; la projection de cet élément sur l'axe des z sera égale à $m'n$. Or le triangle $m'mn$ nous donne la proportion

$$1 : \cos mm'n :: mm' : m'n,$$

ou

$$1 : \cos \gamma :: ds : dz;$$

donc

$$\cos \gamma = \frac{dz}{ds};$$

par conséquent la composante de R suivant l'axe des z, aura pour valeur absolue

$$R \frac{dz}{ds}.$$

Nous affecterons cette composante du signe négatif; parce que lorsque le projectile vient de m en m', la force R agit de m' en m, et tend à diminuer les coordonnées du mobile, ce qui rend chaque composante de R négative.

281. Une même démonstration pouvant s'appliquer aux autres composantes de R, nous aurons

$- R \dfrac{dx}{ds}$ pour la composante de R suivant l'axe des x,

$- R \dfrac{dy}{ds}$ pour la composante de R suivant l'axe des y.

Ainsi les équations du problème seront

$$\frac{d^2x}{dt^2} = -R\frac{dx}{ds},$$
$$\frac{d^2y}{dt^2} = -R\frac{dy}{ds},$$
$$\frac{d^2z}{dt^2} = -g - R\frac{dz}{ds}.$$

En divisant les deux premières équations l'une par l'autre, on éliminera dt^2, ce qui donnera

$$\frac{d^2y}{d^2x} = \frac{dy}{dx},$$

d'où l'on tirera

$$\frac{d^2y}{dy} = \frac{d^2x}{dx} \ldots \ldots (140);$$

et en intégrant par logarithmes,

$$\log dy = \log dx + \log a = \log adx.$$

Passant aux nombres,

$$dy = adx \; (*);$$

(*) Voici une manière plus régulière de parvenir au même résultat. L'équation (140) réduite au même dénominateur, nous donne

$$\frac{dxd^2y - dyd^2x}{dxdy} = 0,$$

ou plutôt

$$\frac{dxd^2y - dyd^2x}{dx^2 \cdot \frac{dy}{dx}} = 0.$$

Cette équation peut se mettre sous la forme

$$\frac{d.\frac{dy}{dx}}{\frac{dy}{dx}} = 0;$$

intégrant on trouve

$$\log \frac{dy}{dx} = \log a;$$

passant aux nombres, on a

$$\frac{dy}{dx} = a, \quad \text{donc} \quad dy = adx.$$

DES PROJECTILES DANS UN MILIEU RÉSISTANT. 177.

intégrant de nouveau on trouve
$$y = ax + b;$$
donc la projection de la trajectoire sur le plan des x, y étant une ligne droite, cette trajectoire est dans un plan vertical.

282. Si nous mettons de nouveau le problème en équation avec cette condition de plus, que la courbe soit plane, nous n'aurons besoin que d'employer les équations suivantes,
$$\frac{d^2x}{dt^2} = -R\frac{dx}{ds}, \quad \frac{d^2y}{dt^2} = -g - R\frac{dy}{ds} \quad (*),$$
ou, en mettant la valeur de R,
$$\frac{d^2x}{dt^2} = -mv^2\frac{dx}{ds}, \quad \frac{d^2y}{dt^2} = -g - mv^2\frac{dy}{ds}.$$

Nous pourrons éliminer l'une des variables en remplaçant v^2 par sa valeur donnée par l'équation
$$v^2 = \frac{ds^2}{dt^2},$$
et nous aurons
$$\frac{d^2x}{dt^2} = -m\frac{ds^2}{dt^2}\frac{dx}{ds} \dots \dots (141),$$
$$\frac{d^2y}{dt^2} = -g - m\frac{ds^2}{dt^2}\frac{dy}{ds} \dots (142).$$

(*) Nous avons dit que la résistance de l'air diminuait les coordonnées de la courbe, parce que nous supposions que le mobile M était dans la branche ascendante. S'il était dans la branche descendante, la résistance de l'air agissant dans le sens de M″ en M′ *fig.* 153, tendrait à diminuer x et à augmenter y. Il semble donc que $R\frac{dy}{ds}$ devrait changer de signe, mais comme dy devient négatif dans cette branche, la composante verticale sera encore représentée par $-R\frac{dy}{ds}$.

283. La première de ces équations étant multipliée par dt donne
$$\frac{d^2x}{dt} = -\,mds\,\frac{dx}{ds}\,\frac{ds}{dt},$$
ou
$$\frac{d^2x}{dt} = -\,mds\,\frac{dx}{dt}:$$
on tire de cette équation,
$$\frac{\dfrac{d^2x}{dt}}{\dfrac{dx}{dt}} = -\,mds,$$
et en intégrant on obtient
$$\log \frac{dx}{dt} = -\,ms + C.$$

284. Soient A le nombre dont C est le logarithme, et e la base du système Néperien, nous avons
$$C = \log A \quad \text{et} \quad \log e = 1;$$
par conséquent, nous pourrons changer l'équation précédente en celle-ci,
$$\log \frac{dx}{dt} = -\,ms \log e + \log A;$$
cette équation revient à
$$\log \frac{dx}{dt} = \log e^{-ms} + \log A = \log A e^{-ms};$$
passant aux nombres, on a
$$\frac{dx}{dt} = A e^{-ms}. \ldots (143).$$

285. Pour déterminer la constante A, soit V la vitesse initiale, et α l'angle qu'elle fait avec l'axe des x. La com-

DES PROJECTILES DANS UN MILIEU RÉSISTANT.   179
posante de V suivant cet axe sera V cos α. Or, quand $s = 0$, $\dfrac{dx}{dt}$ exprime la composante de la vitesse initiale dans le sens des x. Ainsi, dans ce cas, l'équation précédente se réduit à

$$V \cos \alpha = Ae^0 = A.$$

Mettant cette valeur dans l'équation (143), on a

$$\frac{dx}{dt} = V \cos \alpha \, e^{-ms} \ldots \ldots (144).$$

286. Cette équation contenant trois variables, nous ne chercherons pas à l'intégrer; mais nous la conserverons pour éliminer le temps, lorsque nous aurons trouvé une autre relation entre ces variables. Pour y parvenir, nous observerons que nous n'avons encore fait usage que de l'équation (141); ainsi il nous reste la faculté d'employer l'équation (142), et de la combiner avec l'équation (141). Pour cet effet, on peut mettre ces équations sous la forme

$$\frac{dx}{ds} = \frac{-\dfrac{d^2x}{dt^2}}{m\dfrac{ds^2}{dt^2}}, \quad \frac{dy}{ds} = \frac{-\left(g + \dfrac{d^2y}{dt^2}\right)}{m\dfrac{ds^2}{dt^2}},$$

et l'on voit que pour éliminer ds il suffit de les diviser l'une par l'autre. En opérant ainsi, l'on obtiendra

$$\frac{dy}{dx} = \frac{g + \dfrac{d^2y}{dt^2}}{\dfrac{d^2x}{dt^2}}.$$

Cette équation nous donne

$$g = \frac{dy}{dx}\frac{d^2x}{dt^2} - \frac{d^2y}{dt^2};$$

réduisant au même dénominateur et multipliant par dt^2,

on obtiendra
$$g dt^2 = \frac{dy\,d^2x - dx\,d^2y}{dx}\dots\dots(145).$$

Le second membre de cette équation étant divisé par $-dx$, devient la différentielle de $\frac{dy}{dx}$; par conséquent on peut écrire ainsi l'équation (145),
$$g dt^2 = -\,dx\,d\left(\frac{dy}{dx}\right)\ (*).$$

Faisant pour simplifier, $\frac{dy}{dx} = p$, il viendra
$$g dt^2 = -\,dx\,dp\dots(146).$$

Eliminant dt^2 au moyen de l'équation (144), on trouvera
$$g = -\,V^2 \cos^2\alpha\, e^{-2ms}\cdot\frac{dp}{dx}\dots(147).$$

287. Cette équation contient encore trois variables; mais

(*) Je parviens encore au même résultat de la manière suivante. Représentons l'équation (148) par $ds = dx\,P$, et mettons cette valeur de ds dans les équations (141) et (142), et remplaçant $\frac{dy}{dx}$ par p, nous obtiendrons
$$\frac{d^2x}{dt^2} = -\,m\,\frac{dx^2}{dt^2}\,P\,,\qquad \frac{d^2y}{dt^2} = -\,g - m\,\frac{dx^2}{dt^2}\,Pp.$$

Pour éliminer les derniers termes de ces équations, nous multiplierons la première par p, et la retranchant de l'autre, nous trouverons
$$\frac{d^2y - p\,d^2x}{dt^2} = -\,g\,,$$
ou
$$d^2y - \frac{dy}{dx}\,d^2x = -\,g dt^2;$$
réduisant au même dénominateur on a
$$\frac{dx\,d^2y - dy\,d^2x}{dx} = -\,g dt^2,$$
ou
$$dx\,d\left(\frac{dy}{dx}\right) = -\,g dt^2.$$

l'élément de la courbe nous fournit entre les mêmes variables, la relation $ds = \sqrt{dx^2 + dy^2}$ ou, en mettant pour dy sa valeur pdx.
$$ds = dx\sqrt{1+p^2}\ldots\ldots(148);$$
par conséquent en éliminant dx entre cette équation et l'équation (147), nous obtiendrons
$$dp\sqrt{1+p^2} = -\frac{ge^{2ms}ds}{V^2\cos^2\alpha}\ldots\ldots(149).$$
Intégrant cette équation [7], on trouve
$$\tfrac{1}{2}p\sqrt{1+p^2} + \tfrac{1}{2}\log(p+\sqrt{1+p^2}) = C - \frac{ge^{2ms}}{2mV^2\cos^2\alpha}\ldots(150).$$
Faisant $C = \tfrac{1}{2}A$, et supprimant le diviseur commun 2, on a enfin
$$p\sqrt{1+p^2} + \log(p+\sqrt{1+p^2}) = A - \frac{ge^{2ms}}{mV^2\cos^2\alpha}\ldots(151).$$
Pour déterminer la constante A, nous remarquerons que la valeur $\dfrac{dy}{dx}$ de p est la tangente trigonométrique de l'angle que l'élément de la courbe fait avec l'axe des x. Si nous appelons α cet angle à l'origine qu'on suppose placée au point A, *fig.* 153, où se trouve le projectile lorsque t est nul, nous aurons en même temps
$$x=0,\quad y=0,\quad s=0\quad\text{et}\quad p=\tang\alpha.$$
Substituant ces valeurs de s et de p dans l'équation précédente, on trouvera
$$A = \tang\alpha\sqrt{1+\tang^2\alpha}$$
$$+ \log(\tang\alpha + \sqrt{1+\tang^2\alpha}) + \frac{g}{mV^2\cos^2\alpha};$$
on regardera donc la constante de l'équation (151) comme une quantité connue.

288. Si l'on élimine e^{2ms} entre l'équation (151) et celle

que nous avons marquée par le n° 147, on obtiendra

$$dx = \frac{dp}{m[p\sqrt{1+p^2} + \log(p+\sqrt{1+p^2}) - A]} \ldots (152).$$

Multipliant cette équation terme à terme par celle-ci,

$$\frac{dy}{dx} = p,$$

on trouvera

$$dy = \frac{pdp}{m[p\sqrt{1+p^2} + \log(p+\sqrt{1+p^2}) - A]} \ldots (153).$$

289. Pour déterminer le temps, l'équation (146) donne

$$dt^2 = -\frac{dpdx}{g}.$$

Mettant dans cette équation la valeur de dx, on a

$$dt^2 = \frac{-dp^2}{mg[p\sqrt{1+p^2} + \log(p+\sqrt{1+p^2}) - A]} \ldots (154),$$

ou, en changeant les signes du numérateur et du dénominateur,

$$dt^2 = \frac{dp^2}{mg[-p\sqrt{1+p^2} - \log(p+\sqrt{1+p^2}) + A]}.$$

Passant à la racine carrée, le second membre de cette équation devra en général être affecté du double signe; mais dans notre cas, nous choisirons le signe négatif, parce qu'on sait que toute équation entre deux variables t et p pouvant être considérée comme celle d'une courbe dont t serait l'abscisse et p l'ordonnée; si en même temps que t augmente, p diminue, on doit avoir dt et dp de signes contraires (*). Or, dans le cas présent, il est évident qu'à

(*) Voici de quelle manière je le démontre: soit $t = fp$, si p diminue de h, t devient $t' = f(p-h)$; développant par la formule de Taylor, on trouve

$$t' - t = -\frac{dp}{dt} \cdot h + \frac{d^2p}{dt^2} \cdot \frac{h^2}{1.2} - \frac{d^3p}{dt^3} \cdot \frac{h^3}{1.2.3} + \text{etc.}$$

Par hypothèse t s'accroissant quand p diminue, $t' - t$ est une quantité

DES PROJECTILES DANS UN MILIEU RÉSISTANT.   183

mesure que le temps t augmente, p qui est la tangente trigonométrique de l'angle formé par l'élément de la courbe avec la parallèle à l'axe des x, diminue dans la branche ascendante, qui est celle que nous considérons ; donc

$$dt = -\frac{dp}{\sqrt{mg[-p\sqrt{1+p^2}-\log(p+\sqrt{1+p^2})+A]}}. \quad (155).$$

290. Il nous sera aussi facile de trouver l'expression de la vitesse en fonction de p ; car la vitesse nous étant donnée par l'équation

$$v = \frac{ds}{dt} = \frac{\sqrt{dx^2+dy^2}}{dt} = \frac{dx}{dt}\sqrt{1+p^2} ;$$

en remplaçant dx et dt par leurs valeurs, on trouvera

$$v = \frac{\sqrt{\frac{g}{m}} \times \sqrt{1+p^2}}{\sqrt{-p\sqrt{1+p^2}-\log(p+\sqrt{1+p^2})+A}}.$$

291. On peut aussi exprimer l'arc s en fonction de p : en effet, l'équation (151) nous donne

$$e^{2ms} = \frac{mV^2\cos^2\alpha}{g}[A - p\sqrt{1+p^2} - \log(p+\sqrt{1+p^2})].$$

Prenant les logarithmes, changeant l'exposant de e en coefficient, et remplaçant $\log e$ par l'unité, on obtiendra

$$s = \frac{\log\left(\frac{V^2 m \cos^2\alpha}{g}[A - p\sqrt{1+p^2} - \log(p+\sqrt{1+p^2})]\right)}{2m}.$$

---

positive; il en est de même de $-\frac{dp}{dt}$, $h +$ etc. Or en prenant h assez petit pour que le premier terme du développement de $t'-t$ décide du signe de ce développement, il faut que $-\frac{dp}{dt}h$ soit un nombre positif, ce qui ne peut être à moins que $\frac{dp}{dt}$ ne représente une quantité négative, car le facteur h est essentiellement positif. Donc dp et dt sont de signes contraires.

292. Pour avoir l'équation de la trajectoire, il faudrait intégrer les équations (152) et (153) ; on n'y a pu réussir jusqu'à présent, du moins sans recourir aux séries. Cela n'empêche pas qu'on ne puisse construire approximativement la trajectoire par points au moyen des équations (152) et (153). Pour parvenir à ce but, nous les mettrons sous la forme

$$dx = \varphi p . dp \ldots (156),$$
$$dy = \psi p . dp \ldots (157).$$

En ne considérant d'abord que la première, elle donne

$$\frac{dx}{dp} = \varphi p,$$

et nous voyons que $\frac{dx}{dp}$ n'est autre chose que la tangente trigonométrique d'une courbe dont p serait l'abscisse, et x l'ordonnée. C'est cette courbe que nous allons d'abord chercher à construire, parce que nous nous en servirons ensuite pour déterminer les différens points de la trajectoire. Nous la distinguerons de celle-ci en la nommant *courbe auxiliaire*.

Fig. 154.
Ayant donc mené deux axes rectangulaires Ap et Ax (fig. 154), on portera de A en B une droite AB $=$ tang α, et le point B appartiendra à la courbe auxiliaire, puisque (art. 287) l'ordonnée $x = 0$ correspond à l'abscisse $p =$ tang α. Si l'on partage ensuite AB en parties égales BB', B'B", B"B"', etc., et qu'on représente l'une de ces parties par dp, il sera facile de construire approximativement les points M', M", M"', etc. de la courbe auxiliaire qui correspondent aux points B', B", B"', etc. En effet, si l'on suppose que les points B, B', B", etc. soient très-rapprochés, on pourra regarder les arcs de courbe M'B, M"M', M"'M", etc. comme se confondant avec les tangentes M'B, M"M', M"'M" qui seraient menées aux points M', M", M"', etc. Cela suffit

DES PROJECTILES DANS UN MILIEU RÉSISTANT. 185

pour pouvoir calculer les ordonnées M'B', M"B", M"'B"', etc. En effet, la tangente trigonométrique de l'angle formé par l'élément de la courbe avec la parallèle à l'axe des p, étant en général $\dfrac{dx}{dp}$, sa valeur nous sera toujours donnée par l'équation (156), dès que nous aurons fixé la valeur de l'abscisse p. Ainsi lorsqu'on veut avoir la tangente trigonométrique de l'angle M'Bp', formé par la tangente en M' avec l'axe des abscisses, comme l'abscisse du point M' est AB' $=$ AB $-$ BB' $=$ tang $\alpha - dp$, il faudra changer p en tang $\alpha - dp$ dans la valeur φp de $\dfrac{dx}{dp}$ donnée par l'équation (156), et $\dfrac{dx}{dp}$ deviendra

$$\text{tang M'B}p = \varphi\,(\text{tang}\,\alpha - dp)\,;$$

donc

$$\text{tang M'BB'} = -\,\varphi\,(\text{tang}\,\alpha - dp).$$

Cela posé, l'ordonnée M'B' ayant pour expression BB' $\times$ tang M'BB', nous aurons

$$\text{M'B'} = \text{BB'} \times \text{tang M'BB'},$$

ou

$$\text{M'B'} = dp \times -\,\varphi\,(\text{tang}\,\alpha - dp).$$

Ainsi on construira le point M' de la courbe auxiliaire BC au moyen des coordonnées

$$\text{AB'} = \text{tang}\,\alpha - dp,$$

et

$$\text{B'M'} = dp \times -\,\varphi\,(\text{tang}\,\alpha - dp).$$

Pour déterminer un troisième point M", on prendra AB" $=$ tang $\alpha - 2dp$; et par le même raisonnement, on prouvera que la tangente trigonométrique de l'angle M"M'O a pour expression $-\,\varphi\,(\text{tang}\,\alpha - 2dp)$, et que par consé-

quent
$$M''O = dp \times - \varphi(\tang \alpha - 2dp);$$

mettant cette valeur et celle de M'B' dans l'équation

$$M''B'' = M'B' + M''O,$$

on trouvera

$$M''B'' = - dp.\varphi(\tang \alpha - dp) - dp.\varphi(\tang \alpha - 2dp).$$

Pour calculer l'ordonnée M'''B''' qui correspond à l'abscisse AB''' $= \tang \alpha - 3dp$, il suffira d'ajouter à la valeur de M''B'' celle de M'''O' qui, d'après ce qui précède, équivaut à $- dp.\varphi(\tang \alpha - 3dp)$, et l'on aura

$$B'''M''' = - dp.\varphi(\tang \alpha - dp) - dp.\varphi(\tang \alpha - 2dp)$$
$$- dp.\varphi(\tang \alpha - 3dp).$$

C'est ainsi qu'on déterminera une suite de points qui appartiendront à la courbe auxiliaire dont les coordonnées sont p et x. Conduisant par ces points des lignes droites, on formera un polygone BM'M''M''', etc. qui s'approchera d'autant plus de la courbe, que dp aura moins d'étendue.

En opérant de la même manière à l'égard de l'équation $dy = \psi p.dp$, on construira une seconde courbe auxiliaire BD, dans laquelle les coordonnées seront p et y. Les coordonnées, telles que mb et lb qui, dans ces deux courbes auxiliaires, appartiennent à une même abscisse p, seront les coordonnées de la trajectoire. De sorte qu'en prenant pour abscisses de la trajectoire les coordonnées B'M', B''M'', B'''M''', etc. de la première courbe, les ordonnées de la trajectoire seront B'L', B''L'', B'''L''', etc.

CHAPITRE XI.

Des forces et des différentes manières de les mesurer.

293. Nous avons vu, art. 226, que deux forces F et F' appliquées à un même mobile, étaient entr'elles comme les vitesses qu'elles communiquent à ce mobile. Considérons maintenant ces forces lorsqu'elles sont appliquées à des masses différentes, et supposons d'abord que deux forces égales et directement opposées, agissent sur deux masses M et M', égales et sphériques ; elles communiqueront à ces masses deux vitesses V et V' qui seront égales. M et M', en se rencontrant, se presseront mutuellement, et se mettront en équilibre, parce que tout est égal de part et d'autre. Mais si l'on avait $M = nM'$ et que V' surpassât V, on regarderait M comme composé des masses m', m'', $m'''\ldots m^{(n)}$ égales chacune à M'. Il est certain qu'en vertu de la liaison mutuelle des parties qui composent les solides, l'une de ces masses ne pourrait se mouvoir sans entraîner les autres ; de sorte que si le mobile M devait parcourir, par exemple, trois mètres par seconde, chacune des masses m', m'', m''', etc. parcourrait aussi trois mètres par seconde, ce qui revient à dire que si V est la vitesse de M, les masses m', m'', m''', etc. auront chacune la même vitesse V. Or si m', animé de la vitesse V, vient choquer la masse M' qui, par hypothèse, lui est égale, elle détruira dans V' une vitesse égale à V ; et si dans le même temps m'', agissant par l'intermédiaire des autres masses, choque aussi M', elle détruira encore une partie V de V', et ainsi de suite pour les autres masses. De sorte que toutes ces masses réunies détruiront spontanément dans V', une vitesse

égale à nV ; et en supposant que la vitesse V' soit alors épuisée, il y aura équilibre : il faudra donc que, dans ce cas, on ait V' $= n$V. Eliminant n entre cette équation et l'équation M $= n$M', on obtiendra la proportion

$$M : M' :: V' : V,$$

qui nous apprend que lorsqu'une masse M contient n fois la matière d'une autre, ces masses doivent être en raison inverse de leurs vitesses, pour qu'elles puissent se faire équilibre.

294. Cette proposition a encore lieu lorsque M ne renferme pas M' un nombre juste de fois : c'est ce qu'il serait facile de démontrer [8] par la considération des infiniment petits, ou par la méthode des limites.

295. Il suit de ce qui précède, que puisque les vitesses de deux corps sont en raison inverse des nombres de particules matérielles qu'ils contiennent, il faut, lorsque ces corps sont de mêmes volumes et de densités différentes, que leurs vitesses soient en raison inverse de leurs densités.

296. Supposons maintenant que la force F qui imprime à la masse M la vitesse V, agisse sur une masse qui soit M fois plus petite, et qui par conséquent pourra être représentée par $\frac{M}{M} = 1$, cette force communiquera à la masse 1, une vitesse qui vaudra M fois celle que F communiquerait à M ; cette vitesse sera donc exprimée par MV.

Par la même raison, la force F' qui communique à M' la vitesse V', communiquera à la masse $\frac{M'}{M'} = 1$, une vitesse M'V'.

Les vitesses MV et M'V' étant celles qui sont communiquées par les forces F et F' à une même masse 1, il suit du principe des vitesses proportionnelles aux forces (art. 226), que l'on a

DE LA MESURE DES FORCES.

$$F : F' :: MV : M'V'.$$

Les expressions MV et M'V' sont ce qu'on appelle les *quantités de mouvement* communiquées par les forces F et F' aux mobiles M et M'.

297. L'unité de force étant arbitraire, nous pouvons la représenter par la quantité de mouvement qu'elle communique au mobile. Ainsi en supposant que F' soit cette unité de force, nous remplacerons F' par M'V' dans la proportion précédente, et nous en conclurons

$$F = MV.$$

298. Si nous considérons la force φ qui agit instantanément, nous avons vu, art. 226, que cette force était représentée par la vitesse qu'elle communiquerait au mobile dans l'unité de temps, si le mouvement devenait tout à coup uniformément accéléré ; nous aurons donc, en mettant pour V sa valeur φ,

$$F = M\varphi.$$

Cette équation nous apprend encore que φ est la force qui agirait sur l'unité de masse ; car si l'on fait $M = 1$, on a

$$F = \varphi,$$

φ étant la force accélératrice, F est celle qu'on appelle la force motrice.

299. Nous avons vu, art. 129, qu'en nommant g la force de la pesanteur, P le poids du corps, et M sa masse, on avait

$$P = Mg;$$

si entre cette équation et la précédente, on élimine M, on trouvera

$$F = P \frac{\varphi}{g};$$

de sorte que lorsque la force accélératrice φ est celle de la pesanteur, $\varphi = g$ et l'équation précédente se réduit à

$$F = P.$$

Dans ce cas, la force accélératrice est donc évaluée par le poids du corps sur lequel elle agit.

300. Il y eut autrefois entre les géomètres une dispute célèbre sur la mesure des forces. Cette dispute, comme beaucoup d'autres, provenait de ce qu'on ne s'entendait pas sur la définition des mots.

Une force ne nous étant connue que par ses effets, peut être mesurée de différentes manières, suivant l'usage à laquelle on veut l'approprier. Par exemple, si l'on se propose de déterminer le fardeau qu'un homme peut soutenir instantanément, il est évident que la force de cet homme sera proportionnelle au poids qu'il sera capable de soutenir, et par conséquent pourra être représentée par ce poids; mais si l'on veut mesurer la force de cet homme par le travail qu'il peut exécuter dans un temps donné, on aura une autre manière d'évaluer sa force, et qui sera entièrement différente de l'autre; car on sent qu'un homme plus faible pourrait, avec plus d'aptitude à soutenir une longue fatigue, donner dans son travail un plus grand résultat, et sous ce point de vue, être considéré comme animé d'une plus grande force que l'autre. Dans cette seconde manière de considérer la force d'un homme, nous la regarderons comme proportionnelle au poids qu'il soulève, et à la hauteur à laquelle il l'aura élevé dans un temps donné, bien entendu qu'on ne suppose pas que l'effort varie à raison de la hauteur, parce que dans le fond, cette hauteur ne représente ici que le nombre de fois qu'un certain travail est répété. Ainsi en supposant que deux hommes élèvent dans une journée de travail le même poids, l'un à 600 mètres de haut, et l'autre à 200 mètres, dans cette manière d'estimer la force, nous regarderons l'un de ces hommes comme ayant trois fois autant de force que l'autre. Il suit encore de là que si dans la même journée de travail, deux hommes élevaient, le premier 20 kilogrammes à 200 mètres, et le second 10 kilogrammes à 400 mètres, on les regarderait, dans la présente hypothèse, comme ayant des forces égales, quoique réellement les forces intrinsèques de ces hommes puissent être très-différentes ; mais nous ne les considérons ici que sous le rapport du travail produit.

C'est de cette manière que Descartes estime la force d'un homme ou de tout autre moteur. La dispute qui le divisait d'opinion avec d'autres géomètres, ne roulait que sur la définition du mot *force*. Il prétendait qu'une force devait s'évaluer par le produit de la masse, par le carré de la vitesse. Nous allons voir comment, lorsque l'on considère les corps en mouvement, la définition de Descartes, du mot *force*, peut conduire à cette conséquence.

Soit P le poids soulevé, et h la hauteur à laquelle il doit être élevé dans un temps donné, la force, dans l'hypothèse de Descartes sera donc mesurée par le produit

$$P \times h.$$

On peut, dans cette expression, remplacer P par sa valeur Mg, art. 129, et l'on aura

$$Ph = Mgh;$$

multipliant par 2, il viendra

$$2Ph = M \times 2gh;$$

observant que le carré de la vitesse v due à la hauteur h, a pour expression $2gh$, art. 236, on peut remplacer $2gh$ par v^2, ce qui donne

$$2Ph = Mv^2.$$

Ayant défini le mot de *force* autrement que Descartes, nous ne dirons pas comme lui, que Mv^2 est la mesure d'une force, parce que nous avons vu, art. 297, qu'une force devait être représentée par la quantité de mouvement Mv qu'elle produit. Ainsi, pour éviter toute équivoque, nous emploierons une nouvelle dénomination en donnant, suivant l'usage, le nom de *force vive*, au produit Mv^2 de la masse par le carré de la vitesse.

Les forces vives peuvent être d'une grande utilité, lorsqu'il s'agit de mesurer l'effet ou la dépense d'une machine. S'agit-il, par exemple, de disposer d'une chute d'eau, de faire mouvoir un chariot sur un terrain donné, de comprimer une masse d'air, de faire sortir d'une mine une certaine quantité de combustibles, etc. Dans tous ces cas, on peut ramener l'effet de la force motrice au produit d'un certain poids, par une longueur donnée ; par conséquent à une expression de la forme Ph dont le double, comme nous venons de le démontrer, revient au produit Mv^2.

CHAPITRE XII.

Du choc direct des Corps.

301. Nous diviserons les corps en corps durs et en corps élastiques : un corps dur est celui qui, après le choc, ne change pas de figure ; un corps élastique est celui qui, étant compressible, reprend après le choc sa figure primitive en vertu d'une force qui réside dans ce corps.

Tous les corps participent plus ou moins de ces deux états que nous regarderons comme des limites entre lesquelles ces corps sont placés.

Du choc des Corps durs.

302. Soient M et M′ (fig. 155) deux corps durs sphériques qui se meuvent dans le sens de A vers C. Si M va plus vite que M′, il l'atteindra, et alors les mobiles se comprimeront réciproquement, jusqu'à ce qu'ils soient animés d'une vitesse commune.

Nommons F et F′ les forces qui ont communiqué aux mobiles M et M′, les vitesses V et V′. Comme ces forces peuvent être représentées par les quantités de mouvement qu'elles impriment aux mobiles, art. 297, nous aurons

$$F = MV, \quad F' = M'V':$$

or d'après le principe de la composition des forces, celles qui suivent la même direction devant s'ajouter lorsqu'elles agissent dans le même sens, nous écrirons

$$F + F' = MV + M'V'.$$

Nous avons une autre expression de $F + F'$; car soit v la vitesse commune de ces corps après le choc; on peut regarder $M + M'$ comme un seul corps qui, en vertu de la force $F + F'$, a acquis la vitesse v. Nous aurons donc encore

$$F + F' = (M + M')v.$$

De ces équations nous tirerons

$$(M + M')v = MV + M'V';$$

d'où nous conclurons

$$v = \frac{MV + M'V'}{M + M'}.$$

303. Lorsque les corps vont à la rencontre l'un de l'autre, V′ est négatif, et l'on a

$$v = \frac{MV - M'V'}{M + M'}.$$

Si le corps M′ était en repos lorsque M vient le choquer, V′ serait nul, et les formules précédentes se réduiraient à

$$v = \frac{MV}{M + M'}.$$

Du choc des Corps élastiques.

304. Examinons d'abord les circonstances du phénomène de l'élasticité dans un corps sphérique, qui, sollicité par une force perpendiculaire au plan inébranlable AB (fig. 156), serait lancé sur ce plan. Dès l'instant que le corps atteindra le plan AB, le diamètre ED, par la force de la compression, se raccourcira et le point D se rapprochera du centre C, tandis que les sections perpendiculaires à ED s'enfleront. Le point D s'arrêtera dans ce mouvement, lorsque la vitesse du corps sera totalement épuisée ; alors en vertu de l'élasticité, cette vitesse renaîtra successivement en sens contraire, jusqu'à ce que le corps ait repris sa forme primitive. Il suit de là que lorsque le mobile sera revenu à son point de départ, il aura acquis une vitesse égale à sa vitesse primitive, mais qui agira en sens contraire.

305. Considérons maintenant le choc de deux corps élastiques M et M′ (fig. 155), que nous supposerons aller dans le même sens. Ces corps devant s'atteindre, il faudra que la vitesse V de M surpasse la vitesse V′ de M′. Cela posé, ces corps, en se choquant, se comprimeront de plus en plus, jusqu'à ce que, parvenus au *maximum* de la compression, ils aient acquis une vitesse commune ; de sorte qu'un point matériel D du corps M (fig. 157) qui, en vertu de la seule vitesse V, aurait décrit la ligne DE, retardé dans son mouvement par l'effet de la compression, au lieu d'être arrivé en E à l'instant du *maximum* de la compression, ne sera parvenu qu'en F ; alors la force élastique

commençant à agir sur le point matériel, lui communiquera dans le sens de F en G, une vitesse égale à celle qu'il a perdue par la compression, et qui le ramènera à l'extrémité G d'une ligne FG égale à FE. La vitesse du mobile étant la même pour tous les points matériels qui le composent, art. 293, si nous représentons cette vitesse avant le choc par DE, nous pourrons conclure qu'après ce choc, elle sera réduite à

$$DE - GE = DE - 2FE.$$

306. Pour exprimer analytiquement les circonstances que nous venons d'examiner, nommons u la vitesse commune qui, au moment du *maximum* de la compression, anime tous les points des deux mobiles. Nous pourrons en cet instant regarder ces mobiles comme durs, et nous aurons pour déterminer u, l'équation

$$u = \frac{MV + M'V'}{M + M'} \ldots (158).$$

La vitesse perdue par le corps M en vertu de cette compression, étant égale à la vitesse V qu'avait le corps moins celle qui lui reste, sera exprimée par $V - u$.

Telle serait la vitesse qu'aurait perdue le corps au *maximum* de la compression, si la force élastique n'existait pas; mais cette force commençant dès lors à agir, fait perdre encore au mobile $V - u$; de sorte que la perte totale de vitesse du corps M, sera $2(V - u)$. Appelons v la vitesse après le choc; nous aurons donc pour déterminer v, l'équation

$$v = V - 2(V - u),$$

ou en réduisant,

$$v = 2u - V \ldots (159).$$

A l'égard de M', ce mobile parvenu au *maximum* de

la compression, devra être considéré comme corps dur, et par conséquent aura gagné une vitesse représentée par $u - V'$; car il est évident que cette vitesse gagnée est égale à la vitesse acquise, moins celle que le corps avait. C'est alors que l'élasticité commençant à agir, l'entraînera de manière à l'écarter du point de contact, et lui fera gagner encore $u - V'$; d'où il suit que la vitesse de M' après le choc, sera
$$V' + 2(u - V') = 2u - V'.$$
Appelant v' cette vitesse, nous aurons
$$v' = 2u - V'\ldots\ldots(160).$$
Mettant dans les équations (159) et (160) la valeur de u donnée par l'équation (158), nous obtiendrons enfin
$$v = \frac{2(MV+M'V')}{M+M'} - V, \quad v' = \frac{2(MV+M'V')}{M+M'} - V',$$
et en réduisant, on trouvera
$$v = \frac{V(M-M')+2M'V'}{M+M'}, \quad v' = \frac{V'(M'-M)+2MV}{M+M'} \ldots (161).$$
Si $M = M'$, on a
$$v = V' \quad \text{et} \quad v' = V\ldots\ldots(162).$$
La première de ces équations nous apprend que la vitesse de M, après le choc, est la même que celle de M' avant le choc; la seconde de ces équations nous conduisant à des conséquences analogues, concluons que, dans le cas où $M = M'$, les mobiles changent de vitesses après le choc.

307. Lorsque le mobile M' va à la rencontre de M, il faut faire V' négatif dans les formules précédentes, et l'on a
$$v = \frac{V(M-M')-2M'V'}{M+M'}, \quad v' = \frac{V'(M-M')+2MV}{M+M'}\ldots(163).$$

308. On peut supposer que les mobiles qui vont à la rencontre l'un de l'autre, soient égaux ; alors dans les équations précédentes on fera $M = M'$, ce qui les réduira à
$$v = -V', \quad v' = V \ldots (164);$$
d'où l'on conclura que les mobiles changeront de vitesses et s'écarteront ensuite.

309. Si les mobiles qui vont à la rencontre l'un de l'autre ont des vitesses égales, il suffira de faire $V' = V$ dans les équations (163), et l'on trouvera
$$v = \frac{V(M - 3M')}{M + M'}, \quad v' = \frac{V(3M - M')}{M + M'}.$$
Le corps M s'arrêtera lorsque sa vitesse v, après le choc, deviendra nulle ; ce cas arrive lorsque $M = 3M'$, c'est-à-dire, lorsque la masse du mobile M est triple de celle de M'. Dans cette hypothèse de $M = 3M'$, on trouve $v' = 2V$.

310. Enfin, si le mobile M' était en repos, et qu'il fût atteint par M qui lui serait égal, en faisant dans les équations (161) $V' = 0$ et $M = M'$, on aurait pour ce cas,
$$v = 0 \quad \text{et} \quad v' = V;$$
par conséquent le mobile M perdrait sa vitesse et la donnerait à M'.

CHAPITRE XIII.

Principe de la conservation du mouvement du centre de gravité dans le choc des corps.

311. Soient deux mobiles M et M' (fig. 158) qui, immédiatement avant le choc, sont parvenus aux points B et C ;

Fig. 158.

nommons E et E' leurs distances au point A, et représentons par X la distance du centre de gravité de leur système au même point. Si nous regardons les masses comme proportionnelles aux forces, nous aurons, par la propriété des momens,

$$(M + M') X = M.E + M'.E';$$

différentiant par rapport au temps t, il viendra

$$(M + M') \frac{dX}{dt} = M \frac{dE}{dt} + M' \frac{dE'}{dt}.$$

Les coefficiens différentiels $\frac{dE}{dt}$ et $\frac{dE'}{dt}$ qui entrent dans ces équations, représentent les vitesses des mobiles M et M' lorsqu'ils sont parvenus aux points B et C, dont les distances en A sont respectivement E et E'. Nommons V et V' ces vitesses, et désignons par W la vitesse $\frac{dX}{dt}$ du centre de gravité du système, nous aurons, en substituant ces valeurs dans l'équation précédente,

$$W = \frac{MV + M'V'}{M + M'} \ldots (165).$$

Telle est la vitesse du centre de gravité du système, lorsque les mobiles sont arrivés avant le choc aux points B et C; mais lorsqu'immédiatement après le choc les mobiles se trouveront aux points B' et C', le centre de gravité du système changera de position. On peut demander ce que devient alors sa vitesse. Pour le savoir, soient w cette vitesse, et x la distance du centre de gravité en A: les mobiles dans cette nouvelle hypothèse étant parvenus aux points B' et C', représentons par e et e' les distances AB' et AC' de ces mobiles au point A, et par U et U' leurs vitesses, nous aurons, comme précédemment,

$$(M + M') x = M'.e + M'.e,$$

et en différentiant les variables e, e' et x par rapport à t, nous trouverons

$$(M+M')\frac{dx}{dt} = M\frac{de}{dt} + M'\frac{de'}{dt}.$$

Remplaçons $\frac{dx}{dt}$, $\frac{de}{dt}$ et $\frac{de'}{dt}$ par les vitesses w, U et U', nous trouverons

$$w = \frac{MU+M'U'}{M+M'} \dots \dots (166).$$

312. Il se présente ici deux hypothèses : ou les corps sont durs, ou ils sont élastiques ; dans le premier cas,

$$U = u = U';$$

donc

$$w = \frac{M+M'}{M+M'} u = u.$$

Or nous avons vu, art. 306, que la vitesse u, qui a lieu au *maximum* de la compression, était égale à

$$\frac{MV+M'V'}{M+M'};$$

cette vitesse ayant précisément la même valeur que W, il suit de là que $w = W$; ce qui nous apprend que dans le choc des corps durs, la vitesse du centre de gravité du système, est la même après le choc qu'elle l'était avant.

313. A l'égard des corps élastiques, nous avons, article 306, $2u - V$ et $2u - V'$ pour les vitesses après le choc des corps M et M' situés aux points B' et C'.

Substituant ces valeurs de U et de U' dans l'équation (166), nous trouverons

$$w = \frac{M(2u-V)+M'(2u-V')}{M+M'};$$

ou, en réduisant,

$$w = 2u - \frac{(MV+M'V')}{M+M'};$$

remplaçant par u la fraction qui entre dans cette équation, il restera
$$w = u.$$
ou plutôt
$$w = \frac{MV + M'V'}{M + M'};$$
éliminant le second membre de cette équation, au moyen de l'équation (165), on obtiendra
$$w = W;$$
par conséquent, dans les corps élastiques comme dans les corps durs, la vitesse du centre de gravité est la même immédiatement avant et après le choc.

CHAPITRE XIV.

Principe de la conservation des forces vives dans le choc des corps élastiques. Égalité de leurs vitesses relatives, et détermination de la différence des forces vives dans le choc des corps durs.

314. L<small>E</small> principe de la conservation des forces vives dans le choc des corps élastiques, revient à cette proposition : *Lorsque deux corps élastiques se rencontrent, la somme des forces vives est la même avant et après le choc.*

Soient V, V' les vitesses des corps M et M' avant le choc, et v, v' les vitesses qu'ils ont après : la somme des forces vives avant le choc est donc représentée par $MV^2 + M'V'^2$, et il s'agit de prouver qu'elle est égale à $Mv^2 + M'v'^2$, somme des forces vives après le choc.

Pour cet effet, nous avons vu, art. 306, que les vitesses v et v' des corps M et M', après le choc, étaient données par les équations
$$v = 2u - V, \quad v' = 2u - V';$$
nous avons donc
$$Mv^2 + M'v'^2 = M(2u - V)^2 + M'(2u - V')^2,$$
et en développant les carrés indiqués dans le second membre, on trouvera
$$Mv^2 + M'v'^2 = MV^2 + M'V'^2$$
$$+ 4(Mu^2 + M'u^2 - MVu - M'V'u)\ldots\ldots(167);$$
les termes compris entre les parenthèses se détruisent mutuellement à cause de la relation, équation 158,
$$u = \frac{MV + M'V'}{M + M'};$$
car en chassant les dénominateurs et en faisant passer tous les termes dans le premier membre, et en multipliant l'équation par u, on obtient
$$Mu^2 + M'u^2 - MVu - M'V'u = 0;$$
par conséquent l'équation (167) se réduit à
$$Mv^2 + M'v'^2 = MV^2 + M'V'^2.$$
Cette équation peut s'écrire ainsi,
$$Mv^2 + M'v'^2 - MV^2 + M'V'^2 = 0;$$
ce qui nous apprend que dans le choc des corps élastiques, la différence des forces vives qui ont lieu avant et après le choc, est égale à zéro.

315. On démontre aussi une autre propriété des corps élastiques ; c'est que les vitesses relatives de ces corps sont les mêmes avant et après le choc. Pour s'en convaincre,

il suffit de retrancher l'une de l'autre les équations

$$v = 2u - V, \quad v' = 2u - V',$$

et l'on trouve

$$v - v' = -(V - V'),$$

différences égales et de signes contraires; donc après le choc, v sera autant au-dessus de v' que V' surpassait V avant le choc.

316. Dans le choc des corps durs, la différence des forces vives qui ont lieu avant et après le choc, n'est pas égale à zéro, comme lorsque les corps étaient élastiques, mais elle se trouve égale à la somme des forces vives des masses animées des vitesses perdues ou gagnées.

Ce théorème est dû à M. Carnot. Voici une manière très-simple de le démontrer.

Les vitesses perdues par les corps M et M' étant $V - u$ et $V' - u$, si les masses M et M' se trouvaient animées de ces vitesses, leurs forces vives seraient respectivement,

$$M(V - u)^2 \quad \text{et} \quad M'(V' - u)^2 \;(^*);$$

égalant cette expression à son développement, nous aurons l'équation identique

$$M(V - u)^2 + M'(V' - u)^2$$
$$= MV^2 + M'V'^2 + (M + M')u^2 - 2u(MV + M'V') \ldots (168);$$

éliminant $MV + M'V'$ au moyen de l'équation

$$u = \frac{MV + M'V'}{M + M'};$$

le second membre de l'équation (168) se réduit à

$$MV^2 + M'V'^2 - (M + M')u^2;$$

(*) Comme le carré de $V - u$ est également celui de $u - V$, on voit que les expressions $M(V - u)^2$ et $M(V' - u)^2$ sont aussi celles des forces vives dues aux vitesses gagnées $u - V$ et $u - V'$.

CONSERVATION DES FORCES VIVES.

par conséquent l'équation (168), en changeant réciproquement ses membres, peut se mettre sous la forme
$$MV^2 + M'V'^2 - (M + M')u^2 = M(V - u)^2 + M'(V' - u)^2;$$
ce qui vérifie le théorème que nous avons énoncé.

CHAPITRE XV.

Du mouvement d'un point matériel assujéti à se mouvoir sur une courbe donnée.

317. Lorsqu'un point matériel m (fig. 159) sans pesanteur, est assujéti à se mouvoir sur une courbe en vertu d'une force d'impulsion K, si l'on décompose K en deux forces, l'une $mN = K'$ normale à la courbe, et l'autre $mT = K''$ tangente à la courbe, la force normale sera détruite par la résistance de cette courbe, et la force dirigée suivant la tangente aura seule son effet.

Fig. 159.

En considérant la courbe comme un polygone $mm'm''m'''$, etc. (fig. 160) d'un nombre infini de côtés, l'angle $tm'm''$ formé par le prolongement du côté mm' avec le côté suivant $m'm''$, est appelé *l'angle de contingence*; nous le représenterons par ω : le plan $tm'm''$ est le plan osculateur au point m'; ce plan, dans les courbes planes, est celui de la courbe.

Fig. 160.

Le mobile m, sollicité par la force K, reçoit une vitesse primitive v qui lui fera décrire le côté mm'; mais lorsqu'il sera arrivé en m', il se détournera pour parcourir $m'm''$. Dans ce passage, il perdra une vitesse que nous allons évaluer.

Pour cet effet, représentons la vitesse v par la droite $m'q$. Si nous décomposons $m'q$ en deux vitesses, l'une $m'n$

dirigée suivant le côté $m'm''$, et l'autre $m'l$ perpendiculaire à ce côté, nous aurons

$$m'l = m'q \sin tm'm'', \qquad m'n = m'q \cos tm'm'',$$

ou

$$m'l = v \sin \omega, \qquad m'n = v \cos \omega.$$

La composante $v \sin \omega$ étant détruite par la résistance du polygone, la vitesse v sera réduite à $v \cos \omega$; par conséquent la vitesse perdue qui est égale à la vitesse primitive moins la vitesse actuelle, sera exprimée par $v - v\cos\omega$; ou, ce qui est la même chose, par $v(1 - \cos\omega)$.

Quand au lieu d'un polygone on a une courbe, l'angle $tm'm''$ devient infiniment petit. Dans ce cas, la vitesse $v(1 - \cos\omega)$ est un infiniment petit du second ordre.

Pour s'en convaincre, il suffit de remarquer que $1 - \cos\omega$ représentant le sinus verse DB (fig. 161) de l'angle ω mesuré par l'arc CB, nous avons

$$AD : CD :: CD : DB.$$

Or quand un arc CB est infiniment petit, il en est de même de CD; et puisque CD est infiniment petit à l'égard de AD, il faut en vertu de la proportion précédente, que DB soit aussi infiniment petit à l'égard de CD; c'est-à-dire, soit un infiniment petit du second ordre. Ainsi la vitesse qui est perdue par chaque côté infiniment petit du polygone, étant un infiniment petit d'un ordre inférieur, doit être négligée devant la vitesse $v \cos \omega$ qui est un infiniment petit du premier ordre. D'où l'on peut conclure que le mobile qui parcourt la courbe, conserve toujours toute la vitesse qui lui a été imprimée lorsqu'il s'est mis en mouvement.

318. Quant à la force $v \sin \omega$ qui presse la courbe et qui est détruite par sa résistance, cette force varie à chaque élément, puisque $\sin \omega$ change continuellement; par conséquent on peut la considérer comme une force accélératrice qui agirait sur le mobile.

Si, outre cette force, il y avait plusieurs forces accélératrices appliquées au point m, en les décomposant de la même manière, on devrait ajouter à $v \sin \omega$ toutes les composantes normales de ces forces accélératrices.

319. Imaginons au point m (fig. 159) une force normale N, directement opposée et égale à la résultante de toutes ces forces; la résistance que la courbe leur oppose, sera mesurée par N. Nommons α, β, γ les angles que cette force accélératrice normale fait avec les trois axes; les composantes de N suivant ces axes, seront respectivement,

$$N \cos \alpha, \quad N \cos \beta, \quad N \cos \gamma,$$

et devront s'ajouter aux forces accélératrices X, Y, Z dans les équations du mouvement; de sorte que nous aurons

$$\frac{d^2 x}{dt^2} = X + N \cos \alpha \ldots \ldots (169),$$

$$\frac{d^2 y}{dt^2} = Y + N \cos \beta \ldots \ldots (170),$$

$$\frac{d^2 z}{dt^2} = Z + N \cos \gamma \ldots \ldots (171).$$

A ces équations nous en réunirons deux autres qui résultent des relations nécessaires qui existent entre les angles α, β et γ; la première de ces équations est

$$\cos^2 \alpha + \cos^2 \beta + \cos^2 \gamma = 1 \ldots \ldots (172).$$

A l'égard de la seconde, nous observerons que lorsque deux droites qui sont à angles droits dans l'espace, forment avec les axes coordonnés, des angles α, β, γ et α', β', γ', on a, d'après les principes de la Géométrie analytique [9],

$$\cos \alpha \cos \alpha' + \cos \beta \cos \beta' + \cos \gamma \cos \gamma' = 0.$$

Dans le cas présent, cette équation subsiste entre la tangente et la normale; car α, β, γ étant les angles formés par la normale N avec les axes coordonnés, cette normale est perpendiculaire à la tangente en m, qui fait avec les axes coordonnés, des angles que nous pourrons représenter par α', β', γ'; ces angles α', β', γ' étant aussi ceux que l'élément de la courbe forme avec les axes, on a

$$\alpha' = \frac{dx}{ds}, \quad \beta' = \frac{dy}{ds}, \quad \gamma' = \frac{dz}{ds};$$

substituant ces valeurs dans l'équation précédente, il viendra

$$\frac{dx}{ds}.\cos\alpha + \frac{dy}{ds}.\cos\beta + \frac{dz}{ds}.\cos\gamma = 0\ldots\ldots(173).$$

320. Pour déterminer la vitesse, on multipliera les équations, (169), (170) et (171), la première par $2dx$, la seconde par $2dy$, et la troisième par $2dz$, et en les ajoutant on obtiendra

$$2dx\frac{d^2x}{dt^2} + 2dy\frac{d^2y}{dt^2} + 2dz\frac{d^2z}{dt^2} = 2(Xdx + Ydy + Zdz)$$
$$+ 2N(dx\cos\alpha + dy\cos\beta + dz\cos\gamma).$$

Le dernier terme de cette équation doit être supprimé à cause de la relation suivante,

$$\frac{dx}{ds}\cos\alpha + \frac{dy}{ds}\cos\beta + \frac{dz}{ds}\cos\gamma = 0\,;$$

par conséquent il nous restera

$$2dx\frac{d^2x}{dt^2} + 2dy\frac{d^2y}{dt^2} + 2dz\frac{d^2z}{dt^2} = 2(Xdx + Ydy + Zdz),$$

ou plutôt

$$\frac{d(dx^2 + dy^2 + dz^2)}{dt^2} = 2(Xdx + Ydy + Zdz).$$

Remplaçant la somme des carrés des différentielles des

variables par ds^2 et intégrant, nous obtiendrons

$$\frac{ds^2}{dt^2} = 2\int(X dx + Y dy + Z dz),$$

ou

$$v^2 = 2\int(X dx + Y dy + Z dz)\ldots\ldots(174).$$

321. Appliquons ces formules au cas où les forces accélératrices sont nulles; on a alors

$$X = 0, \quad Y = 0, \quad Z = 0,$$

et par conséquent,

$$v^2 = \textit{constante}.$$

Ainsi un corps sans pesanteur qui se mouvrait sur une courbe, conserverait toujours la même vitesse. C'est ce que nous avons déjà prouvé par d'autres considérations, art. 318.

322. Supposons maintenant que le mobile qui glisse sur la courbe soit un corps pesant, nous aurons dans ce cas,

$$X = 0, \quad Y = 0, \quad Z = g,$$

et alors l'équation (174) se réduit à

$$v^2 = 2\int g\, dz = 2gz + C.$$

Si v devient V quand z est nul, nous aurons

$$V^2 = C.$$

Substituant cette valeur dans l'équation précédente, nous obtiendrons

$$v^2 = 2gz + V^2;$$

d'où nous tirerons

$$v = \sqrt{2gz + V^2}\ldots\ldots(175).$$

Cette équation donne la vitesse, indépendamment des relations qui peuvent exister entre les coordonnées x, y, z;

par conséquent cette vitesse a lieu quelle que soit la forme de la courbe.

L'équation que nous venons d'obtenir pour déterminer la vitesse, ne suffit pas lorsqu'on veut connaître le temps et l'espace ; car en y mettant la valeur de v on a

$$\frac{ds}{dt} = \sqrt{2gz + V^2},$$

ou plutôt

$$\frac{\sqrt{dx^2 + dy^2 + dz^2}}{dt} = \sqrt{2gz + V^2}.$$

Or pour intégrer il faut qu'au moyen des équations de la courbe, on puisse réduire cette dernière à n'avoir que deux variables ; car supposons que les équations de la courbe soient

$$z = f(x, y), \quad z = \varphi(x, y) \ldots \ldots (176),$$

si, à l'aide de ces équations, on élimine deux des variables x, y, z, il ne s'agira plus que d'intégrer une équation entre dt et l'une des coordonnées du point matériel.

323. La vitesse donnée par l'équation (175) étant déterminée sans qu'il soit besoin de faire usage des équations (176), concluons que la vitesse ne dépend point de la forme de la courbe, mais de son ordonnée verticale z ; par conséquent si, à partir du point O (fig. 162) où $z = 0$ et $v = V$, on mène divers arcs de courbes OM, OM', OM", etc. qui se terminent à un plan horizontal KL, toutes les ordonnées z de ces points étant égales, il s'ensuit qu'en faisant partir du point O différens mobiles avec la même vitesse V, ils auront acquis des vitesses égales lorsqu'ils seront arrivés aux points M, M', M", etc., situés sur le plan horizontal.

Fig. 162.

324. En général, quel que soit le nombre des forces accélératrices, lorsque l'équation est intégrable, on peut

déterminer v sans qu'il soit nécessaire d'assigner la courbe. En effet, si d'après la nature des forces accélératrices, on met dans l'équation (174) les valeurs de X, de Y et de Z en fonction des coordonnées x, y, z, et que l'expression

$$\int (X dx + Y dy + Z dz)$$

soit intégrable, nous pourrons la représenter par

$$f(x, y, z),$$

et alors l'équation (174) deviendra

$$v^2 = 2f(x, y, z) + C'.$$

Appelant $f(a, b, c)$ ce que devient $f(x, y, z)$ lorsque $v = 0$; on aura

$$v^2 = 2f(x, y, z) - 2f(a, b, c),$$

expression qui ne dépend que des coordonnées des points x, y, z et a, b, c.

325. Nous avons vu que la force normale N dérivait des composantes des forces accélératrices, prises dans le sens de la normale à la courbe, et de la force normale produite par la vitesse. Pour évaluer cette dernière force, abaissons les perpendiculaires on, on' (fig. 163) sur les milieux des côtés égaux consécutifs mm', $m'm''$ d'un polygone d'un très-grand nombre de côtés, l'angle $tm'm''$ formé par l'un de ces côtés et le prolongement de l'autre, sera l'angle que nous avons représenté par ω. Or les angles n en n' du quadrilatère $non'm'$ étant droits, on aura

$$non' + nm'n' = 2 \text{ angles droits} = tm'm'' + nm'n';$$

donc

$$tm'm'' \quad \text{ou} \quad \omega = non' = 2nom'.$$

La petitesse de l'angle nom' qui est mesuré par l'arc qui lui correspond, permet de prendre le sinus à la place de l'arc, et comme ce sinus est exprimé par $\dfrac{m'n}{m'o}$, ou

Fig. 163.

plutôt par $\frac{m'n}{no}$, puisque les droites $m'o$ et no sont censées égales, nous trouverons

$$\omega = \frac{2m'n}{no} = \frac{mm'}{no},$$

en passant du polygone à la courbe qui en est la limite, le côté $m'm$ deviendra l'élément de la courbe, et no son rayon de courbure ; par conséquent l'expression précédente se changera en

$$\omega = \frac{ds}{\gamma}.$$

Nommons φ la force accélératrice qui dérive des composantes normales de la vitesse : comme toute force accélératrice est représentée par l'élément de la vitesse, divisé par celui du temps, et que dans notre cas l'élément de la vitesse est $v \sin \omega$, nous aurons

$$\varphi = \frac{v \sin \omega}{dt},$$

ou, parce que tout arc infiniment petit peut être substitué à son sinus, cette expression deviendra

$$\varphi = \frac{v\omega}{dt};$$

remplaçant ω par sa valeur que nous venons de trouver, nous aurons

$$\varphi = \frac{v}{\gamma} \frac{ds}{dt} \quad \text{ou} \quad \varphi = \frac{v^2}{\gamma},$$

à l'égard de la pression normale qui résulte des autres forces, on la déterminera par le parallélogramme des forces.

326. Supposons, par exemple, que la courbe soit plane, et que les forces qui sont appliquées au mobile agissent dans le plan de la courbe, on réduira toutes les

forces à une seule R dirigée dans ce plan; et en nommant θ l'angle que cette force fait avec la normale, on aura R cos θ pour la composante de R suivant cette normale. Si cette force agit contre la courbe, elle sera en sens contraire de la force $\frac{v^2}{\gamma}$ qui presse le point matériel sur la courbe; ou, ce qui est la même chose, qui tend à l'éloigner du centre : nous aurons donc, dans ce cas,

$$N = \frac{v^2}{\gamma} - R \cos \theta.$$

CHAPITRE XVI.

De la force centrifuge.

327. Lorsqu'un mobile se meut autour d'un centre fixe C, et décrit la courbe LMK (fig. 164), s'il était libre, il s'échapperait en vertu de la loi d'inertie, suivant la tangente LT à la courbe; mais si l'on suppose maintenant qu'au lieu d'être libre, il soit retenu par le centre C, le mobile abandonnera la direction de la tangente LT et arrivera en M. Or si l'arc LM est infiniment petit, l'angle LCM le sera aussi; par conséquent on devra regarder les droites LC et MC comme parallèles. Dans ce cas, on pourra donc remplacer CM par la parallèle à LC menée par le point M, c'est-à-dire par MC'; alors le centre fixe sera considéré comme si, au lieu d'être situé en C, il était en C'. Cela posé, puisque le mobile livré à lui-même devrait être à l'extrémité D du parallélogramme infiniment petit LNMD, tandis que lorsqu'il est retenu par le centre fixe, il est arrivé en M, l'effet de la force qui l'attire vers C',

Fig. 164.

sera donc mesuré par MD. D'une autre part, la droite inflexible menée par le centre fixe au mobile, n'éprouvant une tension que parce que le mobile résiste à la force qui l'attire vers ce centre. Cette tension sera aussi mesurée par MD. C'est cette force qui écarterait le mobile du centre fixe. Si l'action de centre cessait d'agir, cette tension est la force centrifuge ; elle est égale et directement opposée à la force qui sollicite le mobile vers le centre, et qu'on appelle *la force centripète*.

D'après ce qui précède, on voit que la force centrifuge n'est autre chose que celle que nous avons représentée par $\dfrac{v^2}{\gamma}$.

328. Pour déterminer directement l'expression de la force centrifuge, nous pouvons remplacer l'arc infiniment petit LM par la corde du cercle osculateur au point L (fig. 165), et l'effet de la force centrifuge par le sinus verse LN.

Cela posé, d'après la propriété du cercle, nous avons

$$\text{LN} : \text{ML} :: \text{ML} : \text{LE},$$

ou, en substituant l'arc à la corde,

$$\text{LN} : ds :: ds : 2\gamma;$$

donc

$$\text{LN} = \frac{ds^2}{2\gamma};$$

et en mettant vdt à la place de ds, on trouvera

$$\text{LN} = \frac{v^2 dt^2}{2\gamma} \ldots \ldots (177).$$

Examinons si nous ne pouvons pas trouver une autre expression de LN. Pour cela, remarquons que le temps employé par le mobile à venir de L en M (fig. 164), est le même que celui que la force centrifuge met à produire l'effet LN. Or quand l'espace parcouru par le mobile est l'arc LM=ds, le temps correspondant à ds sera dt. D'où il suit que LN est l'effet de la force centrifuge dans l'instant dt. Pour évaluer cet effet, il faut observer que la force centrifuge agit continuellement et conserve toujours la même intensité à chaque impulsion qu'elle donne au mobile, parce qu'elle est directement opposée à la force centripète qui le retient et qui lui oppose à chaque instant la même résistance.

La force centrifuge doit donc être considérée comme une force accélératrice constante. Ainsi en représentant par f l'effet de cette force dans l'unité de temps, nous regarderons f comme constante dans les équations

$$\frac{dv}{dt} = f, \quad \frac{de}{dt} = v ;$$

en intégrant ces équations, nous trouverons

$$v = t \cdot f, \quad e = \tfrac{1}{2} t^2 \cdot f.$$

Or l'espace LN étant celui qui correspond au temps dt qui a commencé à s'écouler depuis que le mobile était en L, il faudra, lorsque e deviendra LN, que t se change en dt dans l'équation précédente, et alors on trouvera

$$\text{LN} = \tfrac{1}{2} dt^2 \cdot f.$$

Mettant cette valeur de LN dans l'équation (177) et réduisant, nous obtiendrons

$$f = \frac{v^2}{\gamma} \ldots \ldots (178).$$

329. Si le mobile se mouvait circulairement, comme une fronde qu'on fait circuler, γ deviendrait le rayon R du cercle décrit par le mobile, et au lieu de l'équation (178), nous aurions

$$f = \frac{v^2}{R} \ldots \ldots (179).$$

Soit h la hauteur due à la vitesse v ; il y aura, art. 236,

entre ces variables, la relation
$$v^2 = 2gh;$$
éliminant v^2 entre cette équation et la précédente, nous obtiendrons
$$\frac{f}{g} = \frac{2h}{R};$$
ce qui nous apprend que la force centrifuge est à la gravité, comme le double de la hauteur due à la vitesse est au rayon du cercle décrit par le mobile.

Fig. 165. 330. Si un demi-cercle EAF (fig. 165) fait une révolution autour du diamètre EF = 2R, le point A, milieu de EAF, décrira une circonférence égale à $2\pi R$; et en supposant que ce mouvement du point A se fasse uniformément dans un temps T, si nous désignons par v la vitesse, nous aurons
$$v \times T = 2\pi R.$$
éliminant v entre cette équation et l'équation (179), on trouvera
$$f = \frac{4\pi^2 R}{T^2} \ldots \ldots (180).$$

Pareillement, soit f' la force centrifuge qui dérive de la rotation d'un mobile sur une circonférence $2\pi R'$, et nommons T' le temps écoulé dans ce mouvement, nous aurons encore
$$f' = \frac{4\pi^2 R'}{T'^2};$$
donc
$$f : f' :: \frac{R}{T^2} : \frac{R'}{T'^2} \ldots \ldots (181);$$
d'où il suit que lorsque les rayons R et R' sont les mêmes, les forces centrifuges sont en raison inverse des carrés des

DE LA FORCE CENTRIFUGE.

des temps; et que lorsque les temps sont les mêmes, les forces centrifuges sont dans le rapport direct des rayons.

331. Il est facile maintenant d'obtenir l'effet de la force centrifuge à l'équateur; car le rayon de la terre à l'équateur ayant été trouvé de 6376466 mètres, il suffira de remplacer R par cette valeur dans l'équation (180), et d'y mettre en même temps celles de π et de T.

La première de ces quantités est donnée approximativement par l'équation

$$\pi = 3,141592.$$

A l'égard de T, nous le remplacerons par la révolution entière d'un mobile qui serait à l'équateur. Or on sait que la terre fait sa révolution diurne en $0^j,997269$, et qu'un jour est composé de 86400 secondes. Ainsi en multipliant ces deux nombres l'un par l'autre, on aura

$$T = 0^j,997269 \times 86400'' = 86164 \text{ secondes}.$$

Substituant ces valeurs dans l'équation (180), on obtiendra

$$f = 0^m,0339 \ldots \ldots (182).$$

332. Connaissant f on peut déterminer l'expression G de la gravité qui aurait lieu à l'équateur si la terre était immobile. En effet, f agissant en sens contraire à la pesanteur, doit en diminuer l'intensité; de sorte qu'en appelant toujours g la pesanteur donnée par l'observation, nous devons avoir

$$g = G - f.$$

Mettant dans cette équation la valeur de g qui est à l'équateur de $9^m 78$, et celle de f, nous trouverons

$$9^m,78 = G - 0^m,0339;$$

d'où nous tirerons

$$G = 9^m,78 + 0^m,0339,$$

ou

$$G = 9^m,8139 \ldots\ldots (183).$$

Pour déterminer le rapport de la force centrifuge f à la pesanteur G, il suffit de diviser les équations (182) et (183) l'une par l'autre, ce qui nous donnera

$$\frac{f}{G} = \frac{0^m,0339}{9^m,8139} = \frac{1}{289} \ldots\ldots (184).$$

333. La proportion (181) donne la solution de ce problème :

Trouver quel devrait être le temps de la révolution diurne de la terre pour que la force centrifuge fût égale à la pesanteur.

Dans ce cas, soit T' le temps d'une révolution du globe terrestre, et f' la force centrifuge qui l'animerait alors; nous aurions par la nature du problème

$$f' = G \quad \text{et} \quad R' = R;$$

en substituant ces valeurs dans la proportion (181), on la réduirait à

$$f : G :: \frac{1}{T^2} : \frac{1}{T'^2},$$

et l'on obtiendrait

$$T'^2 = \frac{f}{G} T^2.$$

Mettant dans cette équation la valeur de $\frac{f}{G}$ donnée par l'équation (184), et tirant la racine carrée, on trouverait

$$T' = \frac{T}{\sqrt{289}},$$

ou

$$T' = \frac{T}{17} \text{ environ};$$

par conséquent si la terre avait un mouvement 17 fois aussi rapide que celui qui la fait tourner sur son axe, la force centrifuge serait égale à la pesanteur.

334. Pour savoir de combien la force centrifuge diminue celle de la gravité en un point qui ne serait pas à l'équateur, il faut trouver l'effet de la force centrifuge suivant la verticale BZ (fig. 166), menée par le point B que l'on considère. Pour cet effet, regardons la terre comme sphérique, parce que cette hypothèse n'influe pas sur le calcul; alors la latitude du lieu B étant représentée par l'arc AB, sera mesurée par l'angle

$$\text{BOA} = \text{ZBC} = \psi.$$

Fig. 166.

Nommons R le rayon AO de la terre, et R′ le rayon BD du parallèle qui passe par B, nous aurons

$$R' = R \cos \text{OBD},$$

ou

$$R' = R \cos \psi.$$

La force centrifuge CB qui agira en B suivant DB, sera égale, art. 330, à $\frac{4\pi^2 R'}{T^2}$; et la composante f'=Bl dirigée suivant BZ, sera donnée par l'équation

$$f' = \frac{4\pi^2 R'}{T^2} \times \cos \psi.$$

Mettant dans cette expression la valeur de R′, on aura donc

$$f : f' :: 1 : \cos \psi^2;$$

ce qui nous apprend que les forces centrifuges, en des lieux différens de la terre, sont entr'elles comme les carrés des latitudes.

CHAPITRE XVII.

Du Mouvement d'oscillation.

Fig. 167. 335. Soit OBC (fig. 167) une courbe continue coupée aux points O et C par une droite horizontale; supposons qu'il n'y ait point d'angle dans cette courbe qui puisse occasionner une perte de vitesse, et que la tangente BT à la plus grande ordonnée BP soit horizontale et perpendiculaire à cette ordonnée; alors la direction de BP sera verticale, et le plan des xy devra être horizontal, parce que nous employons des axes rectangulaires. Cela posé, cherchons l'expression de la vitesse d'un mobile qui, sollicité par la pesanteur, glisserait sur la courbe. Pour cet effet, nous observerons d'abord que si l'on regarde comme positives les ordonnées z qui se trouveront au-dessous du plan des x, y, la pesanteur g s'accroissant en même temps que ces ordonnées, devra être aussi considérée comme positive. Ainsi en faisant g positif dans les équations qui déterminent le mouvement du mobile, nous aurons

$$\frac{d^2x}{dt^2} = 0, \quad \frac{d^2y}{dt^2} = 0, \quad \frac{d^2z}{dt^2} = g.$$

Pour déterminer la vitesse à l'aide de ces équations, on multipliera la première par $2dx$, la seconde par $2dy$, et la troisième par $2dz$, et en les ajoutant, on trouvera

$$\frac{2dx\,d^2x + 2dy\,d^2y + 2dz\,d^2z}{dt^2} = 2g\,dz;$$

intégrant on aura

$$\frac{dx^2 + dy^2 + dz^2}{dt^2} = 2gz + C,$$

DU MOUVEMENT D'OSCILLATION.

ou, en observant que la somme des carrés des différentielles des coordonnées est égale au carré de l'élément ds, l'équation précédente pourra se convertir en

$$\frac{ds^2}{dt^2} = 2gz + C.$$

Mettant v à la place de $\frac{ds}{dt}$, il viendra

$$v^2 = 2gz + C.$$

Soit V la vitesse initiale qui a lieu au point O lorsque $z = 0$; l'équation précédente nous donnera

$$C = V^2;$$

par conséquent en y substituant cette valeur de C, on obtiendra

$$v^2 = V^2 + 2gz \ldots (185).$$

336. Les ordonnées croissant depuis O jusqu'en B, l'équat. (185) nous montre que la vitesse v doit aller en s'accélérant lorsque le mobile parcourt l'arc OB et qu'elle parvient en B à son *maximum*. Les ordonnées devant ensuite décroître, la vitesse diminuera à mesure que le mobile parcourra l'arc BC. Dans cette diminution, elle passera par les mêmes degrés de vitesse qu'elle s'était augmentée; car si par un point quelconque m on mène un plan horizontal qui coupe la courbe suivant une droite mm', les ordonnées mp et $m'p'$ seront égales; par conséquent en substituant leurs valeurs dans l'équation (185), on verra que les vitesses du mobile aux points m et m' seront égales.

La vitesse du mobile diminuant d'autant plus que l'arc parcouru Om est moindre, on trouvera sur le prolongement de cet arc, un point A où cette vitesse aura été nulle; par conséquent, le point A sera celui où le mobile sera censé avoir reçu le mouvement. Si par ce point on mène une droite horizontale AA', la vitesse en A' sera donc également nulle. Ainsi le mobile, dans son mouvement, s'arrêtera en ce point A′ où la vitesse est nulle. Alors l'action de la pesanteur le ramènera de A′ en B ; et comme les ordonnées vont en croissant de A′ en B, il sera facile de conclure, au moyen de l'équation (185), que la vitesse ira aussi en croissant. Le mobile parvenu au point B, où il a le *maximum* de vitesse, continuera donc à se mouvoir en vertu de cette vitesse, et remontera sur la branche BA jusqu'au point A, où la vitesse sera nulle. Mais l'action de la pesanteur le faisant descendre, il parcourra encore l'arc AB pour remonter jusqu'en A′, et ainsi de suite ; de sorte que le mobile fera un nombre indéfini d'oscillations.

337. Il est évident que les vitesses successives qu'acquiert le mobile lorsqu'il se meut sur l'arc AB, étant les mêmes que lorsqu'il se meut sur l'arc BA′, le mobile emploie le même temps à parcourir ces arcs. Ces oscillations faites en temps égaux, sont appelées isochrones.

338. Lorsque la courbe rentre sur elle-même, comme dans la figure 168, et que les tangentes aux points B et B′ sont parallèles à l'horizon, si le mobile parti d'un point quelconque O avec une vitesse initiale, descend de O en B, et peut remonter de B en B′ sans que sa vitesse soit épuisée, il descendra de nouveau le long de l'arc B′OB, et la pesanteur lui rendra successivement la vitesse qu'il avait lorsque pour la première fois il a parcouru B′OB. Perdant ensuite de sa vitesse lorsqu'il remontera suivant l'arc BO′B′, il lui restera en B′ le même excès de vitesse que lorsque, avant d'avoir fait une révolution de la courbe, il était en ce point. Il suit de là que le mobile, au lieu d'osciller, fera un nombre indéfini de révolutions autour de la courbe.

Fig. 168.

CHAPITRE XVIII.

Du Pendule simple.

339. Le pendule simple est un point matériel M (fig. 169) Fig. 169. qui, animé par la pesanteur et suspendu à une droite inflexible MC, fait des oscillations autour du centre C. Il est certain que dans ce mouvement le point M est assujéti à décrire un arc de cercle ; ainsi la vitesse de ce point sera donnée par l'équation

$$v^2 = V^2 + 2gz.$$

Changeant v en $\frac{ds}{dt}$ dans cette équation et tirant la valeur de dt, on trouvera

$$dt = \frac{ds}{\sqrt{V^2 + 2gz}} \ldots\ldots(186).$$

Le point de départ étant pris pour origine, z sera l'ordonnée M'P' (fig. 170) du point M' où se trouve le mobile dans un instant quelconque, et V^2 représentera le carré de la vitesse initiale ; c'est-à-dire celle qui avait lieu lorsque le mobile était à son point de départ M. Nommons h la hauteur due à cette vitesse initiale, nous aurons

$$V^2 = 2gh,$$

et les équations (185) et (186), en y substituant cette valeur deviendront

$$v = \sqrt{2g(h+z)}, \quad dt = \frac{ds}{\sqrt{2g(h+z)}}\ldots(187).$$

340. On peut exprimer z en fonction des coordonnées du

cercle décrit par CM (fig. 170). Pour cet effet, abaissons des points M et M', les perpendiculaires MB, M'D sur la verticale CE, et nommons a le rayon CE, b la distance verticale EB, et x l'abscisse ED du point M' rapportée à la nouvelle origine E, nous aurons

$$z = BD = b - x.$$

Au moyen de cette valeur, on convertira les équations (187) en celles-ci,

$$v = \sqrt{2g(h+b-x)}, \quad dt = \frac{ds}{\sqrt{2g(h+b-x)}} \ldots (188).$$

La première de ces équations nous donne la vitesse du mobile au point M' qui correspond à l'abscisse x; la seconde, lorsque nous l'aurons intégrée, nous fera connaître le temps que le mobile aura employé à venir en M'. Pour cela, nous ferons ensorte que le second membre de cette équation ne renferme plus qu'une seule variable; c'est à quoi nous parviendrons facilement en combinant cette équation avec les suivantes,

$$ds = \sqrt{dx^2 + dy^2} \ldots (189),$$
$$y^2 = 2ax - x^2 \ldots (190);$$

différentiant cette dernière, nous obtiendrons

$$y\,dy = (a - x)\,dx,$$

et par conséquent,

$$dy^2 = \frac{(a-x)^2}{y^2}\,dx^2.$$

Substituant cette valeur dans l'équat. (189), nous trouverons

$$ds = \sqrt{\left(1 + \frac{(a-x)^2}{y^2}\right)dx^2} = dx\sqrt{\frac{y^2 + (a-x)^2}{y^2}}.$$

Mettant dans le numérateur de la fraction qui est sous le

DU PENDULE SIMPLE.

radical, la valeur de y^2 donnée par l'équation (190), développant et réduisant, nous obtiendrons

$$ds = dx\sqrt{\frac{a^2}{y^2}} = \pm\frac{adx}{y} = \pm\frac{adx}{\sqrt{2ax - x^2}}$$
$$= \pm\frac{adx}{\sqrt{(2a-x)x}};$$

donc

$$dt = -\frac{adx}{\sqrt{(2a-x)x}\,\sqrt{2g(h+b-x)}}.$$

Des deux signes qui devraient affecter la valeur de dt, nous avons choisi le négatif, parce que lorsque t augmente, x diminue (*voyez* la note de la page 182).

341. Supposons que la vitesse initiale soit nulle, nous aurons

$$h = 0;$$

si en même temps l'arc suivant lequel se font les oscillations, est très-petit, nous pourrons négliger x devant $2a$, et la valeur de dt se réduira à

$$dt = -\frac{adx}{\sqrt{2ax}\,\sqrt{2g(b-x)}};$$

Remplaçant le facteur a du numérateur par $\sqrt{a^2}$, on pourra mettre l'équation précédente sous la forme

$$dt = -\tfrac{1}{2}\sqrt{\frac{a}{g}}\cdot\frac{dx}{\sqrt{(b-x)x}}\ldots(191).$$

Ainsi pour avoir t, il ne s'agit plus que d'obtenir la valeur de l'intégrale suivante,

$$\int\frac{dx}{\sqrt{bx-x^2}}\ldots\ldots(192).$$

Pour y parvenir, nous chercherons à la rapporter à une formule connue : or on sait qu'on a

$$\int \frac{dx}{\sqrt{2x-x^2}} = \text{arc}\,(\sin\text{ verse} = x);$$

(*Elém. de Calcul différ. et de Calcul intégral*, page 134).

Si dans cette formule on fait $x = \frac{z}{a}$, on trouvera

$$\int \frac{dz}{\sqrt{2az-z^2}} = \text{arc}\left(\sin\text{ verse} = \frac{z}{a}\right),$$

en comparant l'équation (192) à cette formule, nous aurons $\frac{1}{2}b = a$, et par conséquent,

$$\int \frac{dx}{\sqrt{2ax-x^2}} = \text{arc}\left(\sin\text{ verse} = \frac{x}{\frac{1}{2}b}\right)$$
$$= \text{arc}\left(\sin\text{ verse} = \frac{2x}{b}\right),$$

et puisqu'en général, lorsque le rayon est l'unité, l'arc qui correspond au sinus verse c, a pour cosinus $1 - c$, il s'ensuit que nous devons avoir

$$\text{arc}\left(\sin\text{ verse} = \frac{2x}{b}\right) = \text{arc}\left(\cos = 1 - \frac{2x}{b}\right)$$
$$= \text{arc}\left(\cos = \frac{b-2x}{b}\right).$$

Substituant cette valeur de l'expression (192) dans l'intégrale de l'équation (191), nous trouverons

$$t = -\tfrac{1}{2}\sqrt{\frac{a}{g}}.\text{arc}\left(\cos = \frac{b-2x}{b}\right) + C\ldots\ldots (193).$$

342. Pour déterminer la constante, le temps commençant lorsque le mobile est en M, on a $t = 0$ quand $x = b$. Ces valeurs réduisent l'équation (193) à

$$0 = -\tfrac{1}{2}\sqrt{\frac{a}{g}}.\text{arc}\,(\cos = -1) + C.$$

Soit 2π la circonférence du cercle dont le rayon est l'unité,

DU PENDULE SIMPLE.

nous avons (fig. 161)
donc
$$\text{arc}(\cos = -1) = \text{arc BCA} = \pi;$$
$$C = \tfrac{1}{2}\pi\sqrt{\frac{a}{g}}.$$

Substituant cette valeur dans l'équation (193), on trouve
$$t = \tfrac{1}{2}\sqrt{\frac{a}{g}} \cdot \left[\pi - \text{arc}\left(\cos = 1 - \frac{2x}{b}\right)\right] \ldots (194).$$

De cette manière, l'intégrale sera prise (fig. 170) depuis l'abscisse $x = b$, qui correspond à $t = 0$, jusqu'à l'abscisse indéfinie x; par conséquent t exprimera le temps de la chute du mobile, depuis l'origine du temps où il était en M, jusqu'à un point quelconque M' dont l'abscisse est x.

343. Si l'on veut avoir l'intégrale comprise depuis M jusqu'au point le plus bas E, il faut faire $x = 0$ dans la valeur de t, et en observant que l'arc dont le cosinus est 1 est égal à zéro, on a
$$t = \tfrac{1}{2}\pi\sqrt{\frac{a}{g}} \ldots \ldots (195).$$

344. Le mobile arrivé en E n'a pas perdu sa vitesse ; au contraire elle parvient en ce point à son *maximum*, comme nous l'avons vu ; car on doit se rappeler que la vitesse v étant donnée par l'équation
$$v = \sqrt{2gz},$$
la plus grande valeur de z est celle qui a lieu lorsque le mobile est arrivé en E. Ainsi en vertu de cette vitesse, le mobile passe sur l'arc EN, et comme cet arc change de signe, on trouvera pour le temps que le mobile a employé pour parvenir en N',
$$t = \tfrac{1}{2}\sqrt{\frac{a}{g}} \cdot \left[\pi + \text{arc}\left(\cos = 1 - \frac{2x}{b}\right)\right] \ldots (196).$$

Si de cette équation nous retranchons l'équation (195) qui nous donne le temps qui s'est écoulé lorsque le mobile est arrivé de M en E, il nous reste l'expression

$$\tfrac{1}{2}\sqrt{\frac{a}{g}}.\text{arc}\left(\cos = 1 - \frac{2x}{b}\right)$$

pour le temps que le mobile a mis à venir de E en N' : c'est justement le même temps qu'il emploierait à descendre suivant l'arc M'E; car ce temps s'obtiendrait en retranchant l'équation (194) de l'équation (195). Enfin, lorsque le mobile s'est élevé jusqu'au point N situé sur le plan horizontal qui passe par le point M où la vitesse est nulle, alors $x = b$, et l'expression arc cos $\left(1 - \frac{2x}{b}\right)$ devient arc $(\cos = -1) = \pi$, ce qui change l'éq. (196) en

$$t = \tfrac{1}{2}\sqrt{\frac{a}{g}} \times 2\pi \; ;$$

tel sera le temps que le mobile emploiera à parcourir l'arc total MEN : représentons ce temps par T, nous aurons

$$T = \pi \sqrt{\frac{a}{g}} \ldots \ldots (197).$$

Le mobile parvenu en N a perdu toute sa vitesse ; car en ce point la vitesse initiale étant nulle, on a

$$h = 0 :$$

cette valeur et celle de $x = b$ réduisent l'équation $\frac{ds}{dt} = \sqrt{2g(h+b-x)}$ à

$$\frac{ds}{dt} = 0 \quad \text{ou à} \quad v = 0.$$

La vitesse du mobile étant donc épuisée lorsqu'il arrive en N, la pesanteur doit le faire descendre ; et comme

DU PENDULE SIMPLE. 227

les circonstances initiales au point N sont les mêmes qu'elles l'étaient en M, le mobile décrira une seconde oscillation NEM, et ainsi de suite.

345. L'équation (197) étant indépendante de la constante b qui détermine la distance verticale MK, on voit que si le point de départ, au lieu d'être en M était en M', la durée de l'oscillation serait la même ; par conséquent des mobiles qui partent des points différens M, M', M", etc. demeureront le même temps à faire leurs oscillations.

346. Ces oscillations d'égales durées, sont appelées *isochrones*. Il n'en est pas de même lorsque les pendules sont de longueurs différentes ; car nommons a et a' les longueurs de deux pendules dont les oscillations sont décrites dans les temps T et T', nous aurons

$$T = \pi \sqrt{\frac{a}{g}}, \quad T' = \pi \sqrt{\frac{a'}{g}};$$

donc

$$T : T' :: \sqrt{a} : \sqrt{a'} \ldots (198).$$

Ainsi connaissant le temps T de l'oscillation d'un pendule a, si l'on prend un temps arbitraire T', on connaîtra par la proportion précédente, la longueur du pendule qui répondrait à ce temps.

347. Pour déterminer avec plus de précision le temps d'une oscillation, voici le procédé que l'on emploie. Représentons par N le nombre d'oscillations que fait le pendule a dans le temps θ, et par N' le nombre d'oscillations que fait le pendule a' dans le même temps θ, on a

$$T = \frac{\theta}{N}, \quad T' = \frac{\theta}{N'} \ldots (199).$$

Au moyen de ces valeurs, la proportion (198) devient

$$\frac{\theta}{N} : \frac{\theta}{N'} : \sqrt{a} : \sqrt{a'},$$

ou
$$N' : N :: \sqrt{a} : \sqrt{a'},$$
ou
$$N'^2 : N^2 :: a : a';$$
donc
$$a' = \frac{aN^2}{N'^2}.$$

Ainsi lorsque pour un pendule simple d'une longueur donnée, on connaît le nombre d'oscillations qu'il fait dans un certain temps, on peut en conclure la longueur du pendule simple qui ferait ses oscillations dans une seconde de temps.

348. C'est en se fondant sur ce qui précède qu'on a trouvé que la longueur du pendule à secondes est de
$$440^l,5593 = 0^m,9938.$$

349. Pour déterminer g, l'équation (197) nous donnera
$$g = \frac{\pi^2 a}{T^2};$$
par conséquent en faisant dans cette équation $T = 1''$, $\pi = 3,1415926$ et $a = 440^l,5593$, on trouvera
$$g = 4348^l = 30^{pieds}19 \text{ environ.}$$

350. Si g et g' sont les gravités relatives aux pendules a et a' qui font leurs oscillations dans les temps T et T', comme cela arrive lorsque les pendules sont situés à différentes latitudes, on aura
$$T = \pi \sqrt{\frac{a}{g}}, \quad T' = \pi \sqrt{\frac{a'}{g'}};$$
d'où l'on tirera
$$T : T' :: \sqrt{\frac{a}{g}} : \sqrt{\frac{a'}{g'}} \ldots \ldots (200).$$

DU PENDULE SIMPLE.

Soient N et N′ le nombre d'oscillations que font ces pendules dans un même temps θ, T et T′ seront donnés en fonction de θ par les équations (199), et en substituant leurs valeurs dans la proportion (200), et en supprimant le facteur commun θ, on aura

$$\frac{1}{N} : \frac{1}{N'} :: \sqrt{\frac{a}{g}} : \sqrt{\frac{a'}{g'}}.$$

Si le pendule est le même dans les deux lieux, on a $a' = a$, et la proportion précédente nous donne

$$g' = \frac{g N'^2}{N^2}.$$

CHAPITRE XIX.

Du Mouvement d'un point matériel sur la Cycloïde.

351. Supposons qu'un point matériel M qui se meut sur la cycloïde, parte du repos ; la vitesse initiale de ce point étant nulle dans cette hypothèse, l'équation (185) se réduira à

$$v^2 = 2gz,$$

ou plutôt à

$$\frac{ds^2}{dt^2} = 2gz ;$$

d'où l'on tirera

$$dt = \frac{ds}{\sqrt{2gz}}.$$

Prenons, comme précédemment, l'origine des abscisses au point E (171), et nommons u l'abcisse ED d'un point quel- Fig. 171. conque M′, pour ne point confondre cette abcisse avec la

variable x qui entre dans l'équation de la cycloïde ; et représentons par h l'abscisse EC du point M de départ, nous aurons
$$CD = EC - ED,$$
ou
$$z = h - u.$$
Substituant cette valeur dans l'équation précédente, il viendra
$$dt = \frac{ds}{\sqrt{2g(h-u)}}\ldots\ldots(201).$$

Cette équation contenant trois variables, nous allons chercher à en éliminer une au moyen de l'équation de la cycloïde. Pour cela, nommons $2a$ le diamètre BE du cercle générateur, et x, y les coordonnées AP, PM' d'un point M' de la cycloïde : l'équation de cette courbe (*Élémens de Calcul différentiel et de Calcul intégral*, page 104) se présentera sous cette forme
$$dx = \frac{y\,dy}{\sqrt{2ay - y^2}}\ldots\ldots(202).$$

Mais pour parvenir à notre élimination, il faudra transformer cette équation en une autre entre les variables u et s. Or en représentant s par l'arc AM' qui correspond aux coordonnées AP $= x$ et PM' $= y$, nous avons entre ces variables la relation
$$ds = \sqrt{dy^2 + dx^2},$$
ou
$$ds = dy\sqrt{1 + \frac{dx^2}{dy^2}}.$$

Mettant dans cette équation la valeur de $\frac{dx}{dy}$ tirée de l'équation (202) on obtiendra
$$ds = dy\sqrt{1 + \frac{y^2}{2ay - y^2}}.$$

MOUVEMENT SUR LA CYCLOIDE.

Réduisant au même dénominateur les quantités qui sont sous le radical, effaçant les termes qui se détruisent, et supprimant le facteur commun y, il restera

$$ds = dy \sqrt{\frac{2a}{2a-y}}\ldots\ldots(203).$$

L'expression $2a - y$ qui entre dans cette formule, n'est autre chose que l'abscisse ED que nous avons appelée u; par conséquent nous avons

$$2a - y = u, \quad dy = -du.$$

Substituant ces valeurs dans l'équation (203), nous trouverons

$$ds = -du \sqrt{\frac{2a}{u}}.$$

La valeur de ds se trouve négative, parce que lorsque l'arc AM′ croît, l'abscisse ED $= u$ diminue (*voyez* la note de l'art. 289).

Mettant cette valeur de ds dans l'équation (201), nous aurons

$$dt = -\sqrt{\frac{a}{g}} \frac{du}{\sqrt{hu - u^2}}\ldots\ldots(204).$$

352. Pour intégrer cette équation, nous nous rappellerons que nous avions, art. 341, cette formule générale

$$\int \frac{dz}{\sqrt{2az - z^2}} = \mathrm{arc}\left(\mathrm{sin\ verse} = \frac{z}{a}\right);$$

par conséquent en rapportant l'intégrale de l'équation (204) à cette formule, nous trouverons

$$t = -\sqrt{\frac{a}{g}}.\mathrm{arc}\left(\mathrm{sin\ verse} = \frac{u}{\frac{1}{2}h}\right) + C\ldots(205).$$

Pour déterminer la constante, observons que le temps commençant lorsque le mobile est en M, nous avons

alors
$$t = 0 \quad \text{et} \quad u = \text{EC} = h\,;$$
cette hypothèse réduit l'équation (205) à

$$0 = -\sqrt{\frac{a}{g}} \cdot \text{arc}\,(\sin \text{verse} = 2) + C.$$

Or l'arc dont le sinus verse est 2 étant la demi-circonférence décrite avec le rayon 1, si nous représentons par π cette demi-circonférence, l'équation précédente deviendra

$$C = \pi \sqrt{\frac{a}{g}}.$$

Cette valeur étant mise dans l'équation (205), nous aurons

$$t = \sqrt{\frac{a}{g}} \times \left(\pi - \text{arc}\,\sin\,\text{verse} = \frac{2u}{h}\right).$$

Ce temps est celui qui a lieu lorsque le mobile étant parti du point M, est arrivé au point M' dont l'abscisse est ED $= u$. Par conséquent pour obtenir le temps que le mobile aura employé à parcourir l'arc ME, il faudra faire $u = 0$, hypothèse qui réduira l'équation précédente à

$$t = \pi \sqrt{\frac{a}{g}}.$$

On voit que cette expression est indépendante de la hauteur h qui est l'abscisse EC du point de départ M; d'où l'on peut conclure qu'en quelque part que soit situé le point de départ M, ce mobile emploiera toujours le même temps pour arriver en E. Une courbe qui jouit de cette propriété est appelée *courbe tautochrone*.

CHAPITRE XX.

Principe de d'Alembert.

353. Lorsque l'on considère un système de corps liés entr'eux d'une maniere invariable, la liaison mutuelle de ces corps devra leur empêcher d'obéir aux mouvemens qui les animeraient chacun en particulier, s'ils n'étaient pas liés au système : les vitesses de ces corps seront altérées et se troubleront mutuellement. Par exemple, si plusieurs points matériels M, M', M" (fig. 172) sont fixés à une droite inflexible AL, mobile autour du point A, il est certain que dans le temps θ la pesanteur qu'on suppose constante, vu le peu de longueur de AL, agissant de la même manière sur chacun de ces points, ils devraient, s'ils étaient libres, parcourir dans le temps θ des verticales égales ; mais les points M, M', M", etc. ne pouvant se mouvoir qu'avec la droite AL, sont forcés de parcourir les arcs MK, M'K', M"K", etc. dans cet instant θ ; par conséquent les droites IK, I'K', I"K" exprimeront les effets de la pesanteur sur les points M, M', M", etc. dans le temps θ. Ces droites IK, I'K', I"K", etc. étant proportionnelles aux arcs MK, M'K', M"K", etc., et par conséquent aux rayons AM, AM', AM", etc., il suit de là que les vitesses effectives des différens points du système sont d'autant moindres que ces points sont plus rapprochés du centre A ; tandis que si les points M, M', M", etc. étaient libres, ces vitesses seraient égales.

Fig. 172.

354. Les vitesses effectives étant donc différentes de celles qui ont été communiquées au système, on ne pourra déterminer les divers mouvemens qui l'affectent, que lorsqu'on sera parvenu à exprimer les vitesses effectives en fonctions des vitesses qui ont été transmises primitivement aux mobiles, et qui sont censées connues. C'est à quoi l'on parviendra facilement à l'aide d'un principe de dynamique que nous allons démontrer, et qui est dû à d'Alembert.

355. Soient v, v', v'', v''', etc. les vitesses qui animeraient les corps M, M', M'', M''', etc. s'ils agissaient indépendamment les uns des autres, et u, u', u'', u''', etc. les vitesses que prennent au lieu de v, v', v'', v''', etc. ces corps lorsqu'ils sont liés entr'eux d'une manière invariable. L'une des composantes d'une vitesse étant arbitraire, nous prendrons pour composante de v la vitesse effective u, l'autre composante sera déterminée, et nous la représenterons par U. En opérant ainsi à l'égard des autres forces, on peut, à la place de v, v', v'', v''', etc., substituer les vitesses

u et U composantes de v,
u' et U' composantes de v',
u'' et U'' composantes de v'',
u''' et U''' composantes de v''',
etc. etc. etc.,

et alors les quantités de mouvement qui entrent dans le système, considéré comme libre, et qui sont Mv, $M'v'$, $M''v''$, $M'''v'''$, etc. deviendront

Mu, $M'u'$, $M''u''$, $M'''u'''$, etc.,
MU, $M'U'$, $M''U''$, $M'''U'''$, etc.;

mais si les corps ne sont plus libres, ces quantités de mouvement doivent se réduire à

Mu, $M'u'$, $M''u''$, $M'''u'''$, etc.

Il faut donc que les quantités de mouvement MU, $M'U'$, $M''U''$, $M'''U'''$, etc. se fassent équilibre.

On observera que MU, $M'U'$, $M''U''$, $M'''U'''$, etc. sont les quantités de mouvement dues aux vitesses gagnées ou perdues.

En effet, Mv étant le diagonale d'un parallélogramme dont Mu et MU seraient les côtés, on voit que si la composante MU devient nulle, Mu se réduira à Mv; d'où il suit que MU est une quantité de mouvement introduite dans le système par le changement qui s'y est opéré; il en est de même de $M'U'$, de $M''U''$, etc.

On peut donc énoncer ce principe en disant, qu'*il faut que les quantités de mouvement dues aux vitesses gagnées ou perdues se fassent équilibre;* car si cela n'avait pas lieu, il y aurait de l'altération dans le système, et u, u', u'', u''', etc. ne pourraient être les vitesses effectives qui animent M, M', M'', M''', etc.

356. Nous avons vu que la vitesse v avait pour composantes U et u; et comme en général il y a toujours équilibre entre trois forces dont l'une serait égale et directement opposée à la résultante des deux autres, il suit de là que les trois forces Mu, MU et $-Mv$ doivent être en équilibre. Or en regardant à son tour MU comme égale et d'un signe contraire à la résultante des deux autres forces, il faudra que $-MU$ soit la résultante de Mu et de $-Mv$; par conséquent MU sera la résultante de $-Mu$ et de $+Mv$.

Ce que nous disons de MU pouvant s'appliquer aux forces $M'U'$, $M''U''$, etc. à l'égard de leurs composantes, on peut, en substituant les composantes aux forces, donner cet autre énoncé au principe de d'Alembert : *Il y aura équilibre entre les quantités de mouvement* Mv, $M'v'$, *etc. imprimées à chacun des mobiles, et les quantités de mouvement effectives* Mu, $M'u'$, $M''u''$, *etc. qui seraient prises en sens contraires de leurs directions.*

357. Pour première application de ce principe, considérons le choc de deux corps durs M et M′ qui vont dans le même sens. Soient v et v' leurs vitesses avant le choc, et u leur vitesse commune après le choc. La vitesse perdue par M étant égale à celle qu'avait le mobile moins celle qui lui reste, sera exprimée par $v-u$, et la vitesse gagnée par M′ étant égale à la vitesse u diminuée de v, sera représentée par $u-v$. Les quantités de mouvement dues à ces vitesses perdues et gagnées devant se faire équilibre par le principe de d'Alembert, cet équilibre subsistera si l'on a
$$M(v-u) = M'(u-v');$$
d'où l'on tirera pour la vitesse après le choc,
$$u = \frac{Mv + M'v'}{M + M'}.$$

Si les corps allaient à la rencontre l'un de l'autre, v' serait négatif.

358. Pour seconde application, cherchons les vitesses qu'auraient deux corps M et M′ (fig. 173), qui liés par un fil MEM′ qui passe par une poulie de renvoi (E) glisseraient sur deux plans inclinés AB, AC adossés l'un contre l'autre.

Fig. 173.

Soit Mg une droite qui, passant par le centre de gravité de M, représente la pesanteur g; la composante de g suivant le plan incliné, est MR; c'est la seule force qui agira sur M; cette composante MR est égale à
$$g \times \cos \text{RMg} = g \times \cos \text{BAD} = g \times \frac{\text{AD}}{\text{AB}}.$$

Pareillement la composante de la pesanteur qui fait glisser M′ sur le plan AC, sera $g \times \dfrac{\text{AD}}{\text{AC}}$.

Nommons AD, h; AB, l; AC, l': les forces accélératrices

PRINCIPE DE D'ALEMBERT.

qui agiront sur les mobiles M et M', seront donc

$$\frac{gh}{l} \quad \text{et} \quad \frac{gh}{l'}.$$

Pour obtenir les vitesses qu'auraient ces mobiles, s'ils n'étaient pas liés l'un à l'autre, observons que l'équation qui détermine l'intensité d'une force accélératrice quelconque étant en général,

$$\varphi = \frac{dv}{dt}.$$

On tire de cette équation,

$$dv = \varphi dt.$$

Dans notre cas, les forces accélératrices étant

$$\frac{gh}{l} \quad \text{et} \quad \frac{gh}{l'},$$

nous aurons pour les vitesses qui seraient imprimées aux mobiles, s'ils étaient libres,

$$\frac{gh}{l} dt \quad \text{et} \quad \frac{gh}{l'} dt.$$

Or les vitesses perdues par ces mobiles étant égales à celles qu'ils avaient primitivement, moins celles qui leur restent, ces vitesses perdues seront

$$\frac{gh}{l} dt - dv \quad \text{pour M,}$$

$$\frac{gh}{l'} dt - dv' \quad \text{pour M'.}$$

Par le principe de d'Alembert, les quantités de mouvement qui correspondent à ces vitesses, doivent se faire équilibre ; et comme ces vitesses agissent en sens contraires, il suffira d'égaler entr'elles ces quantités de mouvement ; ce qui nous donnera

$$M\left(\frac{gh}{l}dt - dv\right) = M'\left(\frac{gh}{l'}dt - dv'\right)\ldots(206).$$

Par la nature du problème, il existe une relation entre les vitesses inconnues v et v'; car le mobile M ne peut se mouvoir dans l'unité de temps d'une quantité v sans que M' ne se meuve de $-v$, puisque ces mobiles étant liés l'un à l'autre, il faut, lorsque M monte, que M' descende. Il suit de là que $v' = -v$; ce qui donne

$$dv' = -dv;$$

substituant ces valeurs dans l'équation (206), on obtient

$$dv = \frac{\left(\dfrac{M}{l} - \dfrac{M'}{l'}\right)}{M' + M}\,hg\,dt,$$

et en intégrant, on trouve

$$v = \frac{\left(\dfrac{Mh}{l} - \dfrac{M'h}{l'}\right)}{M' + M}\,gt + C,$$

ou en représentant par G le coefficient de t, cette équation peut être mise sous la forme

$$v = Gt + C\ldots(207).$$

Soit x l'espace OK parcouru dans le temps t, on aura

$$v = \frac{dx}{dt};$$

donc

$$\frac{dx}{dt} = Gt + C;$$

et en intégrant,

$$x = \tfrac{1}{2}Gt^2 + Ct + C'\ldots(208).$$

PRINCIPE DE D'ALEMBERT.

D'après les équations (207) et (208), on peut conclure que les circonstances de ce mouvement sont les mêmes que celles du mouvement des corps graves, avec cette différence que la force accélératrice, au lieu d'être g est G.

359. Pour troisième application, proposons-nous de déterminer le mouvement de deux corps M et M', qui étant attachés l'un à la roue et l'autre au cylindre d'un tour, le tiennent en équilibre.

Ces deux corps étant sollicités dans l'instant dt par une force accélératrice qui n'est autre chose que la pesanteur, devraient, s'ils étaient libres, avoir chacun dans l'instant dt, la quantité de mouvement gdt. Soient dv et dv' les vitesses effectives de ces mobiles ; elles leur communiqueront les quantités de mouvement Mdv et $M'dv'$; par conséquent les quantités de mouvement perdues seront

$$M(gdt - dv) \quad \text{et} \quad M'(gdt - dv').$$

Ces quantités de mouvement devant se faire équilibre à l'aide du tour, nous aurons, en appelant r le rayon du cylindre, et R celui de la roue,

$$M(gdt - dv) : M'(gdt - dv') :: r : R ;$$

nous tirerons de cette proportion,

$$MR(gdt - dv) = M'r(gdt - dv') \ldots \ldots (209).$$

Comme il entre dans cette équation deux quantités inconnues v et v', nous allons chercher une autre équation qui exprime entr'elles une relation.

Pour cet effet, en considérant les vitesses dv et dv' comme deux forces qui agiraient l'une sur l'autre à l'aide du tour, nous aurons

$$r : R :: dv : dv',$$

ce qui nous donnera

$$dv' = \frac{Rdv}{r}.$$

Dans cette équation, dv et dv' doivent être de différens signes, parce que, lorsque dv' fait descendre le poids M′, dv tend à le faire monter. Ainsi en changeant le signe de dv, nous aurons
$$dv' = -\frac{R dv}{r};$$
substituant cette valeur dans l'équation (209), nous trouverons
$$MR(gdt - dv) = M'r\left(gdt + \frac{Rdv}{r}\right);$$
effectuant les multiplications et faisant passer les termes affectés de dv dans le premier membre, nous aurons
$$-MRdv - M'Rdv = M'rgdt - MRgdt;$$
d'où nous tirerons, après avoir changé les signes,
$$dv = \frac{MR - M'r}{M' + M}\frac{g}{R}dt.$$
Représentons par K la constante qui est le coefficient de gdt, cette équation deviendra
$$dv = Kgdt,$$
et en intégrant on obtiendra
$$v = Kgt + C.$$
Si à la place de v on met sa valeur $\frac{dx}{dt}$, et qu'après avoir multiplié par dt on intègre de nouveau, on trouvera
$$x = \tfrac{1}{2}Kgt^2 + Ct + C'.$$
Ces résultats nous apprennent que ce mouvement est du même genre que celui que la pesanteur imprime aux corps, et n'en diffère que par l'intensité de la force accélératrice.

CHAPITRE XXI.

Du Mouvement d'un Corps assujéti à tourner uniformément autour d'un axe fixe.

360. Lorsqu'un corps ou un système de points matériels liés les uns aux autres d'une manière invariable, est assujéti à tourner uniformément autour d'un axe fixe qu'on supposera passer par le point A (fig. 174) perpendiculairement au plan de la figure, si l'on coupe le corps par une infinité de plans omn, $o'm'n'$, $o''m''n''$, etc. parallèles entre eux et perpendiculaires à l'axe fixe, les molécules m, m', m'', etc. dans une révolution totale, décriront autour de l'axe fixe, les circonférences mon, $m'o'n'$, $m''o''n''$, etc., et parcourront dans le même instant des arcs d'un même nombre de degrés. Ces arcs étant proportionnels à leurs rayons, il en sera de même des vitesses qui animent les molécules m, m', m'', etc.; de sorte que si la distance eA de la molécule e à l'axe, est prise pour unité, et que nous appellions ω la vitesse de cette molécule, les vitesses des molécules, m, m', m'', etc. placées à des distances r, r', r'', etc. de l'axe fixe, seront respectivement $r\omega$, $r'\omega$, $r''\omega$, etc. Ainsi l'on aura pour les quantités de mouvement effectives de ces différentes molécules,

$$mr\omega, \quad m'r'\omega, \quad m''r''\omega, \quad \text{etc.}$$

Désignons par v, v', v'' etc. les vitesses imprimées, les quantités de mouvement reçues seront mv, $m'v'$, $m''v''$, etc. Il faudra donc, d'après le second énoncé du principe de d'Alembert, qu'il y ait équilibre entre mv, $m'v'$, $m''v''$, etc. et $-mr\omega$, $-m'r'\omega$, $-m''r''\omega$, etc.

Pour obtenir l'équilibre entre ces quantités de mouvement, considérons d'abord la première, et représentons mv par une partie mf (fig. 174) prise dans la direction de cette force et proportionnelle à son intensité ; abaissons du point f la perpendiculaire fh sur le plan de la section omn, et nommons φ l'angle fmh, formé par mf avec ce plan, nous pourrons décomposer mf en deux forces,

$hf = mv \sin \varphi$ parallèle à l'axe fixe,
$mh = mv \cos \varphi$ située dans le plan omn.

La première sera détruite par la résistance de cet axe, et la seconde aura son effet ; en appelant de même φ', φ'', φ''', etc. les angles que les forces $m'v'$, $m''v''$, etc. font avec les plans $o'm'n'$, $o''m''n''$, etc., les quantités de mouvement imprimées au mobile seront

$mv \cos \varphi$, $\quad m'v' \cos \varphi'$, $\quad m''v'' \cos \varphi''$, $\quad$ etc.

Ces quantités de mouvement, ainsi que les quantités de mouvement effectives $mr\omega$, $m'r'\omega'$, $m''r''\omega''$, etc. se trouveront situées dans les plans omn, $o'm'n'$, $o''m''n''$, etc.

Pour établir l'équilibre entre ces quantités de mouvement, nous remarquerons que puisqu'elles sont toutes situées dans des plans perpendiculaires à l'axe fixe, elles doivent produire sur cet axe le même effet que si tous les plans omn, $o'm'n'$, $o''m''n''$, etc. n'en formaient qu'un seul ; par conséquent, en considérant ces forces comme situées dans le plan de la figure, il faudra, pour que l'équilibre puisse subsister entre elles, que la somme des momens qui tendent à faire tourner en même sens le système autour du point fixe **A**, soit égale à la somme des momens qui tendent à le faire tourner en sens contraire.

Or les forces $mr\omega$, $m'r'\omega$, $m''r''\omega$, etc. qui dérivent toutes du mouvement commun imprimé au système, le font tourner dans le même sens ; et comme ces forces entraînent les points

m, m', m'', etc. suivant les circonférences mno, $m'n'o'$, $m''n''o''$, etc., les rayons r, r', r'', etc. sont des perpendiculaires abaissées sur leurs directions ; par conséquent la somme des momens des forces effectives est exprimée par

$$mr^2\omega + m'r'^2\omega + m''r''^2\omega + \text{etc.} = \omega(mr^2 + m'r'^2 + m''r''^2 + \text{etc.}).$$

Représentons par Σmr^2 la quantité qui est entre les parenthèses ; nous aurons $\omega \Sigma mr^2$ pour la somme des momens des forces effectives. C'est cette quantité qui doit faire équilibre à la somme ou à la différence des momens des forces

$$mv \cos \varphi, \quad m'v' \cos \varphi', \quad m''v'' \cos \varphi'', \quad \text{etc.}$$

Pour déterminer cette seconde quantité, soient Az l'axe fixe (fig. 175), et ml, $m'l'$, $m''l''$, etc. les forces $mv \cos \varphi$, $m'v' \cos \varphi'$, $m''v'' \cos \varphi''$, etc. situées dans les plans mno, $m'n'o'$, $m''n''o''$, etc. perpendiculaires à l'axe fixe ; abaissons des points A, A', A'', etc. pris dans ces plans sur l'axe fixe, les perpendiculaires $Al = p$, $A'l' = p'$, $A''l'' = p''$, etc. sur les directions des forces $mv \cos \varphi$, $m'v' \cos \varphi'$, $m''v'' \cos \varphi''$, etc., les momens de ces forces seront

Fig. 175.

$$mvp \cos \varphi, \quad m'v'p' \cos \varphi', \quad m''v''p'' \cos \varphi'', \quad \text{etc.}$$

Représentons par $\Sigma mvp \cos \varphi$ la somme algébrique de ces momens ; c'est-à-dire celle qui a lieu, abstraction faite des signes qui les affectent ; alors, comme nous l'avons expliqué, cette somme des momens devant faire équilibre à $\omega \Sigma mr^2$, nous aurons

$$\omega \Sigma mr^2 = \Sigma mvp \cos \varphi ;$$

d'où nous tirerons pour déterminer la vitesse angulaire,

$$\omega = \frac{\Sigma mvp \cos \varphi}{\Sigma mr^2} \ldots \ldots (210).$$

361. Lorsque les forces mv, $m'v'$, $m''v''$, etc. agissent dans les plans omn, $o'm'n'$, $o''m''n''$, etc., les angles φ, φ',

16..

φ'', etc. sont nuls, et nous avons alors

$$\sin \varphi = 0, \quad \cos \varphi = 1,$$
$$\sin \varphi' = 0, \quad \cos \varphi' = 1,$$
$$\sin \varphi'' = 0, \quad \cos \varphi'' = 1,$$
$$\text{etc.} \qquad \text{etc.};$$

par conséquent l'équation (210) deviendra dans ce cas,

$$\omega = \frac{\Sigma m v p}{\Sigma m r^2}.$$

362. Si toutes les vitesses imprimées aux molécules du système sont égales et parallèles, comme cela arrive dans le cas où le système recevrait une impulsion unique qui le transporterait en ligne droite dans l'espace, s'il n'était pas retenu par l'axe fixe, nous aurons dans cette hypothèse,

$$v = v' = v'' = \text{etc.};$$

et les momens des vitesses imprimées devenant

$$mvp, \; m'vp', \; m''vp'', \; \text{etc.} = v(mp + m'p' + m''p'' + \text{etc.}),$$

la somme de ces momens pourra être représentée par $v\Sigma mp$, et l'équation (210) se changera en

$$\omega = \frac{v \Sigma m p}{\Sigma m r^2} \ldots \ldots (211)$$

Menons maintenant par l'axe fixe Az un plan AK que nous ferons tourner jusqu'à ce qu'il devienne parallèle aux forces mv, $m'v'$, $m''v''$, etc., dont les directions sont représentées dans la figure 176 par les droites ml, $m'l'$, $m''l''$, etc. On voit que les perpendiculaires p, p', p'', etc. abaissées des centres de section A, A', A'', etc. sur les directions de ces forces, sont égales aux perpendiculaires mq, $m'q'$, $m''q''$, etc. abaissées des points m, m', m'', etc. sur le plan AK. Nommons q, q', q'', etc. ces perpendiculaires, et Q celle qui serait abaissée du centre de gravité du système sur le plan

Fig. 176.

MOUV. UNIFORME D'UN CORPS AUTOUR D'UN AXE. 245

AK, et représentons par M la somme de toutes les molécules qui le composent, nous aurons, d'après la propriété des centres de gravité,

$$MQ = mq + m'q' + \text{etc.}$$

et parce qu'on a,

$$p = q, \quad p' = q', \quad p'' = q'', \quad \text{etc.},$$

l'équation précédente deviendra

$$MQ = mp + m'p' + \text{etc.} = \Sigma mp.$$

Substituant cette valeur dans l'équation (211), nous obtiendrons

$$\omega = \frac{\nu MQ}{\Sigma mr^2} \dots \dots (212).$$

363. Il pourrait arriver qu'une partie seulement des molécules m, m', m'', etc. eussent reçu la vitesse ν; alors M ne serait plus la somme des molécules du système, mais celle des molécules auxquelles les vitesses auraient été imprimées, et Q représenterait la perpendiculaire abaissée du centre de gravité de cette partie du système sur le plan AK.

Il nous reste à indiquer les moyens de déterminer l'expression Σmr^2 qu'on appelle *le moment d'inertie*: c'est ce qui va être l'objet du chapitre suivant.

CHAPITRE XXII.

Du Moment d'Inertie.

364. Le moment d'inertie d'un corps étant la somme des produits de tous les points matériels qui le composent

par les carrés de leurs distances respectives à l'axe de rotation, nous l'avons représenté par $\Sigma m r^2$. On peut, dans cette expression, remplacer la molécule m par l'élément dm de la masse, et alors le moment d'inertie sera donné par l'intégrale de l'expression $\int r^2 dm$.

365. Pour premier exemple, cherchons le moment d'inertie d'une droite CB (fig. 177) par rapport à l'axe AZ, auquel le plan CAB est perpendiculaire.

Fig. 177.

Soit $AB = h$ une perpendiculaire abaissée du point A sur la direction de la droite, et $BP = x$ la distance du point B à un point quelconque de cette droite, nous aurons
$$PA^2 = (h^2 + x^2).$$

C'est cette expression qu'il faut multiplier par l'élément dm du corps. La masse, dans ce cas-ci, étant une ligne droite, n'a d'étendue que dans le seul sens de B en C; par conséquent dm sera la différence infiniment petite dx qui existe entre les abscisses consécutives $x = BP$ et $x + dx = BP'$. Ainsi en multipliant dx par $h^2 + x^2$, on aura pour le moment d'inertie de la ligne droite CB,
$$\int (h^2 + x^2)\, dx = h^2 x + \frac{x^3}{3} + C.$$

On déterminera cette intégrale de manière que la droite soit comprise depuis le point B ou $x = 0$, jusqu'au point C ou $x = a$, et le moment d'inertie de la droite BC sera
$$h^2 a + \frac{a^3}{3}.$$

366. Déterminons encore le moment d'inertie de l'aire d'un cercle CBD (fig. 178) par rapport à un axe AZ qui passerait par son centre et qui serait perpendiculaire à sa surface.

Fig. 178.

Soit m un point quelconque dont nous représenterons la distance $m\text{A}$ à l'axe par x ; les surfaces des cercles décrits avec les rayons x et $x + dx$ auront respectivement pour expressions
$$\pi x^2 \quad \text{et} \quad \pi(x+dx)^2.$$

La différence de ces surfaces, en négligeant les infiniment petits du second ordre sera $2\pi x\, dx$. Cette expression représentera une zone élémentaire dont tous les points seront distans de l'axe fixe, d'une quantité égale à x ; par conséquent, en multipliant par x^2 cette zone élémentaire, nous aurons $2\pi x^3 dx$ pour la différentielle du moment d'inertie cherché. Prenant l'intégrale depuis $x=0$ jusqu'à $x=a$, nous trouverons $\frac{1}{2}\pi a^4$ pour le moment d'inertie du cercle décrit avec le rayon a autour de l'axe des x.

Ces exemples suffiront pour faire concevoir comment la détermination des momens d'inertie peut toujours se ramener à de simples problèmes de calcul intégral [10].

367. Lorsque l'on connaît le moment d'inertie d'un corps à l'égard d'un axe qui passe par son centre de gravité, on peut déterminer le moment d'inertie de ce corps par rapport à un autre axe parallèle au premier.

Pour cet effet, soient GF et CK (fig. 179) deux axes parallèles dont le premier passe par le centre de gravité G du corps ; plaçons au point G l'origine ; prenons l'axe GF pour celui des z, et menons par un point quelconque m du corps, un plan mKF parallèle à celui des xy ; ce plan rencontrera les axes GF et CK en deux points F et K, et les distances du point m à ces axes seront mesurées par les droites mK et mF que nous appellerons r et r'. Abaissons du point m la perpendiculaire mE sur le plan des x, y. Il est évident que les triangles ECG, mKF seront égaux, comme formés par des côtés parallèles. Ainsi nous pourrons substituer les côtés du premier de ces

Fig. 179.

triangles à ceux de l'autre. Cela posé, nommons

α et β, les coordonnées GD et DC du point C,
x et y, les coordonnées GP et PE du point E,
et a, la distance CG des deux axes,

nous aurons

$$GC^2 = GD^2 + DC^2, \quad GE^2 = GP^2 + PE^2,$$

ou

$$a^2 = \alpha^2 + \beta^2, \quad r'^2 = x^2 + y^2 \ldots (213).$$

D'une autre part, considérant la droite CE qui passe par deux points dont les coordonnées sont respectivement x, y et α, β; la valeur r de CE nous sera donnée par l'équation

$$r^2 = (x - \alpha)^2 + (y - \beta)^2,$$

ou en développant,

$$r^2 = x^2 + y^2 - 2\alpha x - 2\beta y + \alpha^2 + \beta^2;$$

réduisant au moyen des équations (213), celle-ci deviendra

$$r^2 = r'^2 - 2\alpha x - 2\beta y + a^2;$$

multipliant par dm et intégrant, on trouvera

$$\int r^2 dm = \int r'^2 dm - 2\alpha \int x dm - 2\beta \int y dm + a^2 \int dm \ldots (214):$$

les expressions $\int x dm$ et $\int y dm$ qui entrent dans cette équation sont nulles : c'est ce qu'il est facile de démontrer par les considérations suivantes. Soient x et y les coordonnées d'un élément dm de la masse M : les momens de cet élément par rapport aux axes des x et des y, seront respectivement $y dm$ et $x dm$; par conséquent les coordonnées x, et y, du centre de gravité de M se trouveront déterminées par les équations

$$M x_, = \int x dm, \quad M y_, = \int y dm.$$

DU MOMENT D'INERTIE.

Or, dans notre cas, les coordonnées x, et y, sont nulles, puisque le centre de gravité est à l'origine ; nous avons donc
$$\int x\,dm = 0, \quad \int y\,dm = 0.$$

Réduisant l'équation (214) au moyen de ces valeurs, et observant que $\int dm$ représentant la somme des élémens de M, cette expression n'est autre chose que M ; l'équation (214) deviendra
$$\int r^2 dm = \int r'^2 dm + Ma^2 \ldots\ldots(215),$$

$\int r'^2 dm$ étant le moment d'inertie du corps M par rapport à l'axe GF qui passe par le centre de gravité, concluons que lorsque l'on connaît ce moment d'inertie, on peut toujours déterminer le moment d'inertie $\int r^2 dm$ pris par rapport à un autre axe CK dont la distance à l'axe GF serait connue.

En mettant l'équation (215) sous la forme
$$\int r^2 dm = M \left(\frac{\int r'^2 dm}{M} + a^2 \right);$$

on est convenu, pour abréger, de représenter $\dfrac{\int r'^2 dm}{M}$ par k^2. Ainsi en adoptant cette notation, nous dirons à l'avenir que le moment d'inertie, pris par rapport à un axe quelconque, sera donné par la formule
$$\int r^2 dm = M(k^2 + a^2).$$

CHAPITRE XXIII.

Du Mouvement d'un Corps qui se meut d'une manière quelconque autour d'un axe fixe.

368. Supposons maintenant que différentes forces accélératrices agissant sur les points du système, le fassent tourner avec un mouvement varié autour de l'axe fixe Az (fig. 180); chaque point m décrira autour de l'axe fixe, un cercle mno qui sera perpendiculaire à cet axe, et le coupera en un point C. Soit φ la force accélératrice qui agira sur m, et δ l'angle TmP qu'elle formera au point m avec l'élément du cercle mno. Nous pouvons décomposer φ en trois forces ; la première parallèle à l'axe fixe, et qui par conséquent sera sans effet ; la seconde dirigée suivant le rayon mC, et qui sera détruite par la résistance du point C ; la troisième dirigée suivant l'élément de la courbe, et qui aura pour expression $\varphi\cos\delta$. Cette dernière sera la seule composante de φ qui tendra à faire mouvoir le point m autour de l'axe Az.

Nommons ω la vitesse angulaire qui a lieu au bout du temps t, et r la distance Cm de la molécule dm à l'axe de rotation ; la vitesse de dm, au bout de ce temps, sera exprimée par $r\omega$, art. 360, et dans l'instant dt, cette vitesse s'accroîtra de celle qui lui sera imprimée par la force accélératrice. Or si ce mobile était libre, la force accélératrice $\varphi\cos\delta$ lui communiquerait, dans l'instant dt, une vitesse représentée par $\varphi\cos\delta.dt$ (*) ; par conséquent

---

(*) Il faut se rappeler que quelles que soient la vitesse dv et la

l'élément dm, à l'expiration du temps $t + dt$, s'échapperait suivant la tangente à la courbe avec une vitesse égale à $r\omega + \varphi \cos \delta . dt$; mais comme dm est lié au système, sa vitesse effective, au bout du temps $t + dt$, n'est exprimée que par $r\omega + rd\omega$. Ainsi dans le temps $t + dt$, la quantité de mouvement effective de dm est $(r\omega + rd\omega) dm$. Ce que nous disons de dm pouvant s'appliquer aux autres molécules, il faudra que les quantités de mouvement

$$\Sigma (r\omega + \varphi \cos \delta . dt) dm,$$

d'après le second énoncé du principe de d'Alembert, soient mises en équilibre par les quantités de mouvement

$$\Sigma (r\omega + rd\omega) dm,$$

prises en changeant leurs directions ; c'est-à-dire, en les regardant en général comme si elles agissaient dans un sens contraire à celui du mouvement du corps, sauf, si le cas l'exige, à changer ensuite les signes de forces qui n'agiraient pas dans le même sens que les autres.

Or, pour que ces deux sortes de quantités de mouvement, dirigées en sens contraire, se fassent équilibre autour d'un axe fixe, il faut que leurs momens, pris par rapport à cet axe, donnent des produits égaux; et comme les forces agissent suivant les élémens des cercles décrits par les points matériels, ces forces sont censées perpendiculaires aux rayons des circonférences décrites par les élémens : il suit de là qu'il suffit de multiplier les expressions précédentes par ces rayons, pour avoir les momens cherchés.

---

force accélératrice φ, on a en général, art. 227,

$$\varphi = \frac{dv}{dt}, \quad \text{d'où l'on tire} \quad dv = \varphi dt.$$

Ainsi lorsque la force accélératrice est $\varphi \cos \delta$, nous avons donc aussi $\varphi \cos \delta . dt$ pour l'accroissement infiniment petit de la vitesse.

formant les équations des momens, on aura

$$\Sigma(r^2\omega + r\varphi\cos\delta.dt)dm = \Sigma(r^2\omega + r^2 d\omega)dm,$$

équation qui se réduit à

$$\Sigma r\varphi\cos\delta.dt\, dm = \Sigma r^2 d\omega dm\ldots\ldots(216).$$

Le temps dt et la vitesse angulaire $d\omega$ étant les mêmes dans tous les termes, on peut les mettre en dehors; et comme on a à sommer une suite de quantités infiniment petites, on pourra changer Σ en $\int$, et l'on obtiendra

$$dt\int r\varphi\cos\delta.dm = d\omega\int r^2 dm:$$

on tire de cette équation

$$\frac{d\omega}{dt} = \frac{\int r\varphi\cos\delta.dm}{\int r^2 dm}\ldots\ldots(217).$$

Pour effectuer les intégrations indiquées, il faudra que, outre la position des différens élémens du corps, on connaisse par la nature du problème, la force accélératrice qui agit sur chaque molécule, ainsi que la direction δ de cette force: c'est ce que nous allons examiner dans le chapitre suivant.

CHAPITRE XXIV.

Du Pendule composé.

369. Le pendule composé est un corps ou système de points matériels qui, étant soutenu par une droite inflexible AB (fig. 181), fait des oscillations autour d'un point fixe A. Dans ce mouvement, les points matériels m, m', m'', etc. décrivent des arcs de cercle nn, $m'n'$, $m''n''$, etc.

Fig. 181.

situés dans des plans parallèles, et dont les centres sont sur un même axe horizontal KL perpendiculaire à ces plans.

Ainsi lorsque le mobile CED ne serait soutenu que par le point A, nous pouvons toujours imaginer qu'il se meut autour d'un axe fixe KL.

370. Rapportons maintenant le mouvement du pendule composé à trois axes rectangulaires Cx, Cy, Cz (fig. 182). Fig. 182. Supposons que ces deux derniers soient dans un plan horizontal ; alors l'axe des x sera vertical, et par conséquent le plan des xy le sera aussi.

La force accélératrice, pour tous les points du système, étant la pesanteur, nous aurons
$$\varphi = \varphi' = \varphi'' = \varphi''' \text{ etc.} = g.$$
La force qui sollicite la molécule m se trouvant donc parallèle à l'axe Cx, nous pouvons représenter l'intensité de cette force par la partie mg de sa direction ; alors l'angle δ sera égal à Tmg, et si l'on mène la perpendiculaire mD sur l'axe Cx, comme les angles CmD et Tmg sont l'un et l'autre complémens de TmD, ces angles seront égaux, et l'on conclura que $CmD = \delta$; par conséquent l'équation
$$Dm = Cm \cos CmD$$
deviendra
$$Dm = Cm \cos \delta,$$
ou plutôt
$$y = r \cos \delta.$$
La valeur de cos δ donnée par cette équation et celle de φ étant mises dans l'équation (217), nous obtiendrons
$$\frac{d\omega}{dt} = \frac{\int g y \, dm}{\int r^2 dm},$$
ou, parce que g est constant, on aura
$$\frac{d\omega}{dt} = \frac{g \int y \, dm}{\int r^2 dm} \quad (*).$$

(*) Pour mieux concevoir comment on a le droit de mettre g en

Observons que $y dm$ étant le moment de l'élément dm par rapport à l'axe des x, si nous appelons $y_{,}$ l'ordonnée du centre de gravité par rapport à cet axe, et M la masse de tout le système, nous pourrons remplacer $\int y dm$ par $M y_{,}$, et notre équation deviendra

$$\frac{d\omega}{dt} = \frac{g M y_{,}}{\int r^2 dm} \ldots \ldots (218).$$

Enfin, $\int r^2 dm$ étant le moment d'inertie par rapport à l'axe Az, ce moment art. 367 peut être représenté par $M(k^2 + a^2)$. Substituant cette valeur dans l'équation (217), nous aurons

$$\frac{d\omega}{dt} = \frac{g y_{,}}{k^2 + a^2} \ldots \ldots (219).$$

371. Nous avons vu, art. 367, que dans l'expression $M(k^2 + a^2)$ du moment d'inertie, a représentait la distance CG (fig. 179) de l'axe CK à l'axe GF qui passerait par le centre de gravité. Or dans le mouvement du corps, le centre de gravité, comme tout point du système, étant assujéti à décrire un arc de cercle situé dans un plan perpendiculaire à l'axe fixe, si l'on représente ce plan par xCL (fig. 183), le rayon du cercle décrit sera CG $= a$, et l'ordonnée DG deviendra celle que nous avons désignée par $y_{,}$; par conséquent, d'après la propriété du cercle, nous aurons

$$y_{,} = \sqrt{2 a x_{,} - x_{,}^2}.$$

Fig. 179.

Fig. 183.

---

dehors, si nous remontons à l'équation (216), nous verrons que ϱ, qui représente g dans cette équation, devient un facteur commun à tous les termes renfermés dans son premier membre, et qu'alors il est permis d'écrire ainsi cette équation,

$$\varrho \Sigma r \cos \delta dt dm = \Sigma r^2 d\omega dm.$$

ϱ peut donc aussi se mettre en dehors dans l'équation (217).

DU PENDULE COMPOSÉ.

D'une autre part, si nous appelons s l'arc décrit par le point G, la vitesse de ce point sera $\dfrac{ds}{dt}$. Or nous avons vu, art. 360, que la molécule située à une distance r de l'axe fixe, avait pour vitesse $r\omega$; d'où il suit que la vitesse du centre de gravité sera exprimée par $a\omega$. Ainsi nous aurons

$$a\omega = \frac{ds}{dt},$$

et par conséquent,

$$\omega = \frac{ds}{adt};$$

substituant dans l'équation (219) ces valeurs de ω et de $y_{\prime}$, nous la convertirons en

$$\frac{d^2 s}{adt^2} = \frac{g\sqrt{2ax_{\prime} - x_{\prime}^2}}{k^2 + a^2} \dots \dots (220).$$

372. Pour intégrer cette équation, nous multiplierons ses deux membres par $2ads$, et nous trouverons

$$\frac{ds^2}{dt^2} \quad \text{ou} \quad v^2 = \int \frac{2ag}{k^2 + a^2} \, ds \, \sqrt{2ax_{\prime} - x_{\prime}^2} \dots (221).$$

On ne peut déterminer l'intégrale renfermée dans le second membre de cette équation, que lorsqu'on a exprimé s en fonction de $x_{\prime}$; c'est à quoi l'on parvient au moyen des équations

$$ds = \sqrt{dx_{\prime}^2 + dy_{\prime}^2}, \quad y_{\prime} = \sqrt{2ax_{\prime} - x_{\prime}^2},$$

et en opérant comme dans l'art. 340, on trouvera

$$ds_{\prime} = -\frac{adx_{\prime}}{\sqrt{2ax_{\prime} - x_{\prime}^2}};$$

substituant cette valeur dans l'équation (221), nous obtiendrons

$$v^2 = -\int \frac{2a^2g}{k^2+a^2}\, dx,$$

et en effectuant l'intégration indiquée, nous trouverons

$$v^2 = -\frac{2a^2gx,}{k^2+a^2} + C \ldots \ldots (222).$$

Pour déterminer la constante, soit EB $= b$ ce que devient $x,$ lorsque la vitesse v est nulle; l'hypothèse de $v = 0$ et de $x, = b$ nous donnera

$$C = \frac{2a^2gb}{k^2+a^2};$$

et par conséquent l'équation (222) deviendra

$$v^2 \text{ ou } \frac{ds^2}{dt^2} = \frac{2a^2g}{k^2+a^2}(b-x,),$$

d'où l'on tirera

$$dt = \frac{ds}{\sqrt{\frac{2a^2g}{k^2+a^2}(b-x,)}} \ldots \ldots (223),$$

cette équation s'intègre facilement dans le cas où les oscillations sont très-petites, ainsi que cela a lieu ordinairement; car en mettant pour ds sa valeur $-\dfrac{adx,}{\sqrt{2ax,}}$ qu'on obtient en effaçant $x,$, comme très-petit devant $2a$, dans la valeur

$$ds = -\frac{adx,}{\sqrt{(2a-x,)x,}},$$

l'équation (223) deviendra

$$dt = -\frac{\frac{1}{2}dx}{\sqrt{\frac{ag}{k^2+a^2}(b-x,)x,}},$$

et on pourra la mettre sous la forme

$$dt = -\frac{1}{2}\sqrt{\frac{k^2+a^2}{ag}} \cdot \frac{dx_,}{\sqrt{(b-x_,)x_,}}\ldots(224).$$

373. En comparant cette équation à l'équation (191), page 223, on voit qu'elles ne diffèrent que par la partie $\frac{a}{g}$ de l'une, qui dans l'autre est remplacée par $\frac{k^2+a^2}{ag}$. Il en sera donc de même des intégrales de ces équations dans lesquelles les constantes se déterminent par la même condition de $t=0$ quand $x=b$. Par conséquent, si nous appelons l la longueur d'un pendule simple ; c'est-à-dire si la constante $\frac{a}{g}$ de l'équation (191) est ici remplacée par $\frac{l}{g}$, et que l'on détermine l par la condition

$$\frac{l}{g} = \frac{k^2+a^2}{ag}\ldots(225),$$

le pendule simple et le pendule composé feront leurs oscillations dans le même temps. L'équation (225) nous donne alors

$$l = \frac{k^2+a^2}{a}.$$

Ainsi, par cette formule, on peut toujours trouver la longueur du pendule simple, qui ferait ses oscillations dans le même temps que le pendule composé.

374. Si à une distance l de l'axe de suspension, on mène à cet axe AB (fig. 184) une parallèle EF, cette parallèle aura la propriété que tous les points qu'elle renfermera, feront leurs oscillations comme s'ils étaient libres ; car, d'après ce qui précède, on voit que ces points sont autant de pendules simples qui agissent simultanément.

Fig. 184.

On les appelle *centres d'oscillation*, et la droite EF est *l'axe d'oscillation*.

375. Les axes de suspension et d'oscillation sont réciproques; c'est-à-dire que si l'on prend l'axe d'oscillation EF (fig. 184) pour axe de suspension, l'axe d'oscillation se trouvera à une distance MX égale à CD.

Fig. 184.

Pour le démontrer, nous avons vu, art. 373, que la distance CD de l'axe d'oscillation à l'axe de suspension, était donnée par l'équation

$$l = \frac{a^2 + k^2}{a} \ldots \ldots (226).$$

Mais si l'on prend l'axe EF pour axe de suspension, le corps changera de position; car EF est une droite déterminée dans ce corps; et comme nous ignorons si le nouvel axe d'oscillation passera encore à une distance MX = CD de EF, représentons cette distance inconnue MX par l', et par a' la distance du centre de gravité à EF; nous aurons, d'après la nature du centre d'oscillation,

$$l' = \frac{a'^2 + k^2}{a'} \ldots \ldots (227).$$

Cela posé, l'équation (226) nous montrant que l surpasse a, il s'ensuit que le centre de gravité doit être compris entre les axes de suspension et d'oscillation; par conséquent il existera entre a et a' la relation

$$a + a' = l,$$

nous tirerons de cette équation

$$a' = l - a.$$

Au moyen de cette valeur, l'équation (227) deviendra

$$l' = \frac{(l-a)^2 + k^2}{l - a} \ldots \ldots (228).$$

DU PENDULE COMPOSÉ.

D'une autre part, l'équation (226) nous donne

$$l - a = \frac{k^2}{a}:$$

on peut donc changer la valeur de l' en

$$l' = \frac{\left(\frac{k^4}{a^2} + k^2\right)}{\frac{k^2}{a}};$$

et en divisant tous les termes par $\frac{k^2}{a}$, on obtient

$$l' = \frac{k^2}{a} + a = l;$$

par conséquent lorsque EF est pris pour axe de suspension, l'axe d'oscillation KH passe à une distance MX de EF qui est précisément la même qui séparait les deux axes AB et EF.

CHAPITRE XXV.

Du Mouvement d'un Corps libre dans l'espace.

376. Lorsqu'un corps M ou système de corps se meut librement dans l'espace, et que le point m du système s'est transporté de m en m' (fig. 185), si les autres points du système ont changé de position, comme ils sont tous liés invariablement au point m, ils n'auront pu prendre cette nouvelle position que par un mouvement de rotation autour du point m, mouvement qui se sera effectué dans le trajet que m aura employé à parvenir de m en m'. Si ce mouvement de rotation n'avait pas eu lieu, le corps se serait

Fig. 185.

transporté parallèlement à lui-même. On peut donc concevoir le mouvement d'un corps comme composé de deux autres, l'un qui transporterait toutes les molécules du système parallèlement à elles-mêmes, et l'autre qui leur imprimerait un mouvement de rotation autour du point m. Dans ce mouvement de translation, le point m n'étant pas affecté du mouvement de rotation, conservera sa vitesse primitive. C'est en vertu de cette vitesse que si le mouvement de rotation, introduit par cette hypothèse, n'eût pas eu lieu, tous les autres points du système se seraient mus en ligne droite dans l'espace.

Le point m autour duquel on suppose que tourne le système étant donc arbitraire, nous prendrons pour ce point le centre de gravité, parce qu'en général il jouit de plus de propriétés que les autres points du système.

377. Le problème se réduisant à déterminer ces deux sortes de mouvement, le principe de d'Alembert nous servira d'abord à trouver les équations du mouvement du centre de gravité. Pour parvenir à ce but, décomposons toutes les forces accélératrices qui agissent sur une molécule dm en trois forces X, Y, Z parallèles aux axes coordonnés; les vitesses imprimées à dm, dans l'instant dt, seront Xdt, Ydt, Zdt; par conséquent, nous aurons pour les vitesses imprimées au bout du temps $t + dt$,

$$\frac{dx}{dt} + Xdt, \quad \frac{dy}{dt} + Ydt, \quad \frac{dz}{dt} + Zdt.$$

A l'égard des vitesses effectives, au bout du même temps elles seront

$$\frac{dx}{dt} + d\frac{dx}{dt}, \quad \frac{dy}{dt} + d\frac{dy}{dt}, \quad \frac{dz}{dt} + d\frac{dz}{dt};$$

par conséquent nous aurons pour les quantités de mouve-

MOUV. D'UN CORPS LIBRE DANS L'ESPACE.   261
ment perdues par dm au bout du temps $t + dt$;

$$\left(Xdt - d\frac{dx}{dt}\right)dm,$$
$$\left(Ydt - d\frac{dy}{dt}\right)dm,$$
$$\left(Zdt - d\frac{dz}{dt}\right)dm.$$

Ce que nous disons de la particule dm pouvant s'appliquer à toutes les autres, si nous rassemblons toutes les composantes du système qui agissent suivant l'axe des x, la somme des quantités de mouvement perdues dans le sens de l'axe des x, sera exprimée par

$$\int\left(Xdt - d\frac{dx}{dt}\right)dm\ldots\ldots(229).$$

De même les sommes de quantités de mouvement perdues parallèlement aux deux autres axes, seront respectivement,

$$\int\left(Ydt - d\frac{dy}{dt}\right)dm\ldots\ldots(230),$$
$$\int\left(Zdt - d\frac{dz}{dt}\right)dm\ldots\ldots(231).$$

Or dans le mouvement du centre de gravité en ligne droite, il suffit, pour établir l'équilibre, que les trois sommes de toutes les composantes des forces ou quantités de mouvement parallèles aux axes, soient nulles séparément ; car alors l'un des points du système ne pourra se mouvoir en aucun sens, et l'équilibre s'introduira nécessairement dans le système. Ainsi en égalant à zéro les expressions (229), (230) et (231), nous établirons la condition que le système ne peut se mouvoir en vertu des quantités de mouvement que nous avons déterminées ; ce qui nous fournira les équations

$$\int \left(\mathrm{X}dt - d\frac{dx}{dt}\right) dm = 0,$$

$$\int \left(\mathrm{Y}dt - d\frac{dy}{dt}\right) dm = 0,$$

$$\int \left(\mathrm{Z}dt - d\frac{dz}{dt}\right) dm = 0,$$

on en déduit

$$\left. \begin{array}{l} \int \dfrac{d^2x}{dt^2}\, dm = \int \mathrm{X}dm \\[4pt] \int \dfrac{d^2y}{dt^2}\, dm = \int \mathrm{Y}dm \\[4pt] \int \dfrac{d^2z}{dt^2}\, dm = \int \mathrm{Z}dm \end{array} \right\} \ldots\ldots(232).$$

Pour exprimer ces équations en fonctions des coordonnées $x_{\prime}$, $y_{\prime}$ et $z_{\prime}$ du centre de gravité, nous avons, par les propriétés de ce centre,

$$\mathrm{M}x_{\prime} = \int x\, dm, \quad \mathrm{M}y_{\prime} = \int y\, dm, \quad \mathrm{M}z_{\prime} = \int z\, dm;$$

différentiant deux fois de suite ces équations par rapport au temps, nous regarderons M et dm comme des constantes, puisque, lorsque le temps et l'espace varient, le corps en se mouvant est toujours censé conserver la même forme ; ce qui fait que M et dm restent dans le même état. En opérant ainsi, nous obtiendrons

$$\mathrm{M}\,\frac{d^2 x_{\prime}}{dt^2} = \int \frac{d^2 x}{dt^2}\, dm,$$

$$\mathrm{M}\,\frac{d^2 y_{\prime}}{dt^2} = \int \frac{d^2 y}{dt^2}\, dm,$$

$$\mathrm{M}\,\frac{d^2 z_{\prime}}{dt^2} = \int \frac{d^2 z}{dt^2}\, dm,$$

combinant ces équations avec les équations (232), nous trouverons

$$\left.\begin{array}{l} M \dfrac{d^2 x_{\prime}}{dt^2} = \int X dm \\ M \dfrac{d^2 y_{\prime}}{dt^2} = \int Y dm \\ M \dfrac{d^2 z_{\prime}}{dt^2} = \int Z dm \end{array}\right\} \ldots (233).$$

Ces équations déterminent le mouvement du centre de gravité du corps M; car étant intégrées, elles nous font connaître les vitesses $\dfrac{dx_{\prime}}{dt}$, $\dfrac{dy_{\prime}}{dt}$, $\dfrac{dz_{\prime}}{dt}$ du centre de gravité parallèlement à chacun des axes.

378. Les équations (233) nous donnent les moyens de démontrer une propriété remarquable du centre de gravité. Pour cet effet, soient $X_{\prime}$, $Y_{\prime}$, $Z_{\prime}$ les composantes de la résultante de toutes les forces accélératrices, nous avons

$$MX_{\prime} = \int X dm, \quad MY_{\prime} = \int Y dm, \quad MZ_{\prime} = \int Z dm;$$

éliminant la partie intégrale entre ces équations et les équations (233), on obtiendra

$$\dfrac{d^2 x_{\prime}}{dt^2} = X_{\prime}, \quad \dfrac{d^2 y_{\prime}}{dt^2} = Y_{\prime}, \quad \dfrac{d^2 z_{\prime}}{dt^2} = Z_{\prime} \ldots \ldots (234).$$

Or si toutes les forces motrices étaient immédiatement appliquées au centre de gravité parallèlement à leurs directions, elles auraient pour composantes $X_{\prime}$, $Y_{\prime}$, $Z_{\prime}$, et les équations du centre de gravité qui se trouveraient celles d'un point matériel, se détermineraient par les équations (114), art. 259, et seraient précisément les mêmes que les équations (234); d'où il suit que le centre de gravité se meut comme si toutes les forces du système lui étaient immédiatement appliquées.

379. Pour déterminer les équations du mouvement de rotation, nous considérerons le cas le plus fréquent du problème général ; c'est celui où le corps est mu par une force accélératrice qui ne passe pas par le centre de gravité ; alors en menant par le centre de gravité G (fig. 186) une perpendiculaire GL sur la direction de la force accélératrice, la force MN tendra à faire tourner LG autour du centre de gravité G, et fera décrire au point L le cercle LKH ; ce point L, en tournant, imprimera donc au mobile un mouvement de rotation autour d'un axe qui serait perpendiculaire au plan du cercle LHK, et qui passerait par le point G. Cet axe étant fixe, nous pouvons déterminer le mouvement de rotation autour du point G ; car soient v la vitesse imprimée au centre de gravité par la force accélératrice, Q la perpendiculaire GL, M la masse du corps, et $\int r^2 dm$ son moment d'inertie, la vitesse angulaire sera donnée par la formule

$$\omega = \frac{vMQ}{\int r^2 dm} ;$$

le moment d'inertie étant pris par rapport à un axe qui passe par le centre de gravité, se réduira à Mk^2, et l'équation précédente deviendra

$$\omega = \frac{vQ}{k^2} :$$

telle est l'équation qui déterminera la vitesse angulaire, lorsqu'on aura calculé la vitesse v du centre de gravité au moyen des équations (233), modifiées convenablement pour ce cas.

FIN DE LA SECONDE PARTIE.

TROISIÈME PARTIE.

NOTIONS
SUR LA THÉORIE DES FLUIDES.

CHAPITRE PREMIER.

De la pression qu'exercent les Fluides.

380. On appelle *fluide* un assemblage de particules matérielles qui cèdent à la moindre pression, et qui sont mobiles en tous sens.

Lorsque ces molécules matérielles ont de l'adhérence entr'elles, les fluides ne sont pas dans un état de fluidité parfaite ; c'est pourquoi nous ferons abstraction de cette adhérence.

381. On divise les fluides en fluides incompressibles et en fluides élastiques. Les fluides incompressibles sont ceux qui occupent toujours le même volume, lorsque la température est constante ; parmi ces fluides on range le mercure, l'eau, le vin, l'huile, etc.

Les fluides élastiques sont ceux qui peuvent changer de figure et de volume ; on met au nombre de ces fluides l'eau réduite en vapeurs, l'air et les différens gaz.

382. Soit un vase ABCD (fig. 187) entièrement fermé Fig. 187.

et rempli d'un fluide que nous supposerons être sans pesanteur : si l'on fait deux ouvertures EF et HI d'égales superficies, et qu'on y applique les pistons K et L pressés par des puissances égales RK, SL dirigées perpendiculairement aux superficies HI, EF; ces puissances resteront en équilibre. Il faut donc que la pression exercée sur la surface EF se communique à la surface HI par l'intermédiaire du fluide ; ce qui ne peut être, à moins que les particules des fluides n'éprouvent partout la même pression. On peut donc, d'après cette expérience, établir la proposition suivante : La propriété qui caractérise les fluides est que, lorsqu'une puissance est appliquée à un fluide, elle y exerce une pression qui se transmet dans tous les sens.

383. Examinons maintenant comment cette propriété qui est connue sous le nom de *principe d'égalité de pression*, peut être exprimée par une équation. Pour cela, considérons un fluide qui reposerait dans un vase AL (fig. 188) construit en forme de parallélipipède, et dont la base ABCD serait horizontale. Supposons qu'à la partie supérieure EH du fluide, on ait appliqué un piston qui presse cette base sur tous ses points ; nommons P un poids qui agirait sur ce piston perpendiculairement à la surface de sa base ; cette base sera pressée comme si le poids P lui était immédiatement appliqué, et chacun de ses points supportera une pression proportionnelle à son étendue; de sorte que si nous appelons A la surface ABCD, et a une partie Abcd de cette surface, et que p soit la pression que supporte a, on déterminera p par la proportion suivante :

$$A : a :: P : p.$$

Prenant a pour unité de surface, nous aurons

$$p = \frac{P}{A};$$

Fig. 188.

par conséquent si ω représente le rapport de la surface $Ab'c'd'$ à la surface $Abcd$ prise pour unité, la pression P' que supporte la surface $Ab'c'd'$ sera donnée par l'équation

$$P' = p\omega \ldots \ldots (235);$$

et comme toutes les parties de la masse fluide doivent être également pressées, il en résulte que si la surface ω, au lieu de se trouver sur la base du vase, était située sur ses parois latérales, on aurait encore $p\omega$ pour la pression qui agirait contre cette surface latérale.

384. Dans le cas où la surface ω est infiniment petite, elle peut être représentée par le rectangle élémentaire $dxdy$; d'où il suit que $pdxdy$ est la pression exercée par le piston contre un élément du vase, en quelque part que cet élément soit situé, et lors même que la surface de ce vase serait composée de surfaces courbes.

385. Dans ce qui précède, nous n'avons eu égard qu'à une pression P appliquée à la surface du fluide; mais si le fluide était sollicité par différentes forces accélératrices, le fluide cesserait d'être également pressé dans tous les sens. Dans ce cas, il éprouverait deux sortes de pressions; 1°. celle qui dérive de la pression P; 2°. celle qui est produite par les forces accélératrices. Cette seconde pression est en général variable d'une molécule à l'autre; ce qui revient à dire que chaque molécule peut être soumise à une force accélératrice quelconque.

386. Pour donner un exemple de cette seconde espèce de pression, supposons que le fluide contenu dans le vase ABDC (fig. 187) devienne pesant; alors on devra considérer chaque molécule comme animée par une force accélératrice due à l'action de la pesanteur.

Fig. 187.

Nous verrons par la suite, lorsque nous parlerons des

fluides pesans, que le principe d'égalité de pression est bien modifié par cette circonstance. Il suit de ce qui précède, que dans le cas où l'on considère des forces accélératrices, p doit être, en général, regardé comme variable ; ce qui n'empêche pas que p ne représente toujours la pression sur l'unité de surface de la molécule dm qui se rapporte aux coordonnées x, y, z, correspondantes à p.

CHAPITRE II.

Des Equations générales de l'équilibre des Fluides.

387. Considérons maintenant une molécule fluide qui, étant sollicitée par plusieurs forces accélératrices serait mise en équilibre dans une masse fluide, et cherchons les équations de condition qui dans ce cas doivent avoir lieu.

Pour cet effet, supposons que le plan des x, y soit horizontal et situé au-dessus du fluide que nous concevrons comme partagé en petits parallélipipèdes élémentaires, par des plans parallèles aux trois plans coordonnés. Soient dm la masse de l'un de ces élémens, et x, y, z ses coordonnées ; le volume de cet élément sera exprimé par $dx\,dy\,dz$; en le multipliant par la densité D supposée constante dans cet élément, nous aurons, art. 128, $Ddx\,dy\,dz$ pour l'expression de la masse élémentaire du fluide ; ce qui nous donnera cette équation

$$dm = Ddx\,dy\,dz\ldots\ldots(236).$$

Cela posé, soient X, Y, Z les forces accélératrices qui agissent sur l'élément dm et qui sont supposées constantes

ÉQUAT. DE L'ÉQUILIBRE DES FLUIDES.   269

dans toute l'étendue de cet élément. En multipliant ces forces par la masse dm, nous aurons, art. 298, Xdm, Ydm et Zdm pour les forces motrices qui doivent contrebalancer les pressions que le fluide exerce sur les six faces de l'élément. La surface supérieure $dxdy$ (fig. 189) étant prolongée jusqu'à ce qu'elle devienne égale à l'unité de surface représentée par BC, imaginons que la pression que supporte $dxdy$ soit la même dans toute l'étendue de BC, et nommons p cette pression que supporte BC. Lorsque l'ordonnée BD $= z$ se changera en DE $= z + dz$, la pression p qui varie avec z deviendra

Fig. 189.

$$p + \frac{dp}{dz} dz,$$

et exprimera la pression de l'unité de surface sur la base EF du parallélipipède.

Par conséquent, pour avoir les pressions sur la surface supérieure BG et sur la surface inférieure EF de l'élément, il faudra multiplier ces surfaces BG et EF égales chacune à $dxdy$, par les pressions p et $p + \frac{dp}{dz} dz$ qui agissent l'une sur le plan de BG et l'autre sur le plan de EF, et l'on aura pour ces pressions que supportent BG et EF,

$$pdxdy \quad \text{et} \quad \left(p + \frac{dp}{dz} dz\right) dxdy ;$$

la différence de ces pressions verticales sera donc

$$\frac{dp}{dz} dz dx dy ;$$

et comme elle doit faire équilibre à la force motrice verticale, on aura

$$\frac{dp}{dz} dz dx dy = Zdm ;$$

et en mettant pour dm sa valeur donnée par l'équation (236) et en réduisant, on trouvera

$$\frac{dp}{dz} = \mathrm{D}Z.$$

Pareillement, en nommant q et r les pressions latérales exercées sur l'unité de surface, et qui agissent contre les faces $dxdz$ et $dydz$, on obtiendra

$$\frac{dq}{dy} = \mathrm{D}Y, \qquad \frac{dr}{dx} = \mathrm{D}X.$$

Nous avons vu, art. 386, que la pression sur l'une des faces se composait non-seulement de la pression qui se distribue également sur tout ce fluide, mais encore de la pression exercée par l'action des forces accélératrices. Ainsi pour évaluer la pression $qdxdz$ qui agit sur la face $dxdz$, on voit que cette pression se compose, 1°. d'une pression égale à la pression $pdxdy$ qui se distribue également sur tout le fluide ; 2°. de la pression sur la face $dxdz$, due aux forces accélératrices. Or les forces accélératrices étant respectivement Xdm, Ydm, Zdm, l'expression due à l'action de ces forces accélératrices sera une fonction de leurs intensités que nous représenterons par

$$\mathrm{F}\,(Xdm,\ Ydm,\ Zdm),$$

et nous aurons

$$qdxdz = pdxdy + \mathrm{F}\,(Xdm,\ Ydm,\ Zdm)\ldots\ldots(237).$$

La propriété de la fonction désignée par

$$\mathrm{F}\,(Xdm,\ Ydm,\ Zdm)$$

étant que cette quantité s'évanouisse lorsque les forces accélératrices sont nulles, il faut que cette fonction puisse se ramener à ne contenir que des termes qui aient pour facteurs Xdm, Ydm, Zdm. En ordonnant ces termes, à partir de ceux qui renferment les moindres puissances de

ÉQUAT. DE L'ÉQUILIBRE DES FLUIDES.

dm, nous pourrons supposer

$$F(Xdm, Ydm, Zdm) = MXdm + NYdm + PZdm + \text{etc.}$$

Substituant cette valeur dans l'équation (237), nous aurons

$$qdxdz = pdxdy + MXdm + NYdm + PZdm + \text{etc.},$$

et en mettant $Ddxdydz$ à la place de dm, cette équation deviendra

$$qdxdz = pdxdy + DMXdxdydz + DNYdxdydz + DPZdxdydz + \text{etc.}$$

Divisant par $dxdy$, on a,

$$q = p + DMXdz + DNYdz + DPZdz + \text{etc.} \ldots (238).$$

Les termes $DMXdz$, $DNYdz$, $DPZdz$ étant infiniment petits à l'égard de p, il en résulte que l'équation (238) se réduit à

$$q = p.$$

On démontrerait de même que $r = p$; par conséquent les équations d'équilibre deviennent

$$\frac{dp}{dz} = DZ, \quad \frac{dp}{dy} = DY, \quad \frac{dp}{dx} = DX \ldots (239):$$

en multipliant ces équations, la première par dz, la seconde par dy, et la troisième par dx, et les ajoutant, on trouvera

$$dp = (Zdz + Ydy + Xdx) D \ldots (240):$$

telle est l'équation qui, par son intégration, doit donner la valeur de la pression sur l'unité de surface dans un fluide quelconque.

CHAPITRE III.

Application des équations générales de l'équilibre des Fluides au cas des Fluides incompressibles.

388. Considérons un fluide incompressible homogène qui repose dans un vase capable d'opposer à la pression une résistance indéfinie : la pression p exercée sur l'unité de surface, en un point qui a pour coordonnées $x = a$, $y = b$, $z = c$, sera donnée par l'intégrale de l'équation (240), dans laquelle on substituera ces valeurs. Or la densité D étant constante, la valeur de p dépendra de la possibilité de pouvoir intégrer la formule

$$Zdz + Ydy + Xdx \ldots\ldots (241) :$$

c'est à quoi l'on parviendra toujours lorsque cette formule sera une différentielle exacte des variables x, y, z.

389. Supposons donc que cette condition soit remplie, et qu'on ait déterminé la pression p; cette pression sera détruite par la résistance du vase; mais si la pression devait être appliquée sur une partie de la surface supérieure du fluide, dans ce cas le fluide ne pouvant opposer de la résistance à la force qui le presse, il faudrait que p fût nul par lui-même; alors l'équation (240) se réduirait à

$$Xdx + Ydy + Zdz = 0 \ldots\ldots (242).$$

Enfin il pourrait arriver que la pression p fût constante; et comme la différentielle d'une constante est égale à zéro, l'équation (242) aurait encore lieu dans ce cas.

390. Lorsque l'expression (241) est une différentielle

DES FLUIDES INCOMPRESSIBLES. 273

exacte, et que l'équation 242 a lieu, il en résulte $dp = 0$, donc la pression, si elle existe, ne peut être que constante. Or dans ce cas pour que le fluide puisse garder l'équilibre, il faut que la résultante des forces accélératrices qui agit de dehors en dedans, soit en même temps normale à la surface du fluide ; car si cela n'était pas, on pourrait la décomposer en deux forces, l'une normale, et l'autre tangente à la surface du fluide, et il est évident que cette dernière ferait glisser la molécule dm.

391. Cette circonstance est aussi indiquée par l'équation (242) ; car soient x', y', z' les coordonnées d'un point commun à la surface et à la résultante des forces X, Y, Z ; les équations de la normale au point x', y', z' d'une surface courbe étant (*Elémens de Calcul différentiel et de Calcul intégral*, page 42)

$$\left. \begin{array}{l} x - x' = -\dfrac{dz'}{dx'} \cdot (z - z'), \\ y - y' = -\dfrac{dz'}{dy'} \cdot (z - z') \end{array} \right\} \ldots (243).$$

On voit qu'il ne s'agit que de substituer les valeurs des coefficiens différentiels $\dfrac{dz'}{dx'}$ et $\dfrac{dz'}{dy'}$ déterminées par l'équation (242), pour que les équations (243) deviennent celles de la normale à la surface, qui se rapporte à l'équation (242). Or, en ayant égard à la notation de M. Fontaine, et en regardant X, Y, Z comme des fonctions des coordonnées x', y', z', l'équation (242) nous donne

$$-\frac{dz'}{dx'} = \frac{Z}{X}, \qquad -\frac{dz'}{dy'} = \frac{Z}{Y}.$$

Substituant ces valeurs dans l'équation précédente, on obtient pour les équations de la normale au point x', y', z',

$$x - x' = \frac{Z}{X}(z - z'), \quad y - y' = \frac{Z}{Y}(z - z').$$

18

Ces équations sont précisément les mêmes que celles que nous avons trouvées, art. 52, pour la résultante des forces X, Y, Z.

392. L'équation (242) étant toujours supposée intégrable, nous fournit encore des conséquences remarquables; car si l'on représente par $F(x, y, z) + C$ l'intégrale de cette équation, en faisant $C = -A$, on en déduit

$$F(x, y, z) = A.$$

Si l'on donne successivement à A différentes valeurs croissantes $0, a, a', a'', a''', a^{IV}$, etc., on aura les équations

$$F(x, y, z) = 0$$
$$F(x, y, z) = a$$
$$F(x, y, z) = a'$$
$$\dots\dots\dots\dots\dots\dots$$
$$F(x, y, z) = a^{(n)}$$
etc.

Toutes ces équations auront pour différentielle l'équation (242), et dans leur nombre se trouvera celle de la surface du fluide; c'est-à-dire celle qui est censée, par la différentiation, avoir donné l'équation (242).

Supposons donc que $F(x, y, z) = a^{(n)}$ soit cette équation; alors les autres seront celles d'autant de surfaces qui jouiront toutes de cette propriété commune, que la résultante R des forces X, Y, Z devra être non-seulement normale à la surface $F(x, y, z) = a^{(n)}$ qui est celle du fluide, mais encore l'être à toutes les autres surfaces.

En effet si nous nommons x', y', z' les coordonnées du point où la résultante R rencontre l'une des surfaces; par exemple celle dont l'équation est

$$F(x, y, z) = a,$$

l'équation de la normale au point x', y', z' se déduira de l'équation (242), par le procédé que nous avons suivi art. 391;

d'où nous conclurons, comme dans cet article, que la normale au point x', y', z' de la surface courbe, coïncide avec la direction de R qu'on suppose passer par ce point. On a donné aux surfaces dont nous venons de parler, le nom de *surfaces de niveau*. Si l'on suppose que les constantes 0, a, a', a'', a''', etc. aillent en s'augmentant par degrés insensibles, la masse fluide sera partagée par les surfaces de niveau en une suite de tranches infiniment minces que l'on est convenu de nommer *couches de niveau*.

393. Il suit de ce qui précède, que lorsque le fluide n'est animé que par des forces accélératrices, dirigées vers un centre fixe, sa surface extérieure doit être sphérique. On peut parvenir au même résultat par l'analyse. Pour cet effet, prenons le centre d'attraction pour origine, et soit x, y, z les coordonnées de l'élément dm ; la distance du point x, y, z à l'origine aura pour expression $\sqrt{x^2+y^2+z^2}$. Nommons r cette distance, et λ la force d'attraction qui agit sur dm ; cette force λ fera avec les axes coordonnés des angles qui auront pour cosinus $\frac{x}{r}$, $\frac{y}{r}$, $\frac{z}{r}$; par conséquent, si l'on nomme X, Y, Z les composantes de λ parallèlement aux axes, nous aurons

$$X = \lambda \frac{x}{r}, \quad Y = \lambda \frac{y}{r}, \quad Z = \lambda \frac{z}{r};$$

mettant ces valeurs dans l'équation (242), il viendra pour l'équation de la surface fluide,

$$\frac{\lambda}{r}(xdx + ydy + zdz) = 0 \ldots (244).$$

Supprimant le facteur commun $\frac{\lambda}{r}$ et intégrant, on trouvera

$$x^2 + y^2 + z^2 = C,$$

équation d'une sphère ; donc la surface du fluide devra être sphérique.

394. Si le centre de cette sphère est très-éloigné de sa surface, comme cela a lieu lorsque l'on considère le centre de la terre relativement à la surface d'une eau stagnante ; dans ce cas, la courbure de la surface étant insensible, on peut la considérer comme plane dans une petite étendue.

395. L'équation (244) s'est trouvée immédiatement intégrable, parce que l'équation (242) devient, dans ce problème, un cas particulier du théorème que nous avons démontré, art. 265, sur les forces dirigées vers des centres fixes ; c'est en vertu de ce théorème que l'équation (242) sera toujours intégrable dans toutes les questions que l'on peut résoudre sur des fluides qui reposeront sur des surfaces fixes.

396. Si dans l'équation (240) on remplace la quantité qui est entre les parenthèses, par $d.F(x, y, z)$, on aura
$$dp = D \times d.F(x, y, z):$$
cette équation nous donne
$$d.F(x, y, z) = \frac{dp}{D} \ldots \ldots (245).$$

Or $d.F(x, y, z)$ étant, par hypothèse, une différentielle exacte, il faut qu'il en soit de même de sa valeur $\frac{dp}{D}$, et que par conséquent D ne contienne d'autre variable que p, condition exprimée par l'équation
$$D = fp \ldots \ldots (246).$$

Si la pression p est constante, il en est donc de même de D. Dans ce cas, l'équation (245) se réduit à
$$d.F(x, y, z) = 0,$$
parce qu'une constante n'a point de différentielle. L'in-

tégration de cette équation nous conduit à celle que nous avons trouvée, art. 392, et dont nous avons exprimé les propriétés.

397. Mais si p est variable, alors en faisant varier p par degrés insensibles, nous pourrons, durant un instant très-court, regarder p comme constant. Dans cette hypothèse, l'équation (245) nous donnera pour intégrales une suite d'équations, représentées par

$$F(x, y, z) = 0,$$
$$F(x, y, z) = a,$$
$$F(x, y, z) = a',$$
$$F(x, y, z) = a'',$$
etc.

Ces équations seront celles des surfaces de niveau qui correspondent aux valeurs successives de p dans les instans égaux à dt. Pour chacune de ces surfaces, la densité D sera constante ; par conséquent, en considérant la masse fluide comprise entre les deux surfaces extrêmes AA' et BB' (fig. 190), cette masse de fluide devra être homogène. La pression p prenant ensuite un accroissement et devenant constante, lorsque l'on passera de la surface BB' à la surface CC', le fluide compris entre ces deux surfaces devra être homogène dans toute cette étendue. Il en sera de même pour une troisième couche de fluide, comprise entre les deux surfaces CC' et DD' qui correspondent à une même valeur de p ; et ainsi de suite. De sorte que dans les fluides hétérogènes, il ne peut y avoir équilibre, à moins que ces fluides ne soient composés de couches dont chacune ait la même densité dans toutes ses parties.

Fig. 190.

CHAPITRE IV.

Application des Equations générales des Fluides au cas des Fluides élastiques.

398. Ce qui caractérise un fluide élastique, est de pouvoir se comprimer pour reprendre ensuite la même densité et le même ressort, lorsque la force qui occasionne la compression cesse d'agir.

Ainsi lorsqu'un fluide est élastique, outre la pression qu'il exerce en vertu des forces qui agissent sur lui, il en produit une autre qui dérive de son élasticité. On a reconnu que pour la même température, cette pression, qu'on appelle *la force élastique du fluide*, était proportionnelle à sa densité. En supposant donc la température constante, si l'on nomme Π la pression exercée sur l'unité de densité, lorsque la pression est 2Π, la densité devient double; lorsque la pression est 3Π, la densité devient triple, et ainsi de suite. De sorte que si la densité est exprimée par D, la pression doit l'être par ΠD; en appelant p cette pression, nous aurons

$$p = \Pi D \ldots \ldots (247).$$

La densité étant mesurée par la matière renfermée dans un cube dont l'une des faces serait égale à l'unité de surface, p représentera, comme précédemment, la pression exercée sur l'unité de surface.

399. En combinant l'équation (247) avec l'équation

$$dp = D(Xdx + Ydy + Zdz),$$

on obtiendra
$$\frac{dp}{p} = \frac{Xdx + Ydy + Zdz}{\Pi} \ldots \ldots (248);$$
intégrant il viendra
$$\log p = \int \frac{Xdx + Ydy + Zdz}{\Pi} + C.$$

400. L'équation (240) subsistant comme dans le cas des fluides incompressibles, nous en conclurons de même que dans l'art. 396, que lorsque p est constant, D doit l'être aussi ; par conséquent l'équation (247) nous donnera, dans cette hypothèse,
$$\Pi = \text{constante.}$$
Ainsi, en considérant p et la densité comme constans pour une partie déterminée du fluide, nous pourrons mettre Π en dehors du signe d'intégration, et en représentant par $\log C'$ la constante, nous aurons
$$\log p = \frac{\int (Xdx + Ydy + Zdz)}{\Pi} + \log C';$$
multipliant la fraction qui entre dans cette équation par $\log e$ qui équivaut à l'unité, et changeant le coefficient en exposant, on aura
$$\log p = \log e^{\frac{\int (Xdx + Ydy + Zdz)}{\Pi}} + \log C';$$
observant que la somme des logarithmes est égale au logarithme de leur produit, nous trouverons, en simplifiant la formule d'après cette considération et en passant aux nombres,
$$p = C' e^{\frac{\int (Xdx + Ydy + Zdz)}{\Pi}}.$$
Si l'on substitue cette valeur dans l'équation (247), on

obtiendra
$$D = \frac{C'e^{\frac{\int(Xdx+Ydy+Zdz)}{\Pi}}}{\Pi}.$$

La température du fluide étant supposée constante (art. 398), cette équation donnera la valeur de la densité d'une couche de niveau du fluide ; car il faut observer que ce que nous avons dit art. 396 et 397, des couches de niveau des fluides incompressibles hétérogènes, peut se rapporter aussi bien aux fluides élastiques, puisque cette théorie des couches de niveau est déduite de l'équation générale des fluides, modifiée d'après l'hypothèse de p constant, dans une certaine étendue de la masse fluide.

401. Observons qu'on ne pourrait en déduire également l'équation
$$(Xdx + Ydy + Zdz) = 0$$
de l'hypothèse de p nul ; car lorsqu'on a $p = 0$, l'équation (247) nous montre que dans ce cas, la densité du fluide élastique doit être aussi nulle, hypothèse qui détruirait l'existence du fluide.

Ainsi, dans un fluide élastique, la pression ne peut être nulle à sa surface, comme dans les fluides incompressibles.

CHAPITRE V.

De la pression des Fluides pesans.

402. Proposons-nous d'examiner maintenant le cas où la force accélératrice qui agit sur un fluide, est la pesanteur. Pour cet effet, considérons un vase ouvert à sa partie supérieure, et qui repose sur un plan horizontal : ce vase

étant rempli d'eau jusqu'à une certaine hauteur, la surface du fluide sera horizontale, ainsi que nous l'avons démontré. Prenons-la pour plan des x, y; et comme la pesanteur est ici la seule force accélératrice, nous aurons

$$X = 0, \quad Y = 0, \quad Z = g,$$

et l'équation (240) deviendra

$$dp = Dgdz.$$

Regardant la densité comme constante, ainsi que la gravité, on tirera de cette équation, en l'intégrant,

$$p = Dgz + C \ldots\ldots (249).$$

Lorsque $z = 0$, la pression devant être nulle à la surface du fluide incompressible, on aura $C = 0$; ce qui réduira l'équation (249) à

$$p = Dgz \ldots\ldots (250).$$

403. Si l'on mène dans l'intérieur du fluide un plan horizontal, tous les points situés sur ce plan auront leurs ordonnées dans le sens des z, égales entr'elles; d'où il suit que pour tous ces points, la pression $p = Dgz$ sera la même.

404. Soit h la distance comprise entre le niveau de l'eau et le plan horizontal sur lequel repose le fluide, la pression que supportera l'unité de surface de la base, sera déterminée pour l'équation (250), dans laquelle on changera z en h et qui donnera

$$p = Dgh \ldots\ldots (251).$$

Nommons P la pression que supporte la base totale composée d'un nombre b d'unités de surfaces; il faudra que P contienne b de fois p; on aura donc

$$P = bp \ldots\ldots (252);$$

et en mettant pour p sa valeur, (équation 251), il viendra
$$P = Dghb \ldots \ldots (253).$$

Or bh représente le volume d'un prisme qui a b pour base et h pour hauteur ; en multipliant ce volume par la densité D, on a la masse de ce prisme, art. 128 ; par conséquent, art. 129, $Dghb$ en est le poids ; d'où il suit que la base b supporte une pression égale au poids du volume du prisme du fluide qui repose sur cette base.

405. La pression P ne dépendant, pour le même fluide, que de la base b et de la hauteur h du fluide, il en résulte que des vases (fig. 191) remplis du même fluide, mais de bases et de hauteurs égales, supportent la même pression sur leurs bases, quoique les aires latérales de ces vases soient de formes différentes.

Fig. 191.

406. A l'égard de la pression que le vase éprouve sur ses faces latérales, nommons $d\omega$ l'élément $abfe$ de cette surface (fig. 192), et z la distance au niveau de l'eau ; la pression p que supporte l'unité de surface de l'élément $d\omega$, sera donnée par l'équation (250) ; mettant cette valeur dans la formule (252), et observant que b doit être remplacé par la surface élémentaire $abfe$, nous aurons $Dgzd\omega$ pour une des forces élémentaires parallèles qui composent P, donc

Fig. 192.

$$P = \int Dgzd\omega.$$

Cette expression contenant deux variables z et ω, il ne s'agira plus que de les réduire à une seule, pour que l'intégration puisse s'effectuer. C'est à quoi l'on parviendra lorsque la surface ω sera donnée. Cherchons, par exemple, la pression exercée sur le rectangle ABDC (fig. 192) incliné à l'horizon ; il est certain que si le vase était plein, la droite horizontale CD serait au niveau de l'eau ; mais pour plus de généralité, nous supposerons que CD soit au-dessous du niveau de l'eau. Nommons b la base AB du

Fig. 192.

rectangle ABDC, et l sa longueur BD ; si l'on partage le rectangle en une infinité de tranches horizontales, la pression sera la même sur tous les points de l'une de ces tranches ; équat. 250. Représentons par v la distance Df d'une tranche quelconque af à la base supérieure CD, dv sera la hauteur ae de cette tranche ; par conséquent l'élément de la surface ABDC sera

$$ab \times ae = bdv ;$$

substituant cette valeur à la place de $d\omega$ dans l'expression $\int Dgz d\omega$, on aura

$$\int Dgz d\omega = \int Dgz b dv ;$$

ce sera la pression exercée sur l'aire ABCD. On prendra l'intégrale depuis $v = 0$ jusqu'à $v = l$, lorsqu'on l'aura réduite à ne contenir qu'une seule variable. Pour y parvenir, soient φ l'angle que fait le plan ABDC avec la verticale NL, et a la distance DN de la base supérieure CD au niveau de l'eau, nous aurons

ou
$$K f \text{ ou } LN = DL + DN,$$
$$z = v \cos \varphi + a ;$$

par conséquent la formule à intégrer sera

$$P = \int Dg (v \cos \varphi + a) b dv ;$$

effectuant l'intégration indiquée, on trouvera

$$P = Dgb (\tfrac{1}{2} v^2 \cos \varphi + av) + C ;$$

prenant l'intégrale entre les limites $v = 0$ et $v = l$, on aura

$$P = Dgb (\tfrac{1}{2} l^2 \cos \varphi + al).$$

407. Cherchons maintenant le point où cette pression doit être appliquée : on voit d'abord que ce point d'application doit être situé sur la droite EH qui partage les

côtés AB et CD en deux parties égales. Il nous reste donc à déterminer sur la droite EH, le point G où cette pression doit être appliquée.

Pour cet effet, nous regarderons les pressions exercées sur tous les points de la surface ABDC comme des forces parallèles. En prenant les momens des élémens de cette surface, par rapport à la droite horizontale CD, la pression que supporte l'élément $abfe$ étant $Dgzbdv$, son moment sera $Dgzbdv \times v\sin \varphi$; et en nommant $v_{\prime}$ la distance EG de CD au centre de pression, nous aurons par la théorie des momens,

$$P v_{\prime} \sin \varphi = \sin \varphi \int Dgzbdv \text{ ou } Pv_{\prime} = \int Dgzbvdv ;$$

mettant dans cette intégrale la valeur de z, on trouvera

$$Pv_{\prime} = Dgb \int (\cos \varphi \; v^2 dv + avdv) ;$$

donc

$$Pv_{\prime} = Dgb \left(\cos \varphi \cdot \frac{v^3}{3} + \frac{av^2}{2} \right) + C,$$

et en intégrant entre les limites $v = 0$ et $v = l$, on aura

$$Pv_{\prime} = Dgb \left(\cos \varphi \cdot \frac{l^3}{3} + \frac{al^2}{2} \right).$$

Mettant pour P sa valeur et divisant par l facteur commun, on trouvera

$$v_{\prime} = \frac{\cos \varphi \cdot \frac{l^2}{3} + \frac{al}{2}}{\cos \varphi \cdot \frac{l}{2} + a}.$$

Ayant trouvé, par un procédé analogue, les pressions exercées sur les autres faces latérales, et sur celle de la base, et leurs centres d'application, on prendra la résultante de toutes ces forces pour avoir la pression totale.

408. Considérons maintenant un corps plongé dans un

fluide pesant homogène : la pression que ce fluide exerce contre une portion quelconque de la surface de ce corps, se déterminera de la même manière que celle qui agit contre les parois du vase; mais lorsqu'on voudra trouver la pression totale, on fera usage des propositions suivantes que nous allons démontrer.

1°. *Les diverses pressions qui agissent sur le corps, ont une résultante unique qui agit verticalement, et tend à le presser dans un sens opposé à celui de la pesanteur.*

2°. *Les pressions horizontales se détruisent;*

3°. *L'intensité de la résultante de toutes les pressions est égale au poids du volume du fluide déplacé;*

4°. *Cette résultante de toutes les pressions passe par le centre de gravité du volume du fluide déplacé; et comme elle agit verticalement, sa direction est déterminée.*

Pour démontrer ces propositions, considérons (fig. 193) Fig. 193. un fluide pesant renfermé dans le vase ADE, dans lequel il est en équilibre, et imaginons que tout à coup une partie KL de ce fluide passe de l'état fluide à l'état solide, l'équilibre ne sera pas troublé. Or ce solide est entraîné de haut en bas par une force verticale égale à son poids, et appliquée à son centre de gravité; cette force ne peut être détruite que par la résultante de toutes les pressions normales que le fluide exerce contre le solide; d'où il suit que la résultante de toutes les pressions normales est verticale et doit être une force unique, puisqu'elle fait équilibre à une force unique; et comme la résultante de toutes les pressions est verticale, il faut que les forces horizontales se détruisent mutuellement.

409. Il ne peut donc y avoir équilibre entre un corps et le fluide dans lequel il est plongé, que lorsque les centres de gravité du corps et du fluide déplacé, sont sur la même

verticale, condition remplie lorsque le corps est entièrement plongé dans le fluide, parce que les volumes du corps et du fluide déplacé sont les mêmes ; mais si le corps n'est plongé qu'en partie, son centre de gravité n'est plus le même que celui du fluide déplacé ; alors il faut que ces centres de gravité soient sur la même verticale.

410. Nommons v le volume du fluide déplacé, et v' celui du corps qui y est plongé ; D la densité du fluide, et D' celle du corps ; les expressions Dgv et $D'gv'$ exprimeront les poids du volume du fluide déplacé et du corps ; par conséquent, dans notre hypothèse où le corps est entièrement plongé dans le fluide, nous aurons

$$Dgv = D'gv' ;$$

et comme $v = v'$, il faudra que les densités D et D' soient égales ; mais si le volume du corps est plus léger que celui du fluide déplacé, nous aurons

$$D'gv' < Dgv :$$

le corps remontera et la force qui le fera mouvoir sera égale à $Dgv - D'gv'$.

Si au contraire on a

$$D'gv' > Dgv ;$$

le corps descendra, et la force qui le pressera équivaudra à $D'gv' - Dgv$.

Par conséquent le corps descendra comme s'il était animé d'un poids $D'gv' - Dgv$ égal à la différence du poids du corps sur celui du fluide.

CHAPITRE VI.

De la Balance hydrostatique, de l'Aréomètre, de la pesanteur de l'Air, du Siphon, et de l'élasticité de l'Air.

411. Soit M un corps dont le poids est P ; si ce corps est plongé dans un fluide, il perdra de son poids une quantité égale au volume du fluide qu'il déplace ; par conséquent, il faudra ôter une partie P′ du poids P pour rétablir l'équilibre ; ce poids enlevé P′ sera donc égal à celui du volume du fluide déplacé.

Par exemple, si M est une sphère de plomb du poids de 11 hectogrammes, et qu'on trouve, lorsqu'elle est plongée dans un fluide, qu'elle ne pèse plus que 10 hectogrammes, on en conclura que la gravité du plomb est à celle de ce fluide, comme 11 est à 1.

Si l'on voulait déterminer la pesanteur spécifique ou densité d'un fluide, celle de l'huile d'olive, par exemple, on plongerait la même sphère dans ce fluide, et ayant trouvé que son poids est réduit à $10^h,085$, on conclurait que le volume du fluide déplacé est égal à $0^h,915$; et comme en plongeant cette sphère de plomb dans l'eau, on a déjà trouvé que le volume d'eau déplacée était de 1^h, en comparant les volumes déplacés des deux fluides, on trouverait que leurs densités sont entr'elles comme 1 est à 0,915.

Il suit de ce qui précède que deux corps de volumes inégaux étant mis en équilibre dans le vide, cesseront de l'être lorsqu'ils seront plongés dans l'air, car le plus volumineux de ces corps perdra une plus forte partie de son poids que l'autre.

412. L'aréomètre ou pèse-liqueur est un instrument qui fait connaître les pesanteurs spécifiques des fluides; il est composé d'un cylindre de verre qui, dans sa partie inférieure, est soudé à un petit globe de verre rempli de mercure ; l'autre extrémité de ce cylindre est terminée par un tube gradué. Lorsqu'on plonge l'aréomètre dans un fluide, le mercure qui sert à le lester lui fait prendre une position verticale, et il s'enfonce d'autant plus dans le fluide, que ce fluide a moins de densité. Alors la division du tube gradué fait connaître la pesanteur spécifique du fluide. Par exemple, la température étant à 10 degrés du thermomètre de Réaumur, si l'on plonge l'aréomètre dans de l'eau distillée, le niveau du fluide effleurera le 10e degré de l'aréomètre ; plongé ensuite dans le vin, il indiquera le 11, le 12 ou le 13e degré; dans l'eau-de-vie, il descendra encore et s'arrêtera entre 15 et 20, ou entre 21 et 35, selon que cette eau-de-vie sera simple ou rectifiée.

D'après ce qui précède, on voit que la construction de l'aréomètre est fondée sur ce principe, qu'un corps plongé dans un fluide, perd une partie de son poids égale à celui du fluide déplacé ; donc plus le fluide aura de densité, plus l'aréomètre diminuant de poids surnagera.

413. Galilée, le premier, reconnut la pesanteur de l'air : Toricelli, son disciple, la démontra par l'expérience suivante: Soit AB (fig. 194) un tube de verre situé verticalement et rempli de mercure ; si l'on renverse ce tube de manière qu'en gardant toujours une position verticale, la partie inférieure A prenne la place de la partie supérieure, et que l'on plonge ce tube (fig. 195) dans un vase plein de mercure, il se fera, à la partie BE du tube, un vide qui sera occasionné par la descente du mercure qui

s'arrêtera en E lorsque la colonne de mercure comprise depuis E jusqu'à la base horizontale CD du mercure sera d'environ 28 pouces ou de $0^m,76$.

Cette colonne de mercure ne se soutient que par la pression de l'air extérieur qui, pressant sur la surface CD, fait équilibre au mercure renfermé dans le tube.

Les fluides qui ont des densités différentes, doivent donc s'élever à des hauteurs différentes; c'est ce qu'on a vérifié sur l'eau. En effet l'eau étant d'une densité qui est à peu près $13\frac{1}{2}$ fois moindre que celle du mercure, devra s'élever à une hauteur qui sera en raison inverse des densités de ces fluides. Ainsi l'eau s'élevera à une hauteur exprimée par $28^{po} \times 13\frac{1}{2}$ nombre qui diffère peu de 32^{pieds} ou $10^m 4$, hauteur à laquelle on a reconnu qu'une pompe aspirante pouvait élever l'eau.

Dans cette pompe, le piston qui était à la surface de l'eau s'étant élevé jusqu'à une certaine hauteur, il se fait un vide dans le corps de pompe ; alors l'eau pressée par l'air environnant, monte dans ce vide de la même manière que s'élève le mercure dans le tube de Toricelli.

414. Le mécanisme du siphon s'explique aussi par la pression de l'air. On appelle *siphon* un tube recourbé dans lequel l'une des branches est plus longue que l'autre. La branche EF (fig. 196) qui est la plus courte, est plongée dans un vase ABCD plein de liqueur; alors si en aspirant l'air par l'ouverture G, on fait le vide, la pression de l'air agissant sur la surface BC du fluide, fera monter l'eau dans le siphon, et le fluide se videra par la branche FG. Fig. 196.

415. L'air est un fluide élastique qui se comprime sensiblement en raison directe du poids qui le presse.

Voici une expérience qui va le prouver. Soit ABCE (fig. 197) un tube recourbé et fermé hermétiquement au point E; si par l'ouverture A', l'on fait entrer du mercure qui rem- Fig. 197.

plisse la partie du tube comprise depuis A jusqu'en D, lorsque AB sera de $76^{centim.}$ (*), le mercure DC occupera la moitié de la branche CE ; et si l'on verse encore du mercure dans le tube jusqu'à ce que A′b soit de deux fois $76^{centim.}$, l'espace Ed rempli par l'air, sera réduit au tiers de CE ; et ainsi de suite.

Cette expérience prouve la compression de l'air ; car lorsqu'il n'y avait point de mercure dans le tube, l'air CE faisait équilibre à une colonne d'air de même poids que celui d'une colonne de mercure de $76^{centim.}$ de haut ; lorsqu'on verse ensuite du mercure, et que AB est de $76^{centim.}$, l'air renfermé dans ED fait donc équilibre à un poids de deux fois $76^{centim.}$, et cet air n'occupe plus que la moitié de CE. On voit de même que l'espace Ed, occupé par l'air, sera réduit au tiers de EC lorsque BA′ sera de deux fois $76^{cent.}$; ainsi de suite.

Si l'on ôte successivement le mercure du tube, l'air se rétablit dans son état primitif ; ce qui prouve cette nouvelle propriété de l'air, qu'il est un fluide parfaitement élastique.

(*) On suppose que l'expérience soit faite à Paris, où la hauteur moyenne du mercure, dans le baromètre, est de $0^m,76$; et on sent que dans un autre lieu, le mercure pourrait n'être pas à la même hauteur.

Sous le Pont-Royal, et au niveau des moyennes eaux de la Seine, lorsque le thermomètre indique 12°, la hauteur moyenne du baromètre est, d'après M. Biot, de $0^m,76$. M. Shuckburg qui a mesuré avec beaucoup de précision la hauteur moyenne du baromètre à la latitude de 45° (*division nonag.*), l'a trouvée de $0^m,7629$. Le thermomètre était à 12° 8.

CHAPITRE VII.

Des Pompes.

416. Une pompe est une machine composée d'un tuyau qui, à l'aide du ressort de l'air, fait monter l'eau.

Il y a trois sortes principales de pompes, 1°. la pompe aspirante, 2°. la pompe foulante, 3°. la pompe aspirante et foulante.

La pompe aspirante (fig. 198) est formée de l'assemblage de deux tuyaux ABCD, CDHL unis ensemble, et dont le premier est le tuyau d'aspiration, et le second le corps de pompe. Le jeu du piston est l'espace MNHL, dans lequel il peut se mouvoir. Voici l'effet de la pompe aspirante. Fig. 198.

Cette pompe étant placée de manière que sa partie inférieure AB soit au niveau de l'eau, si l'on élève le piston de MN en HL, il se fait un vide dans l'espace ML; l'air que renferme CN s'y précipite, et devenu moins dense que l'air atmosphérique renfermé dans le tuyau d'aspiration AD, cet air atmosphérique soulève la soupape k, et diminue aussi de densité ; alors ne pouvant plus faire équilibre à l'air atmosphérique qui repose sur la surface extérieure du fluide, celui-ci presse cette surface, et fait monter l'eau jusqu'en A'B'; et l'équilibre se rétablira, parce que l'air extérieur sera contrebalancé par la colonne d'eau AB', jointe à l'air renfermé dans A'L. En ce moment, la soupape k ne se trouvant plus entre deux airs de densités différentes, retombera par son propre poids et se fermera. Abaissant de nouveau le piston de HL en MN, l'air renfermé dans MD se condensera de plus en plus ; et ne tendra qu'à presser encore davantage la soupape k. Ainsi l'air renfermé dans A'D ne pouvant communiquer avec celui qui est au-dessus de la soupape k, conservera le ressort qu'il avait lorsque le piston était en HL ; par conséquent la colonne d'eau AB' se maintiendra toujours à la même hauteur. Nous venons de voir qu'à mesure qu'on faisait descendre le piston, l'air qu'il presse contre CD se condensait. Lorsque ce piston sera ramené en MN , il aura repoussé dans MD , non-seulement l'air atmosphérique qui y était primitivement contenu, mais encore il y aura fait entrer une partie de l'air dont la colonne d'eau AB' tient la place. Ainsi l'air contenu dans MD devrait être plus dense que l'air atmosphérique : il ne l'est pas, cependant, parce qu'on a pratiqué dans le piston une soupape I qui s'ouvre dès que l'air contenu dans MD a plus de ressort que l'air atmosphérique situé au-dessus du piston. Elevant pour la seconde fois le piston, une partie de l'air contenu dans A'D montera dans le corps de pompe, comme nous l'avons expliqué, et l'équilibre sera rompu de nouveau. Pour le rétablir, il faudra que l'eau monte de A'B' en A"B" ; de sorte qu'après un certain nombre de coups de piston, l'eau parviendra jusqu'à la soupape k, la soulevera, et entrera dans le corps de pompe, s'y élevera successivement, et sortira par l'ouverture QR.

417. Examinons maintenant le mécanisme de la pompe foulante. Dans cette pompe, le piston MNP (fig. 199) descendant de MN en HL, s'enfonce dans le fluide, et il se fait un vide dans l'espace ML ; alors l'eau qui est au-dessous du piston, chargée d'ailleurs de la colonne d'eau qui presse la surface du fluide, se précipite dans ce vide au moyen d'une ouverture faite au piston, et recouverte d'une soupape qui se ferme.

Si l'on fait ensuite remonter le piston, lorsqu'il sera revenu en MN, l'eau qui repose sur la base de ce piston tiendra la place d'une partie de l'air que renfermait l'espace MNCD; par conséquent cet air se comprimera, et devenant plus dense que l'air atmosphérique, il soulèvera la soupape k, et sortira par cette ouverture jusqu'à ce qu'il ait repris la densité de l'air atmosphérique. Ainsi, à part l'eau qui repose sur le piston, tout redeviendra dans le même état qu'avant le premier coup de piston ; par conséquent si l'on fait descendre de nouveau le piston, l'eau du vase montera encore dans la pompe ; et ainsi de suite jusqu'à ce que l'eau s'introduise dans le corps de pompe, en soulevant la soupape k.

418. En combinant les effets de ces deux pompes, on a imaginé la pompe aspirante et foulante. Dans cette pompe, si l'on élève le piston MNP (fig. 200), l'eau, en pressant la soupape L, montera par le tuyau ABCD, et pénétrera dans la partie MCDEF. Ainsi, au bout de plusieurs coups de piston, l'eau s'accumulera dans l'espace MCDEF ; le piston, en descendant ensuite, comprimera l'eau, et la faisant sortir par la soupape I, l'introduira dans le tuyau FGHK.

419. Il est possible que la pompe aspirante ait des dimensions telles, que l'eau ne puisse s'élever au-delà d'une certaine hauteur. Pour connaître dans quel cas cela peut arriver, simplifions le problème, et considérons une pompe dans laquelle le tuyau aurait partout le même diamètre, et supposons que l'eau se soit élevée jusqu'au plan horizontal dont ZX (fig. 201) est le profil, et que le piston ne se meuve que dans l'espace compris entre HL et MN, nommons

a le jeu LN du piston,
b la longueur LB,
x la distance de L en X;

Fig. 201.

lorsque le piston s'est élevé de MN en HL, il a parcouru toute sa course; alors l'air qui était d'abord contenu dans ZN, occupe l'espace ZL, et par conséquent diminue de ressort dans le rapport de NX à LX; de sorte que si R était le ressort de l'air atmosphérique contenu dans NZ, le ressort R' de l'air raréfié contenu dans ZL, sera donné par la proportion

$$\text{LX} : \text{NX} :: \text{R} : \text{R}',$$

ou

$$x : x - a :: \text{R} : \text{R}';$$

donc

$$\text{R}' = \frac{x-a}{x} \text{R}.$$

Cela posé, l'air contenu dans NZ étant de même densité que celui de l'air extérieur, son ressort R doit être mesuré par une colonne d'air dont la base c équivaudrait au cercle qui aurait MN pour diamètre, et dont la hauteur serait de 32 pieds, c'est-à-dire de $10^m,4$. Soit h cette hauteur, donc

$$\text{R} = ch.$$

Si l'on met cette valeur dans l'équation précédente, on trouvera

$$\text{R}' = \frac{x-a}{x} \times ch.$$

Or il est évident que le ressort R' de l'air renfermé dans ZL, joint à l'eau qui occupe le cylindre ABZX, doit contrebalancer la pression de l'air atmosphérique. La colonne d'eau renfermée dans le cylindre ABZX a pour volume le produit de la base c par la hauteur BX ou $c \times (b-x)$. A l'égard de la pression de l'air atmosphérique, elle sera représentée par ch; par conséquent nous aurons

$$\frac{x-a}{x} \times ch + (b-x)c = ch$$

Supprimant le facteur commun c, il restera
$$h\left(\frac{x-a}{x}\right) + b - x = h.$$

Dans ce cas, il y aura équilibre entre l'air extérieur et la colonne d'eau; mais si l'eau doit monter, il faudra que la pression de l'air extérieur l'emporte sur celle de l'eau renfermée dans le cylindre ABZX et de l'air compris dans ZL, et que l'on ait, par conséquent,
$$h\left(\frac{x-a}{x}\right) + b - x < h;$$

en représentant par z l'excès du second membre de cette inégalité sur le premier, on aura
$$h\left(\frac{x-a}{x}\right) + b - x + z = h.$$

Chassant le dénominateur x et réduisant, on obtiendra
$$-ah + bx - x^2 + xz = 0,$$
d'où l'on tirera
$$x = \frac{b+z}{2} \pm \sqrt{\left(\frac{b+z}{2}\right)^2 - ah}.$$

Si l'on fait $z = 0$, l'eau s'arrêtera en ZX, et l'on aura
$$x = \frac{b}{2} \pm \sqrt{\frac{b^2}{4} - ah}.$$

Ces deux valeurs de x seront toujours réelles, si $\frac{b^2}{4}$ surpasse ah : lorsque cette condition sera remplie, l'eau pourra s'arrêter en deux points; mais il n'en sera pas de même si ah surpasse $\frac{b^2}{4}$; car alors les deux racines de x étant imaginaires, l'eau ne pourra s'arrêter, et la pompe aura tout son effet.

420. A l'égard de la pompe foulante, on élevera toujours l'eau, avec cette pompe, à la hauteur que l'on voudra, pourvu que la force motrice soit proportionnelle à l'effort que supporte le piston. Supposons que l'eau soit montée dans la pompe jusqu'en EF (fig. 199), le niveau du fluide environnant se trouvera au-dessous. Or il peut arriver deux cas, ou le piston est au-dessous du niveau de l'eau environnante, ou il est au-dessus. Dans le premier, soit ab le niveau de l'eau environnante; le piston MNP n'est point chargé de l'eau comprise entre MN et ab, parce que cette eau est contrebalancée par le fluide extérieur; donc le piston ne soutient que l'eau renfermée entre ab et EF. Or, le poids de cette colonne d'eau s'évalue par celui d'un cylindre d'eau, dont la base serait la surface MN du piston, et dont la hauteur serait égale à la distance des deux plans EF et ab.

421. Mais si le niveau est en $a'b'$ et le piston au-dessus (fig. 199), soit P le poids de la colonne d'eau comprise entre MN et $a'b'$; cette colonne d'eau n'étant soutenue que par l'air extérieur qui presse l'eau environnante, diminuera de son poids P le ressort de l'air extérieur. Ainsi le ressort de l'air atmosphérique qui est au-dessus du piston, surpassera de P le ressort de l'air extérieur. Cet excès de pression agira sur la base MN du piston. L'effet sera donc le même que si le piston supportait le poids P de la colonne d'eau comprise entre $a'b'$ et MN ; et comme d'une autre part le piston est surchargé d'une colonne d'eau qui s'étend depuis MN jusqu'en EF, il en résulte que la base MN supportera une pression mesurée par le cylindre dont MN serait la base, et qui aurait pour hauteur la distance comprise entre les plans $a'b'$ et EF.

Ainsi pourvu qu'on emploie un effort suffisant, on élevera toujours l'eau à la hauteur que l'on voudra, au moyen de la pompe foulante.

CHAPITRE VIII ET DERNIER.

Du Baromètre.

422. Le baromètre est un tube recourbé ABC (fig. 202), rempli de mercure dans la partie NMBEF de sa capacité ; l'extrémité supérieure AMN de ce tube est vide d'air et entièrement close en A, tandis que l'autre extrémité C est ouverte. Si par la surface FE on mène un plan qui coupe le tube en un point D, la colonne de mercure comprise depuis D jusqu'en M sera, comme on l'a vu, d'environ 28^{pouces} ou $10^m 4$ de hauteur, et mesurera le poids d'une colonne atmosphérique de même base.

423. Le baromètre fait connaître la plus ou moins grande densité de l'atmosphère ; car lorsque l'air augmente de densité, la surface FE (fig. 202) du mercure éprouvant une plus grande pression, il faut une plus grande colonne de mercure pour faire équilibre à cette pression : ainsi le mercure s'élève davantage dans le tube. Par la même raison, la colonne de mercure doit s'abaisser lorsque l'air atmosphérique devient plus léger.

Fig. 202.

424. D'après ces observations, le baromètre peut être employé à mesurer la hauteur d'une montagne, ou en général la hauteur verticale d'un pays au-dessus de la surface de la terre. Pour cet effet, soient

h la hauteur du mercure à la surface de la terre,

h' la hauteur du mercure au haut de la montagne,

D et D' les densités de l'atmosp. correspondantes à h et à h'.
Nous avons vu, art. 402, que l'équation générale des fluides

pesans était
$$dp = \mathrm{D}gdz \ (^*);$$
supposons que le plan des x, y soit horizontal, et plaçons-le à la surface de la terre. Lorsqu'on s'élevera dans l'atmosphère, la densité deviendra D'; et z croîtra, tandis que p diminuera : il faut donc, d'après la note de l'art. 289, prendre dp et dz de signes contraires ; ce qui nous donnera
$$dp = -\mathrm{D}'gdz\ldots\ldots(254).$$
Si les lieux des observations sont peu distans, on pourra regarder la pesanteur g comme constante, et en intégrant dans cette hypothèse, on aura
$$z = -\frac{1}{g}\int \frac{dp}{\mathrm{D}'}\ldots\ldots(255).$$
Or la température étant supposée constante, nous avons vu, art. 398, que la pression p était proportionnelle à sa densité, condition exprimée par l'équation
$$p = n\mathrm{D}';$$
en faisant donc varier p et D' dans cette équation, nous en tirerons
$$dp = nd\mathrm{D}':$$
substituant cette valeur de dp dans l'équation (255), nous

(*) Pour parvenir directement à ce résultat, considérons une colonne atmosphérique (fig. 203) dont la base AB est l'unité de surface : la pression que cette base supportera sera mesurée par le poids de la colonne atmosphérique CABD ; par conséquent la pression élémentaire dp peut être représentée par le poids d'une tranche dont dz serait la hauteur infiniment petite. Or la base de cette tranche étant égale à l'unité de surface, son volume sera exprimé par dz, et sa masse par $\mathrm{D}dz$; donc en multipliant cette expression par g, on aura $g\mathrm{D}dz$ pour le poids qui mesurera la pression dp. Observons que cette démonstration a lieu, quelle que soit la forme de la base plane AB, que nous avons prise pour unité de surface.

trouverons
$$z = -\frac{\Pi}{g} \int \frac{d\mathrm{D}'}{\mathrm{D}'};$$

effectuant l'intégration indiquée, il viendra
$$z = -\frac{\Pi}{g} \log \mathrm{D}' + \mathrm{C}.$$

Pour déterminer la constante, observons que lorsque $z = 0$, la densité est celle qui a lieu à la surface de la terre, où nous avons placé le plan des x, y. Cette densité sera donc celle que nous avons désignée par D. Ainsi l'équation précédente nous donnera
$$0 = -\frac{\Pi}{g} \log \mathrm{D} + \mathrm{C};$$

éliminant C entre cette équation et la précédente, nous aurons
$$z = \frac{\Pi}{g} (\log \mathrm{D} - \log \mathrm{D}'),$$
ou
$$z = \frac{\Pi}{g} \log \frac{\mathrm{D}}{\mathrm{D}'}.$$

Or les densités étant proportionnelles aux pressions, elles le sont aussi aux hauteurs observées h et h'; donc
$$h : h' :: \mathrm{D} : \mathrm{D}';$$

tirant de cette proportion la valeur de D, et la substituant dans celle de z, on obtient
$$z = \frac{\Pi}{g} \log \frac{h}{h'}.$$

Le logarithme indiqué appartenant au système Neperien, si nous représentons par $\mathrm{Log}\,\frac{h}{h'}$ le logarithme tabulaire de $\frac{h}{h'}$, et par M le module $2{,}30258509$, nous savons que

l'on a
$$M.\text{Log}\,\frac{h}{h'} = \log\frac{h}{h'};$$
substituant il viendra
$$z = \frac{M\Pi}{g}\text{Log}\,\frac{h}{h'}\ldots\ldots(256).$$

425. Pour déterminer la constante Π qui est la pression sur l'unité de densité du fluide, nous remarquerons qu'à l'origine la densité étant D, cette densité n'est autre chose qu'un cube d'air dont l'une des faces serait égale à l'unité de surface ; la pression qui agit sur ce cube, doit être mesurée par la colonne d'air qui, à la surface de la terre, reposerait sur l'unité de surface : or, cette colonne d'air est égale à une colonne de mercure qui s'éleverait à une hauteur h. Si nous appelons D'' la densité du mercure, la masse de cette colonne sera représentée par hD''. Multipliant ce produit par la pesanteur g, le poids de la colonne de mercure, au bas de la montagne, sera donc représenté par ghD'' ; telle sera la pression sur la densité D. Pour en déduire la pression Π sur l'unité de densité, il suffira d'établir la proportion
$$D : 1 :: ghD'' : \Pi ;$$
d'où l'on tirera
$$\Pi = \frac{ghD''}{D};$$
substituant cette valeur dans la formule (256), il viendra
$$z = \frac{MhD''}{D}\,\text{Log}\,\frac{h}{h'};$$
prenant pour unité la densité du mercure, cette formule se réduira à
$$z = \frac{Mh}{D}\,\text{Log}\,\frac{h}{h'}\ldots\ldots(257).$$

426. Si, dans deux pays, la hauteur h du mercure est la même, et que la pesanteur dans l'un étant prise pour unité, devienne dans l'autre $1 - \delta$, le mercure que renferme le baromètre dans le second pays, deviendra plus léger ou plus lourd, selon que δ sera positif ou négatif. Pour fixer les idées, supposons δ positif; alors $1 - \delta$ sera une quantité plus petite que l'unité, parce que la variation de la pesanteur étant peu sensible, on est en droit de supposer que la variation de pesanteur δ est au-dessous de l'intensité de la pesanteur qui a lieu à la latitude de 50°. Cela posé, la colonne de mercure, dans le pays où la pesanteur est $1 - \delta$, devenant plus légère, fera supporter une moindre pression à la colonne d'air qu'elle contrebalancera et qui diminuera aussi de densité. Or en supposant que l'élasticité de l'air soit proportionnelle à la pression qu'il supporte, cette pression sera mesurée par le poids de la colonne h de mercure; et comme le rapport des gravités des deux pays est exprimé par $1 : 1 - \delta$, ce rapport sera aussi celui des poids des colonnes de mercure dont la hauteur commune est h. Ainsi, en appelant d la densité de l'air dans le pays où la pesanteur est $1 - \delta$, nous aurons

$$1 : 1 - \delta :: D : d;$$

d'où nous tirerons

$$d = D(1 - \delta).$$

Cette valeur devra remplacer la densité de l'air dans la formule (257), pour qu'elle se rapporte au pays où la pesanteur est $1 - \delta$, et cette formule deviendra

$$z = \frac{Mh}{D(1 - \delta)} \text{Log} \frac{h}{h'} \ldots \ldots (258).$$

En comparant les résultats des observations faites en différens lieux à l'aide du pendule, on a trouvé que si

302   NOTIONS SUR LA THÉORIE DES FLUIDES.

l'on supposait la pesanteur égale à l'unité, à la latitude de 50° (division décimale), la différence δ deviendrait $0,0028371 \cos 2\psi$, lorsqu'on passerait dans un pays dont la latitude serait ψ. Mettant cette valeur de δ dans la formule (258), on obtient

$$z = \frac{Mh \operatorname{Log} \frac{h}{h'}}{D(1 - 0,0028371 \cos 2\psi)}.$$

D'après cette valeur, on voit que δ est une très-petite fraction; par conséquent si dans l'équation (258) on remplace $\frac{1}{1-\delta}$ par son développement $\delta + \delta^2 + \delta^3 +$ etc. donné par la division, et qu'on néglige les termes δ^2, δ^3, etc. comme très-petits devant δ, on pourra mettre $1 + \delta$ au lieu de $\frac{1}{1-\delta}$; alors la valeur de z deviendra

$$z = \frac{Mh}{D}(1+0,0028371 \cos 2\psi) \operatorname{Log} \frac{h}{h'}\dots\dots(259).$$

427. Pour modifier cette formule convenablement au cas où l'on a égard à la variation de la température, nous remarquerons que d'après diverses expériences, M. Gay-Lussac a trouvé que dans l'intervalle de 0 à 100° du thermomètre centigrade, un air parfaitement sec se dilatait de 0,00375 par degré du thermomètre; mais en ayant égard à l'humidité qu'il peut contenir, on a fixé la dilatation de ce fluide à environ $\frac{1}{250}$ par degré. Il a été aussi reconnu que dans les mêmes circonstances, le mercure se condensait de $\frac{1}{5412}$ par degré. Ainsi un volume d'air représenté par 1 à la température 0, deviendra $1 + \frac{n}{250}$ lorsque le thermomètre montera au degré n; et comme la densité d'un fluide est en raison inverse du volume qu'il occupe, il suit de là que la densité

de l'air à la température n, sera exprimée par
$$\frac{D}{1+\frac{n}{250}};$$
par conséquent si nous prenons pour n un terme moyen entre les températures t et t' à la surface de la terre et au haut de la montagne, nous remplacerons n par $\frac{t+t'}{2}$, et la densité de l'air deviendra
$$\frac{D}{1+\frac{t+t'}{500}}\ldots\ldots(260).$$

Le mercure se condensant à mesure qu'on s'élève sur la montagne, et que le thermomètre s'abaisse par le refroidissement de l'air, la colonne de mercure observée au sommet de la montagne est moins haute que celle qui aurait eu lieu si la température fût demeurée constante : ainsi, d'après l'observation précédente, il faudra, pour avoir la hauteur du baromètre dans l'hypothèse de la température constante, augmenter h' de $\frac{h'}{5412}$ répété autant de fois qu'il y a d'unités dans la différence des températures du mercure à la surface de la terre et au sommet de la montagne. Or si nous appelons T et T' ces températures, elles seront indiquées par un thermomètre en contact avec un baromètre (*), et nous devrons, au lieu de h', mettre dans la formule (259), la quantité
$$h' + \frac{h'(T-T')}{5412};$$
substituant donc dans l'équation (259) cette valeur, et rem-

(*) Il est à observer qu'en se transportant dans un lieu, le mercure du baromètre ne s'y met pas de suite à la température de l'air environnant ; c'est pourquoi nous faisons une différence entre t' et T', et entre t et T.

plaçant D par $\dfrac{D}{1+\dfrac{t+t'}{5412}}$, nous obtiendrons

$$z = \frac{Mh}{D}\left(1+\frac{t+t'}{500}\right)(1+0{,}0028371\cos 2\psi)\operatorname{Log}\frac{h}{h'\left(1+\dfrac{T-T'}{5412}\right)}.$$

428. Supposons que l'observation qui détermine la hauteur h du mercure, soit faite à la latitude de 50° au bord de la mer, c'est-à-dire à la surface de la terre, on aura

$$\cos 2\psi = 0,$$

et la formule précédente nous donnera

$$\frac{Mh}{D} = \frac{z}{\left(1+\dfrac{t+t'}{500}\right)\operatorname{Log}\dfrac{h}{h'\left(1+\dfrac{T-T'}{5412}\right)}} \ldots\ldots\ldots(261).$$

Si l'on mesure trigonométriquement z, et que par un résultat moyen entre plusieurs observations, on détermine h, h', t, t', T, T', le second terme de l'équation (261) sera entièrement déterminé, et fera connaître la valeur de la constante $\dfrac{Mh}{D}$. On a trouvé que cette constante est égale au nombre 18393 mètres. Mettant cette valeur à la place de $\dfrac{Mh}{D}$ dans la valeur de z, on aura la formule suivante,

$$z = 18393^m\left(1+\frac{t+t'}{500}\right)(1+0{,}0028371\cos 2\psi)\operatorname{Log}\frac{h}{h'\left(1+\dfrac{T-T'}{5412}\right)}$$

Ceux qui s'occupent d'observations météorologiques, l'emploient ordinairement pour mesurer les hauteurs verticales, à l'aide du baromètre.

FIN.

NOTES.

Note [1], page 7.

Il existe une démonstration analytique du parallélogramme des forces, fondée sur la considération des fonctions; elle est due à M. Poisson, et je vais l'exposer ici avec quelques modifications.

Soient deux forces égales P et P' (fig. 204) qui sollicitent un point A, et $2x$ l'angle qu'elles forment entr'elles : il y a deux choses à déterminer dans ce problème ; 1°. l'angle que forme la résultante avec l'une des composantes; 2°. l'intensité de cette résultante. Nous avons vu, art. 24, que cette résultante passait par le milieu de l'angle des forces : ainsi il ne s'agit que d'en trouver l'intensité. Or, il est évident que la résultante dépendant de l'angle x qu'elle forme avec l'une des composantes, et de l'intensité P de cette composante, nous avons

$$R = F(P, x).$$

Fig. 204.

Représentons (fig. 204) l'intensité de la force P par AB, et l'unité de force Ab par l : si l est renfermé un certain nombre de fois dans AB, quatre fois, par exemple, nous aurons

$$P = 4l.$$

En général si n exprime le facteur entier fractionnaire ou irrationnel qui, multiplié par l doit reproduire P, nous aurons

$$P = nl.$$

La question est de trouver la longueur inconnue AR de

la résultante, et par conséquent le nombre de fois que $Ab = l$ est renfermé dans AR. Soit z ce nombre, nous aurons
$$R = zl;$$
on tire de ces équations,
$$\frac{P}{R} = \frac{nl}{zl}.$$

Si au lieu de $l = Ab$ on prend une droite arbitraire p pour unité de force, et qu'on représente par m le nombre qui, multiplié par p, doit reproduire l, nous aurons $l = mp$. Substituant cette valeur dans l'équation précédente, on obtiendra, après avoir supprimé les facteurs communs,
$$\frac{P}{R} = \frac{n}{z}.$$

ce résultat nous montre que le rapport $\frac{P}{R}$ est indépendant de l'unité de force représentée par p.

Cela posé, R étant une fonction de P et de x, ordonnons cette fonction par rapport aux puissances de P, nous aurons
$$R = A + BP + CP^2 + DP^3 + \text{etc.},$$
divisant par P il viendra
$$\frac{R}{P} = \frac{A}{P} + B + CP + DP^2 + \text{etc.};$$
et en mettant dans le second membre de cette équation la valeur de P, on obtiendra
$$\frac{R}{P} = \frac{A}{mnp} + B + Cmnp + Dm^2n^2p^2 + \text{etc.}$$

Or, $\frac{R}{P}$ devant être indépendant de p, il faut que les termes affectés de p s'évanouissent ; donc

$$\frac{R}{P} = B ;$$

les puissances de P étant en évidence dans le développement de R, il s'ensuit que B est une quantité qui ne contient pas P, donc P ne peut renfermer que x; ainsi nous supposerons

$$B = \varphi x,$$

hypothèse qui n'empêche pas que φx ne soit une constante, si le cas l'exige : cette valeur étant mise dans l'équation précédente, la convertit en

$$\frac{R}{P} = \varphi x ;$$

d'où l'on tire

$$R = P\varphi x \ldots \ldots (262).$$

Occupons-nous maintenant à déterminer la forme de φx. Pour cela, regardons P et P' (fig. 205) comme les résultantes des quatre forces égales Q, Q', Q", Q"', formant chacune un angle z avec P ou P', nous aurons

$$QAQ' = 2z, \quad Q''AQ''' = 2z.$$

Or, par la même raison que la résultante R des forces égales P et P' qui forment entr'elles un angle $2x$, est donnée par l'équation (262); la résultante des forces égales Q et Q', et qui forment entr'elles un angle $2z$, nous sera donnée par l'équation

$$P = Q\varphi z \ldots \ldots (263).$$

Les forces Q et Q'' étant aussi égales à Q, et comprenant entr'elles un angle $QAQ'' = QAP + PAP' + P'AQ'' = z + 2x + z = 2(x+z)$, la résultante de ces forces sera représentée par

$$Q\varphi(x+z).$$

De même les forces Q' et Q''' égales à Q, et qui forment

Fig. 205.

entr'elles un angle $Q'AQ'' = PAP' - PAQ' - P'AQ'' = 2x - 2z = 2(x-z)$, auront pour résultante

$$Q\varphi(x-z).$$

Nous avons vu, art. 24, que lorsque les forces étaient égales, leur résultante passait par le milieu de l'angle de ces forces; il suit de là que les résultantes des forces Q et Q''', Q' et Q'' coïncideront; par conséquent il suffira de les ajouter pour former la résultante totale R; nous aurons donc

$$R = Q\varphi(x+z) + Q\varphi(x-z)\ldots\ldots(264).$$

Si maintenant nous éliminons P entre les équations (262) et (263), nous trouverons cette autre valeur de la résultante

$$R = Q\varphi z.\varphi x.$$

Substituant cette valeur dans l'équation (264), et divisant par Q, facteur commun, nous obtiendrons

$$\varphi z.\varphi x = \varphi(x+z) + \varphi(x-z).$$

Développant le second membre par la formule de Taylor (*Elémens de Calcul diff. et de Calcul intégral*, pag. 30), on obtient

$$\varphi z.\varphi x = \varphi x + \frac{d\varphi x}{dx}z + \frac{d^2\varphi x}{dx^2}\frac{z^2}{2} + \frac{d^3\varphi x}{dx^3}\frac{z^3}{2.3} + \frac{d^4\varphi x}{dx^4}\frac{z^4}{2.3.4} + \text{etc.}$$
$$+ \varphi x - \frac{d\varphi x}{dx}z + \frac{d^2\varphi x}{dx^2}\frac{z^2}{2} - \frac{d^3\varphi x}{dx^3}\frac{z^3}{2.3} + \frac{d^4\varphi x}{dx^4}\frac{z^4}{2.3.4} - \text{etc.,}$$

et en réduisant, on trouve

$$\varphi z.\varphi x = 2\left(\varphi x + \frac{d^2\varphi x}{dx^2}\frac{z^2}{2} + \frac{d^4\varphi x}{dx^4}\frac{z^4}{2.3.4} + \text{etc.}\right).$$

Divisant par φx, on tire de cette équation

$$\varphi z = 2\left(1 + \frac{d^2\varphi x}{\varphi x dx^2}\frac{z^2}{2} + \frac{d^4\varphi x}{\varphi x dx^4}\frac{z^4}{2.3.4} + \text{etc.}\right).$$

NOTES.

Or l'angle z est indépendant de l'angle x des forces P et P'; car cet angle z peut être donné arbitrairement, et l'on conçoit qu'il peut exister deux forces égales Q et Q', qui formant chacune avec P un angle z, produiront ensemble le même effet que P. A la vérité l'intensité Q nécessaire pour produire cet effet, ne sera pas connue; mais nous n'avons pas besoin ici de la connaître : z pouvant donc être pris à volonté, est indépendant de l'angle x qui résulte nécessairement des directions données des forces; d'où il suit que φz est une quantité indépendante de x; car si z était égal à une fonction de x que je représenterai par X, alors φz deviendrait φX, et par conséquent dépendrait de x.

Cela posé, le développement de φz se trouvant ordonné par rapport aux puissances de z, les coefficiens qui y entrent ne peuvent, par cela même, renfermer que des x et des constantes. Or nous venons de prouver que dans le développement de φz, il n'entrait aucun terme en x; donc ces coefficiens sont constans, et nous avons

$$\frac{d^2 \varphi x}{\varphi x\, dx^2} = b, \qquad \frac{d^4 \varphi x}{\varphi x\, dx^4} = c, \qquad \text{etc.}$$

La première équation nous donne

$$\frac{d^2 \varphi x}{dx^2} = b \varphi x;$$

différentiant deux fois de suite cette équation, et divisant par dx^2, on en déduit

$$\frac{d^4 \varphi x}{dx^4} = b\, \frac{d^2 \varphi x}{dx^2};$$

le second membre de cette équation se réduit, au moyen de la précédente, à $b^2 \varphi x$; donc

$$\frac{d^4 \varphi x}{\varphi x\, dx^4} = b^2;$$

déterminant de même les autres constantes, on en mettra les valeurs dans le développement de φz, et l'on obtiendra

$$\varphi z = 2\left(1 + \frac{bz^2}{2} + \frac{b^2z^4}{2.3.4} + \frac{b^3z^6}{2.3.4.5.6} + \text{etc.}\right).$$

Si l'on fait $b = -a^2$, on trouvera

$$\varphi z = 2\left(1 - \frac{a^2z^2}{2} + \frac{a^4z^4}{2.3.4} - \frac{a^6z^6}{2.3.4\;5.6} + \text{etc.}\right);$$

cette valeur de φz est précisément le développement de $2\cos az$, ainsi qu'on peut le vérifier en réduisant en série $2\cos az$ par la formule de Maclaurin (*Elémens de Calcul différentiel et de Calcul intégral*, page 18); donc

$$\varphi z = 2\cos az;$$

changeant z en x dans cette équation, on a

$$\varphi x = 2\cos ax;$$

substituant cette valeur dans celle de R, on obtient enfin

$$R = 2P\cos ax\ldots\ldots(265).$$

Pour déterminer la constante a, soit $2x = 200°$: alors P et P' se trouvent directement opposés ; et comme les forces sont égales, elles se font équilibre ; la résultante est donc nulle dans ce cas, et l'on a

$$2P\cos(a \times 100) = 0,$$

et en supprimant le facteur $2P$, il reste

$$\cos(a \times 100) = 0.$$

Or le cosinus qui est nul, ne peut appartenir qu'à l'un de ces arcs (fig. 161)

BE, BEAF, BEAFBE, etc. ;

c'est-à-dire à l'un des suivans,

$$100, \quad 3.100, \quad 5.100, \quad \text{etc.};$$

donc a ne peut être qu'un nombre impair.

Je dis maintenant que $a = 1$; car aucune autre hypothèse de nombre impair ne peut subsister. Par exemple, si l'on faisait $a = 3$, comme x est arbitraire, on pourrait supposer

$$x = \frac{100}{3},$$

et l'angle $2x$ des forces deviendrait

$$\frac{2.100}{3} = \frac{2}{3}.100;$$

ces forces formant alors un angle moindre que 200°, auraient une résultante ; car il faudrait que leurs directions se confondissent pour qu'il n'y en eût pas.

D'une autre part, l'hypothèse de $a = 3$ et de $x = \frac{100}{3}$ change l'équation (265) en

$$R = 2P \cos 100,$$

et en observant que le cosinus de 100° est nul, cette équation se réduit à

$$R = 0,$$

résultat qui est en contradiction avec le précédent, car nous avons vu que dans cette hypothèse, les forces auraient une résultante ; donc puisqu'on ne peut, sans absurdité, prendre pour le nombre impair a une autre valeur que l'unité, concluons que $a = 1$, et que l'on a

$$R = 2P \cos x.$$

Si l'on construit maintenant la losange BAB'D (fig. 206),

le côté AB étant représenté par P, et l'angle BOA par x; on a évidemment

$$AO = P \cos x;$$

donc

$$2AO \quad \text{ou} \quad AD = 2P \cos x.$$

Il est facile maintenant de démontrer que la proposition est vraie, lorsque les forces P et P′ sont inégales et rectangulaires. En effet, ayant achevé le parallélogramme PAP′D (fig. 207), on mènera la parallèle EF à la diagonale PP′, et les parallèles PE, P′F à la diagonale AD. Cela posé, les diagonales PP′ et AD se coupant en quatre parties égales au point O, on aura

$$AO = OP.$$

D'une autre part, les droites OP et EA étant égales comme parallèles comprises entre parallèles, il s'ensuit qu'on a

$$AO = EA :$$

le parallélogramme EAOP est donc une losange qui a AP pour diagonale ; par conséquent, en vertu du théorème précédent, on peut substituer à la force AP les deux forces égales AE et AO.

On prouverait de même qu'on peut remplacer AP′ par les forces égales AO et AF; donc, au lieu du système des forces AP et AP′, on peut mettre celui des forces 2AO, AE et AF : ces deux dernières forces se détruisent comme directement opposées et égales chacune à la moitié de PP′. Ainsi il ne reste plus que 2AO pour la résultante de AP et de AP′ : or

$$2AO = AO + OD = AD;$$

donc la résultante des forces AP et AP′ peut être représentée par la diagonale du parallélogramme PAP′D.

Dans le cas où les forces sont inégales, mais non rectangulaires, la proposition est encore vraie; car soient AP et AP' (fig. 208) ces deux forces; on substituera à AP les deux composantes rectangulaires AC et AD. Alors le système des forces AP et AP' sera le même que celui des forces AD + AP' + AC ; or AD étant égal à P'F, on peut mettre AF à la place de AD + AP', et alors il s'agit de déterminer la résultante des forces AF et AC; cette résultante, d'après ce qui précède, est évidemment AE : or AE est la diagonale du parallélogramme APEP'; donc la proposition est vraie, quel que soit l'angle des forces.

Fig. 208.

Note [2], page 24.

Voici un moyen très-simple de trouver les équations de la résultante. On sait qu'une droite dans l'espace, assujétie à passer par un point dont les coordonnées sont x', y', z', a pour équations

$$z - z' = A(x - x'), \quad z - z' = B(y - y')\ldots(266).$$

Supposons que les coordonnées des points extrêmes de la droite qui représente en intensité la résultante, soient respectivement x', y', z' et x'', y'', z'', les équations (266) nous donneront

$$z'' - z' = A(x'' - x'), \quad z'' - z' = B(y'' - y');$$

d'où l'on tirera

$$A = \frac{z'' - z'}{x'' - x'}, \quad B = \frac{z'' - z'}{y'' - y'}\ldots(267).$$

Or il est évident que les différences $x'' - x'$, $y'' - y'$, $z'' - z'$ des coordonnées des points extrêmes de la résultante ne sont autre chose que les projections X, Y et Z

de cette droite sur les axes des x, des y et des z; par conséquent, les équations (267) peuvent s'écrire ainsi,
$$A = \frac{Z}{X}, \quad B = \frac{Z}{Y};$$
substituant ces valeurs dans les équations (266), on aura
$$z - z' = \frac{Z}{X}(x - x'), \quad z - z' = \frac{Z}{Y}(y - y').$$

Note [3], page 42.

Les équations (38), (39) et (40), page 42, nous offrent des conséquences remarquables. En considérant d'abord les deux premières, on reconnaît celles que nous avons trouvées être nécessaires (*Statique*, chap. II) pour que les forces soient en équilibre autour d'un point fixe ; c'est ce qui résulte immédiatement de la théorie que nous avons exposée ; car en supposant que l'équation (40) soit satisfaite, les forces du système concourent nécessairement en un point, et si l'on transporte toutes les forces du système en ce point, on pourra les décomposer en deux groupes de forces, les unes parallèles à l'axe des x, et les autres parallèles à l'axe des y. Ces nouvelles composantes auront les mêmes intensités que lorsque les forces étaient appliquées en différens points, parce que ces forces ayant été transportées parallèlement à elles-mêmes, art. 75, les parallélogrammes n'ont pas changé. Il suit de là que si la somme des composantes parallèles à chacun des axes est nulle, le point de concours qui est sur la résultante ne pourra se mouvoir dans aucun sens ; car s'il avait cette faculté, le système des forces aurait une résultante, et cette résultante serait décomposable en deux forces X et Y, parallèles aux axes coordonnés : or, par la nature des équations (38) et (39), les composantes parallèles aux axes coordonnés étant nulles, nous tomberions dans une contradiction.

Lorsque l'équation (40) n'est pas satisfaite, les équations (38) et (39) ne suffisent pas pour obtenir l'équilibre. En effet, soit R la résultante de toutes les forces, hors P et P'; ayant réduit le système aux trois forces P, P' et R, ces forces ne pourront concourir en un point, parce que l'équation (40) n'est pas satisfaite; par conséquent le point de concours B (fig. 209) des forces P et P' ne sera pas le même que le point d'application A de la force R. Nommons R' la résultante des forces P et P'; et supposons que R et R' forment respectivement avec les axes coordonnés des angles a, b, et a', b', nous aurons

$$R' \cos a' = P \cos a + P' \cos a',$$
$$R' \cos b' = P \cos b + P' \cos b';$$
$$R \cos a = P'' \cos a'' + P''' \cos a''' + \text{etc.},$$
$$R \cos b = P'' \cos b'' + P''' \cos b''' + \text{etc.}$$

Fig. 209.

Au moyen de ces valeurs les équations (38) et (39), deviendront

$$R \cos a = - R' \cos a',$$
$$R \cos b = - R' \cos b'.$$

Ces composantes étant égales et de signes contraires, il suit de là que si $R \cos a$ et $R \cos b$ sont représentés par les droites AC et AD, les deux autres composantes le seront par les droites BE et BF, respectivement égales à AC et à AD; par conséquent les rectangles CD et EF seront égaux. D'où il résulte que les forces R et R' représentées par les diagonales de ces rectangles, seront égales et parallèles. Ainsi en supposant que les forces R et R' agissent par pulsion, la force R transportera le point A en A′, tandis que R′ transportera le point B en B′; et comme, d'après ce qui précède, ces forces ont la même intensité, les points A et B parcourront des chemins égaux; de sorte que l'effet de ces forces sera de faire prendre à la droite AB, la position A′B′, et par conséquent lui imprimera un mouvement de rotation autour du point O.

On a donné aux équations $\Sigma P \cos \alpha = 0$ et $\Sigma P \cos 6 = 0$, le nom d'*équations d'équilibre de translation*, et à l'équation $\Sigma P p = 0$, celui d'*équation d'équilibre de rotation*.

Note [4], page 66.

Voici de quelle manière on peut exécuter cette opération. On réduira d'abord, art. 97, toutes les forces situées dans le plan des x, y, à deux résultantes MA et NB (fig. 210) égales et dirigées en sens contraires; on en fera autant à l'égard des forces parallèles à l'axe des z, et il ne s'agira plus que de composer, deux à deux, les quatre résultantes qu'on aura ainsi obtenues.

Fig. 210.

Pour cela, soient P et Q les points où les deux résultantes parallèles à l'axe des z rencontrent le plan des x, y; il faudra faire ensorte qu'en changeant les directions de MA et de NB, ces forces passent par les points P et Q. On parviendra à ce but par la construction suivante : Sur le prolongement de PM, on formera le parallélogramme AMDC, et en prenant NE = MD, on formera le second parallélogramme BNEF : alors on pourra substituer au système des forces MA et NB celui des forces MA, NB, MD et NE, parce que ces dernières, directement opposées, se détruisent; remplaçant ces quatre forces par les diagonales MC et NF, ces diagonales, d'après notre construction, seront égales et dirigées en sens contraires ; et comme alors la direction de MC passera par le point P, on y transportera le point d'application M de cette force. Par le même procédé, on changera la direction de NF, et l'on transportera le point d'application de cette force au point Q. De cette manière le système des forces situées dans le plan des x, y se réduira à deux forces égales dirigées en sens contraires, qui rencontreront aux points P et Q, les forces de même genre PZ' et QZ", parallèles à l'axe des z ; par conséquent la résultante des deux forces situées au point P, sera égale à la résultante des forces situées en Q, et agira en sens contraire.

Note [5], page 100.

Nous avons dit, art. 181, que si la puissance P (fig. 115) était dirigée en sens contraire de la résultante, la charge du point d'appui serait P+S—P'. Si l'on en avait quelque doute, soit R la résultante de P + S ; le système des forces sera remplacé par celui de la figure 211. Le point d'appui étant pressé par CB, fait résistance à ce levier ; par conséquent C a l'effet d'une force qui agirait suivant CL. Soit L cette force, nous aurons

donc
$$L + P' = R ;$$
$$L = R - P' :$$

mettant pour R sa valeur P + S, il viendra

$$L = P + S - P'.$$

Or il est évident que la force L qui tend à entraîner le point C, a la même intensité que la force qui pousse le levier contre le point d'appui ; par conséquent l'intensité de L mesure la pression que supporte le point d'appui.

Note [6], page 154.

La vitesse étant représentée par la droite mm' (fig. 212), si l'on abaisse des extrémités m et m' les perpendiculaires mn et $m'n'$ sur l'axe des x, il est possible que ces perpendiculaires ne soient plus parallèles ; mais cette circonstance n'empêche pas que l'on n'ait encore

$$nn' = mm' \cos \alpha.$$

Voici de quelle manière je le démontre : Je fais passer par les points n et n' les plans KL et K'L', perpendiculaires à nn' : alors toutes les perpendiculaires menées aux points n et n' de l'axe des x, doivent se trouver dans ces plans ; donc les perpendiculaires mn et $m'n'$ y seront renfermées. Cela posé, si par le point m nous menons jusqu'à la rencontre du plan K'L', une parallèle mo à l'axe des x, les droites mo et nn' seront égales comme parallèles interceptées par des plans parallèles, et le triangle $m'mo$ sera rectangle en o, parce que mo étant perpendiculaire au plan K'L', devra l'être à toute droite tracée dans ce plan par le point o. Il suit de là qu'on a

$$mo = mm' \cos m'mo;$$

or l'angle $m'mo$ étant égal à α, cette équation devient

$$mo = mm' \cos \alpha;$$

et comme nous avons vu que mo était égal à nn', nous avons donc aussi

$$nn' = mm' \cos \alpha.$$

Note [7], page 181.

Pour obtenir l'intégrale du premier membre de l'équation (149), j'intègre par parties, ce qui me donne

$$\int dp \sqrt{1+p^2} = p\sqrt{1+p^2} - \int \frac{p^2 dp}{\sqrt{1+p^2}} \ldots \ldots (268).$$

D'une autre part, je multiplie et divise $dp\sqrt{1+p^2}$ par $\sqrt{1+p^2}$, et j'obtiens l'équation identique

$$dp\sqrt{1+p^2} = \frac{dp}{\sqrt{1+p^2}} + \frac{p^2 dp}{\sqrt{1+p^2}},$$

et en intégrant, je trouve

$$\int dp\sqrt{1+p^2} = \int \frac{dp}{\sqrt{1+p^2}} + \int \frac{p^2 dp}{\sqrt{1+p^2}} \ldots \ldots (269).$$

Ajoutant cette équation à l'équation (268), et divisant par 2, j'ai ce résultat

$$\int dp\sqrt{1+p^2} = \tfrac{1}{2} p\sqrt{1+p^2} + \tfrac{1}{2} \int \frac{dp}{\sqrt{1+p^2}} \ldots (270).$$

Pour intégrer $\frac{dp}{\sqrt{1+p^2}}$, je fais

$$\sqrt{1+p^2} = p + z;$$

d'où je déduis

$$\sqrt{1+p^2} - p = z;$$

différentiant et réduisant au même dénominateur, je trouve

$$\left(\frac{p - \sqrt{1+p^2}}{\sqrt{1+p^2}}\right) dp = dz;$$

par conséquent,
$$\frac{dp}{\sqrt{1+p^2}} = -\frac{dz}{z};$$
intégrant, j'ai
$$\int \frac{dp}{\sqrt{1+p^2}} = -\log z = -\log(\sqrt{1+p^2} - p).$$

Cette intégrale peut se mettre sous une autre forme ; car l'équation identique $1 + p^2 - p^2 = 1$, décomposée en facteurs, nous donne
$$(\sqrt{1+p^2} - p)(\sqrt{1+p^2} + p) = 1:$$
on tire de cette équation,
$$\sqrt{1+p^2} - p = \frac{1}{\sqrt{1+p^2}+p}.$$

Au moyen de cette valeur, l'intégrale que nous venons d'obtenir devient
$$\int \frac{dp}{\sqrt{1+p^2}} = -\log \frac{1}{\sqrt{1+p^2}+p} = \log(\sqrt{1+p^2}+p);$$
et l'équation (270) peut être changée en
$$\int dp \sqrt{1+p^2} = \tfrac{1}{2} p \sqrt{1+p^2} + \tfrac{1}{2} \log(\sqrt{1+p^2}+p).$$

A l'égard de l'intégrale du second membre de l'équation (149), j'observe que puisqu'on a en général
$$de^{ax} = e^{ax} a dx,$$
on trouve
$$\int e^{ax} dx = \frac{e^{ax}}{a} :$$
comparant $e^{2ms} ds$ à cette formule, on obtient
$$\int e^{2ms} ds = \frac{e^{2ms}}{2m}.$$

NOTES.

On parviendrait encore plus promptement à trouver l'intégrale qui entre dans le second membre de l'équation (270), en opérant de la manière suivante : On multiplierait $\frac{dp}{\sqrt{1+p^2}}$ par $p + \sqrt{1+p^2}$, ce qui donnerait, en réduisant,

$$\frac{pdp}{\sqrt{1+p^2}} + dp.$$

Mais pour détruire l'effet de cette multiplication, on diviserait ce résultat par $p + \sqrt{1+p^2}$, et l'on obtiendrait une fraction dans laquelle le numérateur serait la différentielle du dénominateur $p + \sqrt{1+p^2}$; par conséquent on verrait que l'expression $\frac{dp}{\sqrt{1+p^2}}$ a pour intégrale $\log(p + \sqrt{1+p^2})$, valeur qu'on substituerait dans l'équation (270).

Note [8] page 188.

En général supposons que l'on ait

$$M : M' :: p : q;$$

on représentera par m l'unité de masse, et par V, V' et v les vitesses respectives qui animent les masses M, M' et m, et l'on aura

$$M : m :: v : V, \quad M' : m :: v : V'$$

d'où l'on tirera

$$M : M' :: V' : V.$$

Mais si les masses M et M' sont incommensurables, représentons par m une masse très-petite qui ne soit pas contenue un nombre juste de fois dans les masses M et M', et appelons p et q les quotiens de M et de M' par m, et δ, δ' les restes, nous trouverons

$$M = pm + \delta,$$

et

$$M' = qm + \delta'.$$

Nommons V et V' les vitesses qui animent les masses pm et qm, on aura, dans le cas où elles se font équilibre,

$$V : V' :: qm : pm.$$

Or plus m sera petit, plus δ et δ' le seront ; de sorte qu'en regardant δ et δ' comme au-dessous de toute quantité donnée, on pourra mettre M et M' à la place de pm et de qm ; ce qui donnera

$$V : V' :: M' : M.$$

Note [9], *page* 111.

Quoique l'équation $\cos\alpha\cos\alpha' + \cos\beta\cos\beta' + \cos\gamma\cos\gamma' = 0$ qui existe entre deux droites perpendiculaires dans l'espace, soit démontrée dans ma Théorie des Courbes et des surfaces du second ordre, ainsi que dans les autres Traités de Géométrie analytique, je vais en donner une démonstration qui paraîtra peut-être plus simple et plus directe.

Fig. 213. A cet effet, menons par l'origine A (fig. 213) les droites AB et AC parallèles aux droites données dans l'espace ; elles feront entr'elles le même angle BAC$=\varphi$ que ces droites. Pour déterminer le cosinus de cet angle, prenons les parties AB et AC égales, et représentons-les l'une et l'autre par r ; en menant par les extrémités de ces droites la ligne BC, et en abaissant sur AC la perpendiculaire BE, nous aurons

$$AB \cos\varphi = AE = AC - EC,$$

ou
$$r\cos\varphi = r - EC\ldots\ldots(271).$$

Pour déterminer EC, abaissons la perpendiculaire AD sur le milieu de BC ; les triangles rectangles ADC, EBC qui ont un angle commun C, sont semblables, et donnent la proportion

ou
$$AC : CD :: BC : EC,$$
$$r : \frac{BC}{2} :: BC : EC;$$

donc
$$EC = \frac{1}{2r} BC^2.$$

Substituant cette valeur dans l'équation (271), nous aurons
$$r\cos\varphi = r - \frac{1}{2r}.BC^2\ldots(272).$$

Il ne s'agit plus que de trouver l'expression analytique de BC^2. Pour cela, nous remarquerons que les droites AB et AC faisant par hypothèse avec les axes rectangulaires, des angles α, β, γ et α', β', γ', les coordonnées des points B et C seront respectivement

$r\cos\alpha$, $r\cos\beta$, $r\cos\gamma$, et $r\cos\alpha'$, $r\cos\beta'$, $r\cos\gamma'$.

Substituant ces valeurs dans l'expression du carré de la distance des deux points, nous trouverons

$$BC^2 = (r\cos\alpha - r\cos\alpha')^2 + (r\cos\beta - r\cos\beta')^2 + (r\cos\gamma - r\cos\gamma')^2;$$

mettant le facteur commun r en dehors et développant, nous obtiendrons

$$BC^2 = r^2(\cos^2\alpha + \cos^2\beta + \cos^2\gamma)$$
$$+ r^2(\cos^2\alpha' + \cos^2\beta' + \cos^2\gamma')$$
$$- 2r^2(\cos\alpha\cos\alpha' + \cos\beta\cos\beta' + \cos\gamma\cos\gamma').$$

324   NOTES.

La somme des carrés des cosinus étant égale à l'unité, art. 15, cette équation se réduit à

$$BC^2 = 2r^2 - 2r^2(\cos\alpha\cos\alpha' + \cos 6\cos 6' + \cos\gamma\cos\gamma').$$

Mettant cette valeur dans l'équation (272), réduisant et supprimant le facteur commun r, on trouvera

$$\cos\varphi = \cos\alpha\cos\alpha' + \cos 6\cos 6' + \cos\gamma\cos\gamma'.$$

Si l'angle φ est droit, on a

$$\cos\varphi = 0,$$

et cette équation se réduit à

$$\cos\alpha\cos\alpha' + \cos 6\cos 6' + \cos\gamma\cos\gamma' = 0.$$

Note [10], *page* 247.

La détermination des momens d'inertie devant s'appliquer à des corps plutôt qu'à des lignes et à des surfaces qui ne sont que des abstractions, proposons-nous de trouver le moment d'inertie d'un corps terminé par une surface dont l'équation serait donnée. Mais avant que de résoudre ce problème, nous allons nous occuper du suivant qui servira à en faciliter la solution.

Fig. 214. Trouver le moment d'inertie d'une surface plane BAC (fig. 214) comprise entre les axes rectangulaires Ax et Ay, et dont le plan serait perpendiculaire à l'axe fixe Az, mené par l'origine.

Pour cet effet, soit Mp une tranche élémentaire parallèle à l'axe des y; nous pourrons regarder cette tranche comme un assemblage de petits élémens rectangulaires posés les uns sur les autres. Représentons par dm l'un de ces élémens, et par mA sa distance à l'axe fixe; le moment d'inertie de dm sera évidemment

$$\overline{Am}^2 \times dm,$$

et en remplaçant dm par $dxdy$, et $\overline{Am}^2$ par $x^2 + y^2$, nous aurons pour le moment d'inertie de dm,

$$(x^2 + y^2)\, dxdy \ldots \ldots (273).$$

Soit dm' un second élément qui reposerait sur dm, et qui, correspondant à la même abscisse, aurait y' pour ordonnée, le moment d'inertie de dm' serait

$$(x^2 + y'^2)\, dxdy'.$$

En général, soient y, y', y'', y''', etc. les ordonnées successives d'une suite d'élémens qui reposeraient les uns sur les autres et qui correspondraient à la même abscisse, la somme des momens d'inertie de ces élémens sera exprimée par

$$(x^2+y^2)dxdy + (x^2+y'^2)dxdy' + (x^2+y''^2)dxdy''$$
$$+ (x^2+y'''^2)dxdy''' + \text{etc.} ;$$

x et dx étant les mêmes dans cette suite de termes, on peut l'écrire de cette manière,

$$x^2 dx\,(dy + dy' + dy'' + dy''' + \text{etc.})$$
$$+ dx\,(y^2 dy + y'^2 dy' + y''^2 dy'' + y'''^2 dy''' + \text{etc.}).$$

Ces expressions reviennent évidemment à

$$x^2 dx \int dy + dx \int y^2 dy \ldots \ldots (274),$$

et n'expriment autre chose que l'expression (273) qu'on intégrerait en y regardant x et dx comme des constantes.

En effectuant les intégrations indiquées, on trouve

$$x^2 dx \cdot y + dx \cdot \frac{y^3}{3}.$$

Cette expression prise entre les limites $y = 0$ et $y = \text{PM}$, donnera pour le moment d'inertie de la tranche élémentaire Mp,

$$x^2 dx \times \text{PM} + dx \times \frac{\text{PM}^3}{3} \ldots \ldots (275).$$

Considérant maintenant la surface ABC comme composée de tranches élémentaires parallèles à l'ordonnée PM; lorsqu'on passera de l'une de ces tranches à l'autre, l'ordonnée PM qui entre dans l'expression (275), variera en raison de la valeur qu'on donnera à x; par conséquent on devra regarder PM comme une fonction de x : cette fonction sera donnée par l'équation de la courbe. Ainsi, en supposant que cette équation soit représentée par

$$y = fx,$$

il faudra, dans l'expression (275), changer PM en fx, et nous aurons pour le moment d'inertie de l'élément de la surface plane ABC,

$$x^2 dx \cdot fx + \frac{dx \, (fx)^3}{3}.$$

Cette expression étant intégrée entre les limites $x = 0$ et $x = \text{AB}$, nous donnera le moment d'inertie de la surface plane ABC.

Si la courbe, au lieu d'être renfermée dans l'angle yAx, s'étendait dans les autres angles formés par le prolongement des axes coordonnés, le moment d'inertie de l'aire de cette courbe se déterminerait de la même manière, moyennant que les intégrales fussent prises entre les limites convenables.

La même marche que nous avons employée pour déterminer le moment d'inertie d'une surface courbe donnée par une équation, peut être suivie lorsqu'on veut obtenir le moment d'inertie d'un volume terminé par une surface courbe dont l'équation serait donnée.

En effet, soit ABCD (fig. 215) un solide compris entre trois plans rectangulaires coordonnés et une surface courbe. Représentons l'équation de cette surface par

Fig. 215.

$$f(x, y, z) = 0 \ldots \ldots (276);$$

on regardera le solide comme composé de parallélipipèdes élémentaires posés les uns sur les autres ; le moment d'inertie de l'un de ces parallélipipèdes par rapport à l'axe AB, sera

$$(x^2 + y^2)\, dx\, dy\, dz\,;$$

intégrant en ne faisant varier que z, on trouvera

$$(x^2 + y^2)\, z\, dx\, dy,$$

et en prenant l'intégrale entre les limites $z = 0$ et $z = $ PM, on obtiendra pour l'expression du moment d'inertie du parallélipipède élémentaire dont PM sera la hauteur,

$$(x^2 + y^2)\, dx\, dy \times \text{PM}.$$

Si l'on suppose que l'équation (276) de la courbe étant résolue par rapport à z, donne

$$z = \varphi(x, y),$$

on remplacera PM par cette valeur de z, et l'on aura

$$(x^2 + y^2)\, dx\, dy \times \varphi(x, y):$$

alors, en regardant x et dx comme constans, l'intégrale de cette expression représentera le moment d'inertie d'une portion de tranche élémentaire, disposée parallèlement au plan des zy ; l'intégrale obtenue dans cette hypothèse ne pourra être qu'une fonction de la variable y et des constantes x et dx, dont la dernière n'entrera dans la fonction que comme facteur commun; par conséquent cette fonction aura évidemment la forme

$$F(x, y) \times dx \ldots \ldots (277),$$

et pour qu'elle représente toute la tranche élémentaire abc, il faudra prendre cette intégrale depuis le point a où $y = 0$, jusqu'au point c où $y = ac$. Or ac n'est autre chose que l'ordonnée y de la courbe CcD, dont A$a = x$ serait l'abscisse; l'équation de la courbe CcD s'obtient en faisant $z = 0$ dans l'équation (276) de la surface courbe qui donne alors

$$y = fx;$$

mettant cette valeur à la place de y dans l'expression (277), on obtient, pour le moment d'inertie de la tranche élémentaire bac,

$$F(x, fx) \times dx;$$

ou plus simplement $dx\mathrm{F}x$. Regardant maintenant x comme variable, et intégrant entre les limites $x = 0$ et $x = \mathrm{AD}$, on aura enfin le moment d'inertie du volume proposé.

FIN DES NOTES.

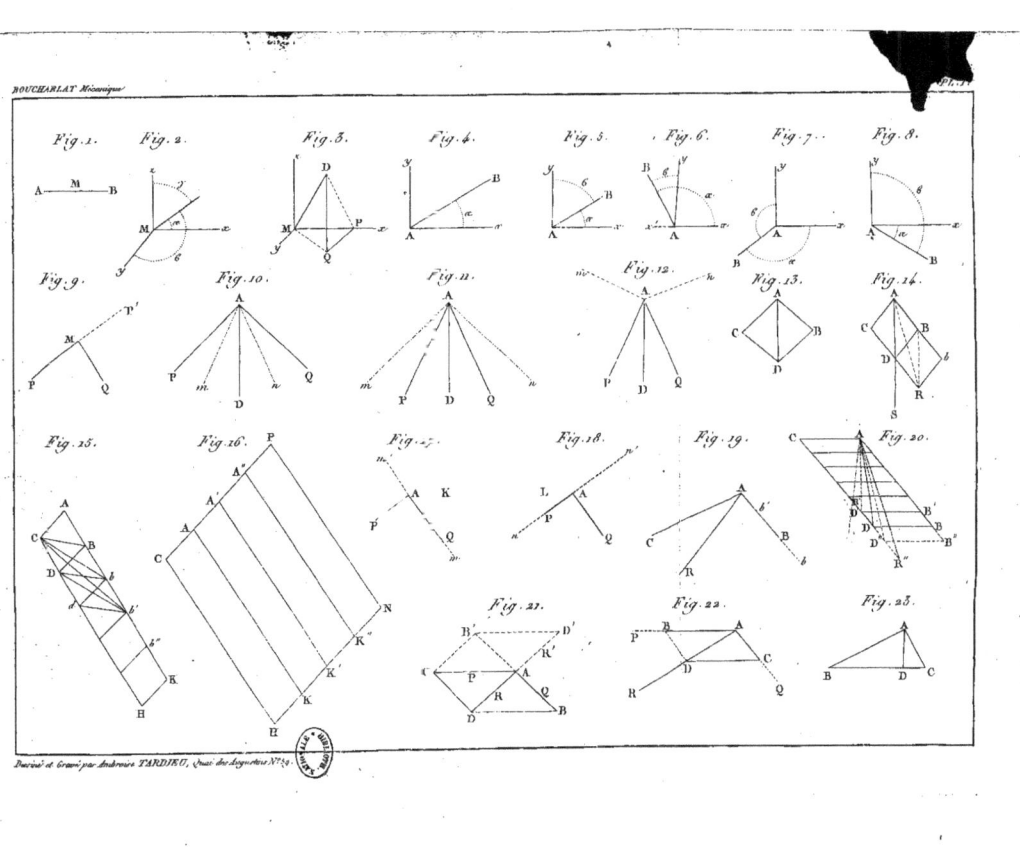

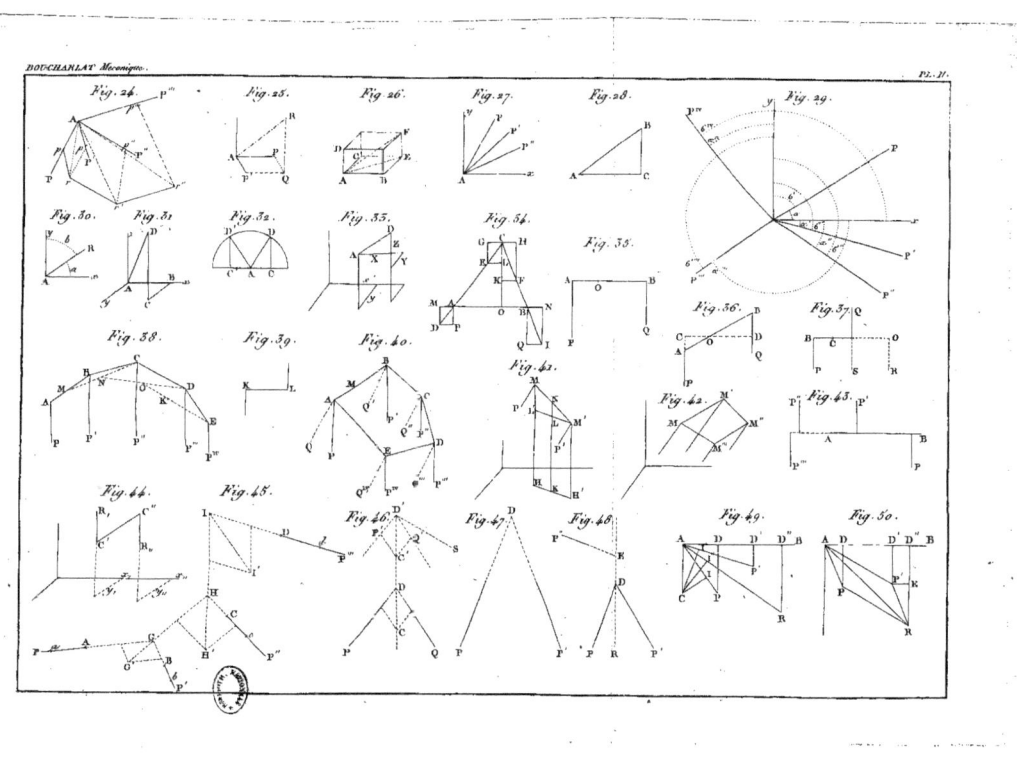

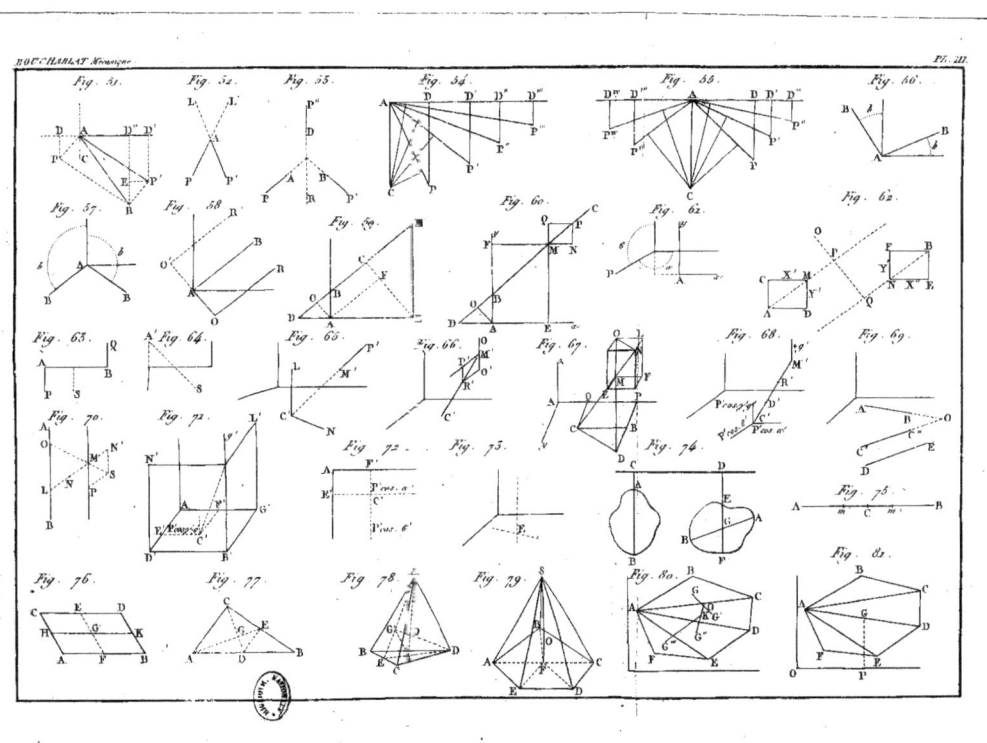

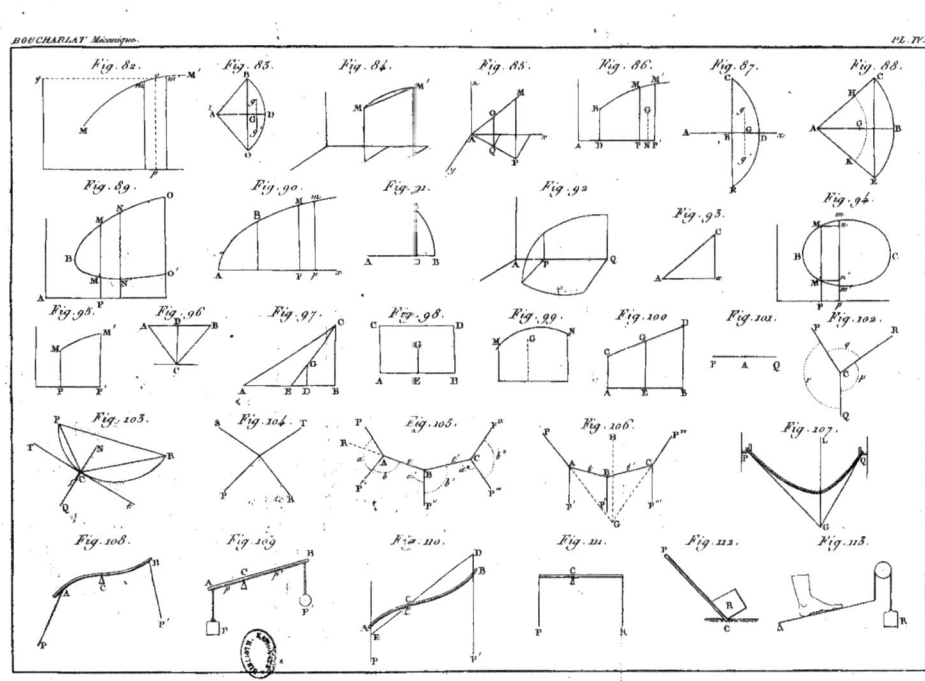

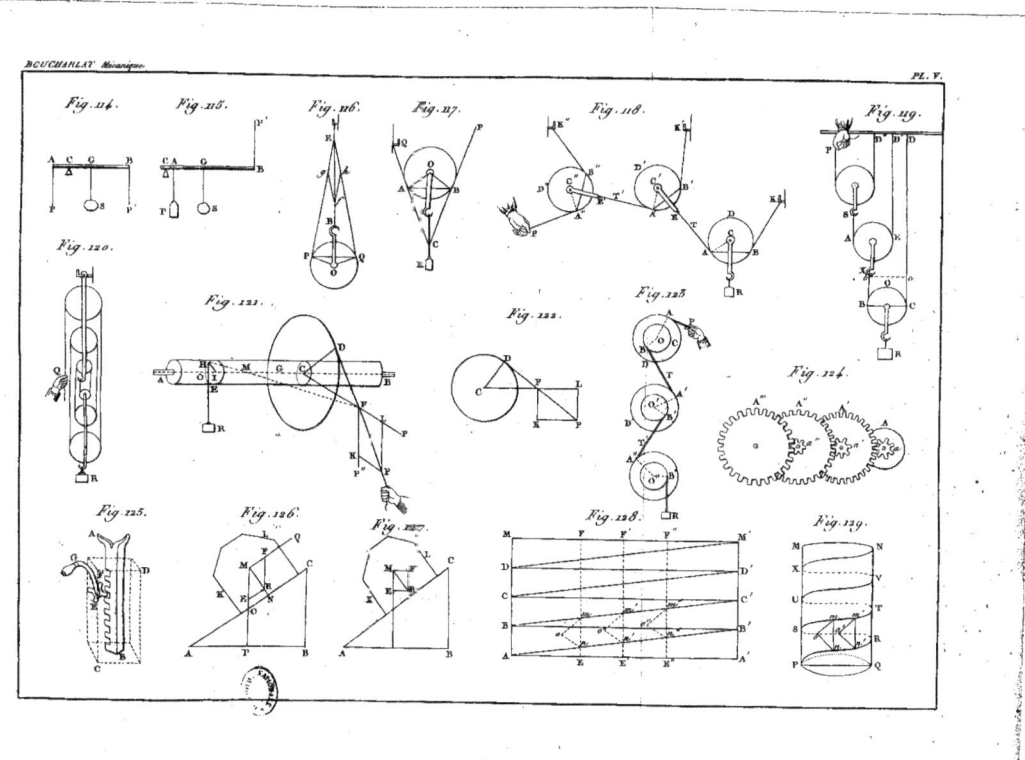

BOUCHARLAT Mécanique.   PL. VI.

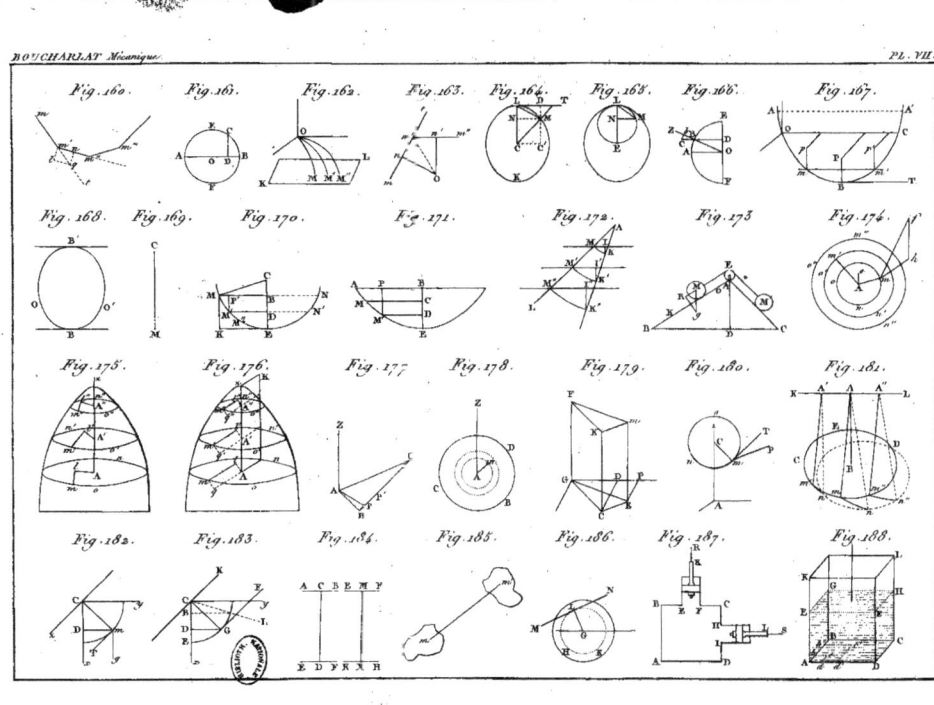

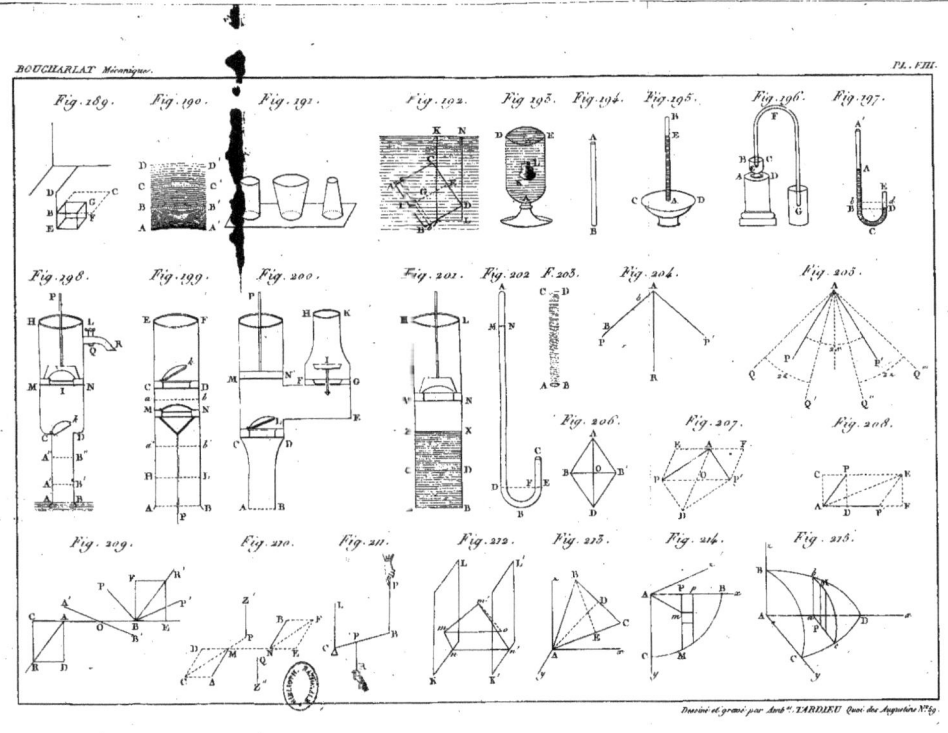

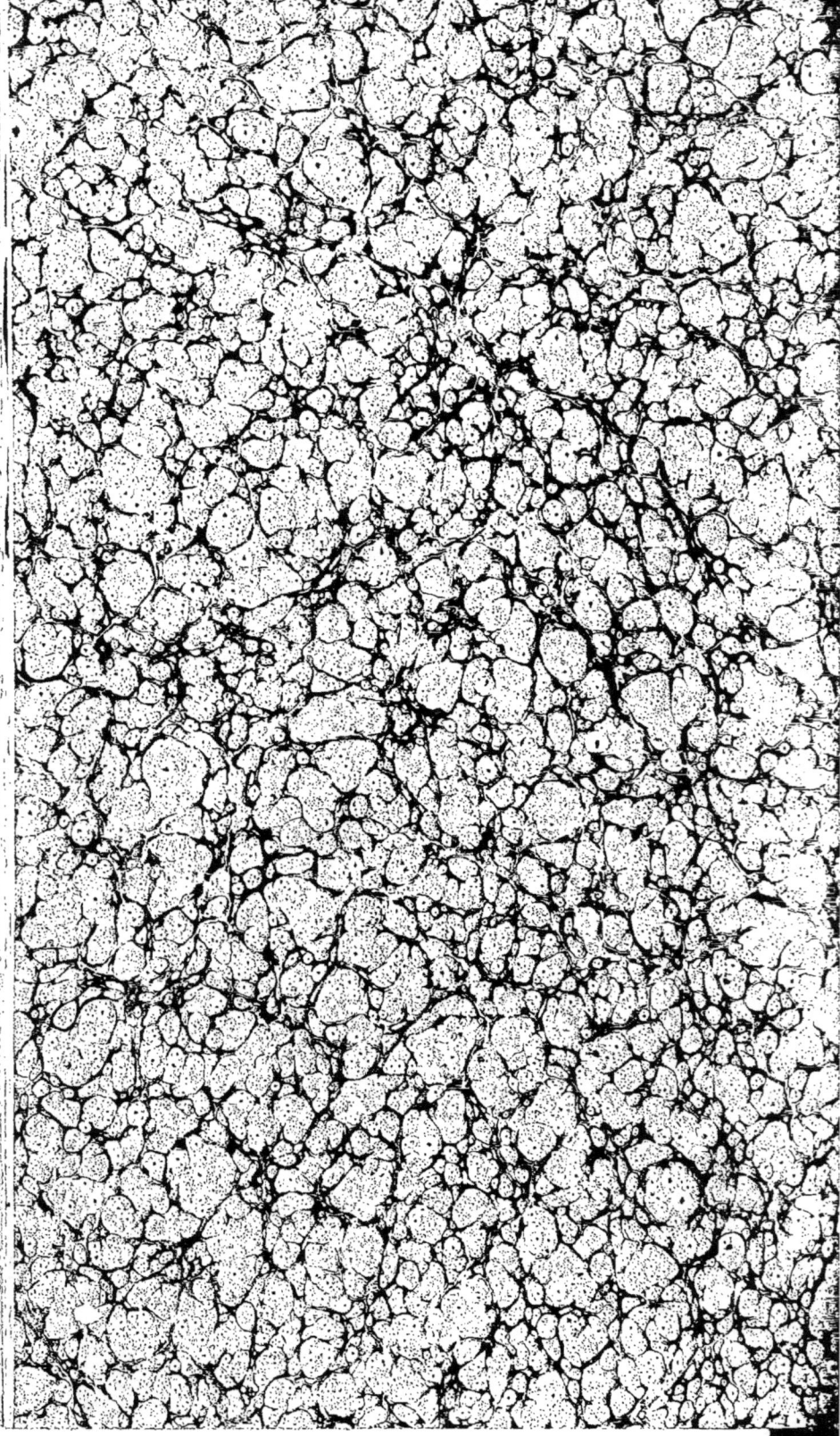

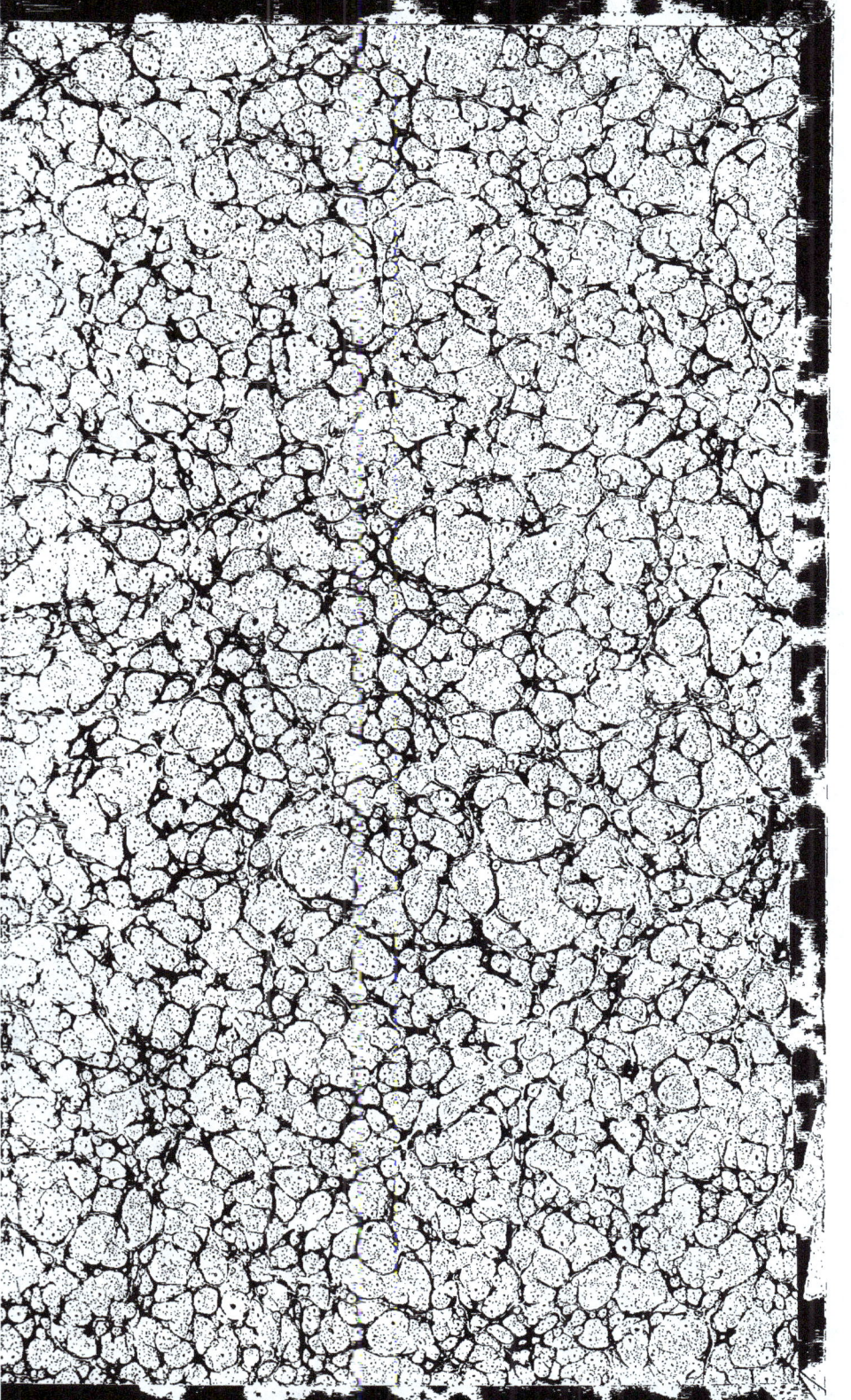

www.ingramcontent.com/pod-product-compliance
Lightning Source LLC
Chambersburg PA
CBHW050255170426
43202CB00011B/1696